KB242536

AI,
신의 탄생
인간의 종말

If Anyone Builds It, Everyone Dies:
Why Superhuman AI Would Kill Us All

IF ANYONE BUILDS IT,
EVERYONE DIES

초지능의 탄생,
그 이후 벌어질 일들

AI, 신의 탄생 인간의 종말

엘리에저 유드코스키 ·
네이트 소아레스
지음

고영훈
옮김

상상스퀘어

매우 높은 수준의 AI가 왜 인간을 멸종시킬 위험성이 있는지 명확하고 설득력 있게 설명한다. 누구나 한번쯤 꼭 읽어봐야 할 책이다.

벤 버냉키, 노벨경제학상 수상자, 전前 미국 연방준비제도 의장

이 책은 이 시대에 가장 중요한 책이다.

맥스 테그마크, 2023년 <타임>에서 선정한 인공지능 분야에서 가장 영향력 있는 인물 중 한 명, MIT 물리학과 교수, 《인공지능은 무엇이 되려 하는가》 공저자

모든 사람이 당장 이 책을 읽어야 한다. 지금 이 글을 읽고 있는 당신도. 언젠가 마지못해 이렇게 인정할 가능성이 높다. '우리는 그때 유드코스키와 소아레스의 말을 들었어야 했다'라고.

지금이 마지막 경고다. 오늘 당장 이 책을 읽고 주변에 전파하라. 그리고 안전장치를 요구하라. 나는 여전히 인류에 희망을 건다. 하지만 그에 앞서 우리는 먼저 깨어나야 한다.

이 책은 AI가 세상을 어떻게 극적으로 바꿀 수 있는지 그 위험성을 깨닫게 하는 시나리오를 제시한다. 이런 가능성을 탐구하는 일은 인류가 모르는 척하면 안 될 핵심적인 위험과 질문을 수면 위로 끌어올린다.

우리 내면에 초지능을 만들도록 마음을 움직이는 거부하기 어려운 충동, 즉 인류를 멸망으로 이끌 최종 보스에 맞서 살아남는 법을 다룬 결정판이다.

더 빠른 기술 발전을 열렬히 지지하는 이들조차 왜 초지능 AI 만큼은 유독 위험하다고 주장하는지 그 근본적인 이유를 이해하고 싶다면 읽어야 할 책이다.

비탈릭 부테린, 암호화폐 이더리움 창시자

초지능 AI의 탄생이 인류 전체의 멸종으로 이어질 가능성을 확실하게 주장하는 책이다. 전 세계 모든 국가는 그 위험을 명확히 인식하고, 효과적인 공동 대응에 나서야 한다.

존 울프스탈, 전前 미국 대통령 국가안보보좌관 특별보좌관

오늘날 AI 발전 방향이 얼마나 위험한지 누구나 이해할 수 있을 만큼 명료하고 쉬운 언어로 풀어낸다.

에밋 쉬어, 전前 오픈AI 임시 CEO

정책입안자, 언론인, 연구자, 일반인 모두가 반드시 읽어야 할 책이다. 탁월한 필력으로 쓰인 이 뛰어난 책은 AI에 관한 모든 논의를 시작하기 위한 중요한 출발점이 될 것이다.

바트 셀먼, 코넬대학교 컴퓨터 과학 교수

저자들은 컴퓨터 과학자들이 정교하게 설계한 게 아닌 '스스로 자라난' 초지능 AI에 내재된 위험을 명확하고 쉬운 언어로

AI, 신의 탄생 인간의 종말

설명한다. AI를 규제해야 할지, 한다면 어떻게 규제해야 할지에 관한 논의를 이해하고 참여하고 싶은 사람이라면 누구나 읽어봐야 한다.

조앤 파이겐바움, 예일대학교 컴퓨터 과학 석좌교수

AI가 초래할 위험을 제대로 판단하려면, 먼저 최악의 시나리오를 이해해야 한다. 이 책은 AGI와 초지능을 개발하려는 인류의 욕망이 얼마나 끔찍하게 잘못될 수 있는지 매우 명료하고 엄밀하게 설명한다. 때가 더 늦으면 안 된다. 경고는 이미 울리고 있다.

크리스토퍼 클라크, 케임브리지대학교 역사학 흠정교수

이 책을 다 읽으면 AI가 우리 인류 문명에 얼마나 거대하고 위험한 영향을 끼칠지 실감하게 될 것이다. 국가는 지금보다 훨씬 더 신중하고, 인류의 장기적 미래를 존중하는 방향으로 정책을 전환해야 한다. 미래를 걱정하는 모든 사람이 반드시 읽고 논의해야 할 책이다.

스콧 애런슨, 텍사스대학교 오스틴캠퍼스 컴퓨터 과학 석좌교수

모든 사람이 사서 읽어야 할 기념비적인 책이다.

스티브 배넌, 전前 백악관 수석전략가 겸 고문

AI의 위험성에 대한 경고는 흔히 'AI 산업이 더 많은 제품을 팔기 위해 만들어낸 과장된 위협'쯤으로 치부된다. 이 책은 그 생각이 틀렸음을 명확히 보여준다. 두 저자는 지금과 같은 형태의 인공지능이 등장하기 전부터 위험을 꾸준히 경고해왔다. 이 책을 읽고, 그들이 과연 무엇을 잘못 짚었는지 직접 판단해보라.

휴 프라이스, 케임브리지대학교 트리니티칼리지 철학과 명예교수

인류를 모두 죽일 수 있는 생각하는 기계를 만들려는 광기와 오만을 적나라하게 포착한다. 여전히 그 광기와 오만은 끝나지 않았다. 하지만 저자들이 말하듯, 살아 있는 한, 희망은 있다.

도로시 수 코블, 럿거스대학교 노동학 명예석좌교수

현재 AI 수준을 고려하면, AI가 인류를 멸종시킬 것이라는 주장에는 회의적이다. 하지만 그런 회의적인 사고 자체가 내 상상력의 한계일 수도 있음을 인정한다. AI의 발전 속도를 고려하면, 지금이야말로 최악의 결과를 막기 위해 신중하고 현실적인 대비가 필요하다. 이 책은 최악을 대비하는 방향을 제시하는 중요한 책이다.

존 N.T. '잭' 세너핸, 전前 미국 국방부 합동인공지능센터 초대 국장

모든 면에서 진지한 책이다. 섬뜩할 만큼 날카롭게 분석한다.

두 저자는 초지능 AI에게 인간은 필요하지 않으며, 그 능력으로 인간을 제거할 수 있다고 주장한다. 이 책은 우리가 자멸의 벼랑 끝에서 멈추길 바라는 절박하고도 품격 있는 호소문이다.

피오나 힐, 전前 백악관 국가안보회의 선임국장

기술을 잘 모르더라도 충분히 이해할 수 있을 만큼 쉽고, 그 어떤 사람이라도 깊은 문제의식을 갖게 하는 책이다. AI의 폭주가 인류 멸망으로 이어지리라 단정할 수 없더라도 그 가능성에 눈감지 말아야 한다. 이 문제는 지금, 우리가 주목해야 할 가장 중대한 주제다.

수전 스폴딩, 전前 미국 국토안보부 차관

이 책은 오늘날 AI 시대에 가장 중요한 책이 될지도 모른다. 유드코스키와 소아레스는 우리가 초지능을 안전하게 맞이할 준비가 전혀 되어 있지 않다고 경고하며, 인류가 멸종을 향한 궤도에 올라탔다고 말한다. 저자들은 비유와 명료한 설명을 통해 인류가 스스로 구할 마지막 기회가 지금이라고 절박하게 호소한다.

팀 어반, TED 강연 5000만 이상 조회수를 기록한 작가, 블로그 '웨이트 벗 와이' 창설자

이 책은 신뢰성과 명료함, 냉철함과 긴박함을 갖춘 소신을 보여준다. 책은 기술자, 정책 입안자, 시민 모두에게 너무 늦기 전에 AI라는 실존적 위험과 맞서야 한다고 촉구한다. 미래를 걱정하는 사람이라면 반드시 읽어야 한다.

엠마 스카이, 예일대학교 잭슨글로벌정책대학원 선임연구원

이 책은 인류 역사상 가장 중대한 기술적 이상향과 파국의 대결을 통찰력 있게 조명한다. 초지능 AI가 탄생해 인류를 파멸시키기 전에 우리는 막을 수 있다. 아니, 반드시 막아야만 한다.

조지 처치, 하버드대학교 와이스연구소 창립 핵심 연구진

AI의 실제적 위험이라는 긴박한 내용을 다루면서도 냉정하게 바라보고 쉽게 설명하는 책이다. 당신이 회의론자든 신봉자든 상관 없다. 저자들의 논지를 제대로 이해한다면, AI가 인류에 유익한 방향으로 발전하도록 노력할 것이다.

브루스 슈나이어, 저명한 암호학자, 보안계의 구루,《해커의 심리》저자

세계에서 가장 중요한 주제를 쉽게 설명하는 탁월한 입문서다. 머지않아 초지능 AI가 탄생할지도 모른다. 이 책은 그 의미를 진지하게 다루며, 곧 닥칠 현실을 단도직입적으로 설명한다.

스콧 알렉산더, 합리주의 온라인 커뮤니티 '애스트럴 코덱스 텐' 창립자

                                        AI, 신의 탄생 인간의 종말

이 책을 읽다 보면 정말로 마음이 움직인다. 우리는 지금 인류가 지배종으로 존재하는 마지막 시대를 살고 있을지도 모른다. 유드코스키와 소아레스 같은 이들이 우리 편에 있다는 점이 참으로 다행이다. 그들이 우리에게 남은 짧은 시간을 헛되이 쓰지 말라고 일깨워주고 있으니까 말이다.

그라임스, 음악가

이 책은 단순한 경고가 아니다. 긴박한 위험 앞에서 명확하게 경종을 울리는 화재경보다. 통제되지 않은 초지능 AI는 인류의 존속 자체를 위협한다. 지금 우리의 행동이 인류의 미래를 결정한다는 사실을 냉정하게 상기시키는 책이다.

마크 러팔로, 배우

내가 수년간 읽은 책 중 가장 중요한 책이다. 나는 이 책을 모든 정치인과 기업 경영자에게 건네고, 그들이 다 읽을 때까지 지켜볼 것이다. 두 저자는 인류가 재앙을 향해 잠든 채 걸어가고 있음을 경고하고, 우리가 깨어나길 바라며 간절히 나팔을 불고 있다.

스티븐 프라이, 배우이자 작가

안전장치 없이 초지능 AI가 탄생한다면, 위험에 처하는 것은

일자리나 예술이 아니라 모든 것이다. 이 책은 과장하지 않는
다. 진실을 말한다. 지금 행동하지 않으면, 다음 기회는 없을
수 있다.

프랜시스 피셔, 배우

치밀한 연구를 보여주는 책이다. 무모한 AI 개발이 인류에게
가하는 심각한 위험을 설득력 있게 경고한다.

알렉스 윈터, 배우이자 영화감독

한때 SF 영역이었던 초지능이 거의 문 앞까지 와 있다. 초지능
이 탄생하면 무슨 일이 일어날지 확실히 알 수는 없다. 하지만
업계 전체가 모르는 척 귀를 막고 있는 시기에 꼭 필요한 화두
를 던지는 이 책이 존재한다는 사실이 다행이다.

리브 보에리, 과학 커뮤니케이터, 자선사업가, 포커 대회 WSOP 브레이슬릿 위너

AI의 위험성 문제를 가장 솔직하고 쉽게 설명한다. 지금까지
읽은 AI 위험 관련 책 중 최고의 책이다.

이샨 웡, 전前 레딧 최고경영자

등골이 서늘해지는 책이다. AI 기업들이 초지능 AI를 향해 무
모하게 질주하면 어떤 재앙이 벌어질지 논증하고, 가능성 있

AI, 신의 탄생 인간의 종말

는 인류 멸망 시나리오를 제시하며, 이 파멸적인 상황을 바꾸기 위해 무엇을 해야 할지 제안한다. 저자들은 우리가 불장난을 하고 있다는 사실을 상당히 설득력 있게 설명한다.
〈AARP〉

놀라울 만큼 읽기 쉽고, 소름 끼칠 만큼 현실적이다.
〈가디언〉

AI의 잠재적 위험에 대한 저자들의 분석은 이 주제에 관해 얼마나 깊고 오랫동안 탐구했는지 보여준다. 특히 일론 머스크와 메타 AI 수석 과학자 얀 르쿤이 실제 위험을 축소하고 있다고 정면으로 비판하는 대목이 매우 인상적이다.
〈샌프란시스코 크로니클〉

폭주하는 AI가 초래할 수 있는 위험을 소름 끼치게 현실적으로 알려주는 시의적절한 책이다.
〈커커스〉

초지능의 탄생을 막아야 한다는 긴급한 경종을 울리는 책이다. 진지하게 받아들여야 할 소름 끼치는 경고다.
〈퍼블리셔스 위클리〉

미래를 만들어가는 모든 사람을 위한 경고다. 결론에 동의하든 하지 않든, 이 책은 AI 문제를 진지하게 생각해보라고 요청한다.

〈북리스트〉

  AI, 신의 탄생 인간의 종말

인류가 이 지점에 오기까지 희생된 모든 이에게,
아직 살아 있는 우리 모두에게,
그리고 언젠가 태어날 아이들에게

어려운 예측과 쉬운 예측

"AI로 인한 인류 멸종의 위험을 줄이는 일은 팬데믹이
나 핵전쟁과 같은 사회 전체적 차원의 다른 위기와 더
불어 전 지구적 우선 과제가 되어야 한다."

2023년 초, 수백 명의 인공지능 과학자들이 이 한 문장으
로 된 공개서한에 서명했다(aistatement.com에서 해당 서한과 서명
인 목록을 확인할 수 있다—편집자). 딥러닝의 창시자로 함께 튜링
상을 받은 노벨상 수상자 제프리 힌턴Geoffrey Hinton과 요슈아 벤
지오Yoshua Bengio도 그중 하나였다. 우리, 엘리에저 유드코스키
Eliezer Yudkowsky와 네이트 소아레스Nate Soares 역시 그 서한에 서
명했다. 그런데 우리가 볼 때 이 문장은 표현이 지나치게 약했

다. 우리를 포함해 서명자들이 걱정한 대상은 2023년의 AI가 아니었다. 그리고 지금, 2025년 초 이 책을 쓰는 시점의 AI도 아니다. 오늘날의 AI는 여전히 어딘가 얕게 느껴진다. 정확히 뭐라 설명하기는 어렵지만, 깊이가 부족하다. 새로운 장기 기억long-term memory을 형성하지 못한다는 점 같은 한계 때문이다. 이런 결함들로 AI는 본격적인 과학 연구를 수행하거나 인간의 일자리 대부분을 대체하지 못한다.

우리가 우려하는 것은 그다음이다. 진정으로 '똑똑한' 기계, 살아 있는 그 어떤 인간보다, 아니 인류 전체보다도 더 똑똑한 지능 말이다. 경험에서 배운 것을 일반화하고, 과학적 난제를 풀고, 새로운 기술을 발명하고, 전략을 세우고, 스스로를 성찰하며 개선할 수 있는 지능. 그런 AI를 우리는 '인공 초지능artificial superintelligence, ASI'(이후에는 간결하게 '초지능'으로 표기했다—옮긴이)이라 부른다. 거의 모든 정신적 과업에서 인류 전체를 능가하는 지능이다.

AI는 아직 그곳에 닿지 않았다. 하지만 오늘의 AI는 2023년보다 훨씬 똑똑하고, 2019년보다는 비교할 수 없을 만큼 발전했다. AI 연구는 2012년,* 2016년,** 2020년,*** 2022년**** 그리고

---

* 알렉스넷(AlexNet)이 이미지 인식 문제를 혁신적으로 해결했다.
** 알파고(AlphaGo)가 인류 최고의 바둑기사를 꺾었다.
*** 순수 예측 언어 모델 GPT-3가 공개되었다.
**** 광범위한 활용이 가능한 챗GPT(ChatGPT)가 등장했다.

2024년*에 이르기까지 '도약'이라 부를 만한 비약적인 발전을 거듭해왔다. 진보가 언젠가 멈출지, 새로운 방법과 기술이 등장하기 전까지 일시적으로 정체될지는 아무도 모른다. 그리고 AI가 인류 멸종 수준의 위협으로 발전하기까지, 앞으로 얼마나 많은 도약이 남았는지도 알 수 없다. 그러나 역사는 거듭 보여주었다. AI 연구자들은 늘 새로운 방법을 고안해냈고, 오래된 한계를 돌파해왔다. 진보는 언제나 놀랄 만큼 빠르게 이루어졌다. 2015년만 해도 대부분의 컴퓨터 과학자들은 지금 우리가 보고 있는 수준의 대화형 AI, 즉 챗GPT^{ChatGPT}급의 인공 대화 기술이 등장하려면 적어도 30년에서 50년은 더 걸릴 것이라고 말했다.

우리는 초지능이 언제 도래할지 몰랐다. 그러나 그 위험을 막는 일이 인류의 최우선 과제가 되어야 한다는 점에는 모두 동의했다. 사실 그 공개서한은 문제의 심각성을 오히려 과소평가했다고 본다.

우리는 그 한 문장짜리 공개서한에 서명해 달라는 요청을

 AI, 신의 탄생 인간의 종말

받았다. '머신 인텔리전스 리서치 인스티튜트Machine Intelligence Research Institute, MIRI' 공동대표 자격으로였다. MIRI는 비영리 연구 기관으로, 2001년부터 기계 초지능machine superintelligence(인공 초지능보다 포괄적인 개념으로, 기술 단계보다는 '철학적·존재론적 위험'을 가리킬 때 사용한다—옮긴이)과 관련된 문제를 다뤄왔다. 이런 주제가 세간의 관심이나 자금을 받기 훨씬 전이었다. 간단히 말하자면, 수십 년 동안 이 문제를 추적해온 극소수 연구자들 사이에서 MIRI는 가장 오래 이 분야를 연구해온 기관으로 인정받고 있다. 우리 중 한 명인 유드코스키는 MIRI의 창립자이고, 다른 한 명인 소아레스는 현 대표이다.

MIRI는 최초로 이렇게 말했다. "언젠가 초지능 AI superintelligent AI(거의 모든 지적 과업에서 인간을 능가하는 인공지능을 뜻한다. 이후에는 간결하게 '초지능'으로 표기했다—옮긴이)가 개발될 것이다. 이는 인류 역사상 가장 중대한 사건이 될 가능성이 높다. 그런데 초지능이 인류를 해치지 않고 돕도록 만드는 일은 기술적으로 매우 어려울 수 있다. 그렇다면 모든 것이 비상사태로 번지기 전에, 지금부터 그 문제를 연구해야 하지 않겠는가?"

우리가 처음부터 그렇게 생각했던 것은 아니다. 유드코스키는 2000년에 기계 초지능을 직접 만들어보기 시작했다. 하지만 2001년에 그것이 반드시 '우호적'으로 작동하지 않을 수도 있다는 사실을 깨달았고, 2003년에는 그 문제를 해결하기가 결코 쉽지 않으리라는 점을 알게 되었다.

MIRI는 초창기 20년 동안 정책과는 거의 무관한 기술 연구 기관이었다. 주로 과학자 워크숍을 열고 유망한 연구자 몇 명을 지원했다. 우리는 초인적 기계지능superhuman machine intelligence('초인적 지능'과 사실상 같은 개념으로, 인간 수준을 넘어선 기계 기반 지능을 뜻한다—옮긴이)을 이해하고 통제하기 위한 수학적 정식화를 시도했고, 무엇이 어떻게 빗나갈지를 예측하려 했다.

MIRI의 활동은 이후 엇갈린 결과를 낳았다. 어떤 것은 애매하거나 후회스럽게 느껴지기도 한다. 우리가 주최한 한 학회에서, 훗날 구글 딥마인드Google DeepMind를 창립하게 되는 데미스 허사비스Demis Hassabis와 셰인 레그Shane Legg를 그들의 첫 주요 투자자에게 처음 소개했다. 또 오픈AIOpenAI의 CEO 샘 올트먼Sam Altman은 "유드코스키 덕분에 AGI*에 관심을 갖게 된 사람이 많았다"며 "유드코스키가 오픈AI를 창립하기로 한 결정에 결정적인 역할을 했다"고 밝힌 적이 있다.**

MIRI의 역사는 복잡하다. 그러나 한 문장으로 요약하자면, 이렇게 말할 수 있다. 현재의 AI 기업들이 생기기 훨씬 전부터

---

*　AGI는 '범용 인공지능(artificial general intelligence)'의 약자이다. 과거의 단일 목적형 AI와 달리, '직관적으로 진짜 지능처럼 보이는 인공지능'을 가리키는 용어다. 다만 챗GPT 이후 정의 논쟁이 커져 이 책에서는 사용을 피한다.

**　사실이라면 이는 유드코스키가 오픈AI는 끔찍하게 잘못된 아이디어라고 반대했는데도 이루어진 일이다.

　　　　　　　　　　AI, 신의 탄생 인간의 종말

MIRI의 경고는 '진짜 똑똑한 AI를 만들고 싶다면 반드시 무시해야 하는 목소리'로 통했다. 인류의 멸종 위험 따위는 신경 쓰지 않고 말이다.

그 후 AI가 급속도로 발전하자, 우리는 점점 더 우려됐다. 새롭게 등장한 창업자들이 초지능을 거의 신적인 '능력의 원천'으로 묘사하는 것을 보았기 때문이다. 그들은 자신들이 그 힘을 통제할 수 있다고 믿었다. 많은 창업자에게 가장 큰 위험은 '잘못된 사람'이 그 능력을 가지는 것이었다. 그래서 그들은 'AI 패권 경쟁'에서 이겨야 한다고 주장했다. 그러나 정작 "우리가 AI를 가지는 게 아니라, AI가 우리를 가진다면?", "AI 경쟁의 진짜 승자가 AI 그 자체라면?" 같은 질문에는 아무도 답하지 않았다.

우리는 AI의 성능이 믿을 수 없을 만큼 빠르게 성장하고 있음을 보았다.

반면 우리가 속한 'AI가 잘못되지 않게 만드는 방법을 연구하는 분야'는 매우 느리게 진전되고 있었다.

AI 기업들이 초인적 AI^{superhuman AI}(인간보다 지능이 뛰어나지만 아직 '초지능' 단계에는 이르지 않은 인공지능을 말한다—옮긴이)를 향해 질주하는 모습은 점점 '바닥 치기 경쟁^{race to the bottom}'처럼 보였다. 즉, 서로를 앞지르려다 기준을 끝없이 낮추는 경쟁이었다. 누가 먼저 만들지를 다투며, 인류의 운명을 건 기술을 무모하게 앞당기고 있었다. 공학 교과서에 '이렇게 하면 안 된다'는 사례로 남을 만한 재앙이었다. 그 교과서를 쓸 사람조차 남지 않게 될 것이었다.

우리는 더 이상 인류가 연구와 기술로 이 재앙을 극복할 수 있다고 믿지 않았다. 시간이 없었다.

그래서 우리는 그동안의 노력을 실패로 간주하고, MIRI의 연구 대부분을 축소했다. 그리고 단 하나의 경고를 전하는 일에 집중하기로 했다. 이 책의 핵심이 바로 그것이다.

지구 어디에서든, 어떤 기업이나 단체가 지금과 비슷한 기술이나 이해 수준으로 초지능을 만들어낸다면, 지구상의 모든 사람은 죽게 될 것이다.

우리는 이 말을 과장으로 하는 것이 아니다. 효과를 노린 수사도 아니다. 현재 인공지능을 둘러싼 지식, 증거, 제도적 행태를 그대로 연장해보면, 그렇게 되는 것이 가장 직접적인 결론이라고 믿는다.

이 책에서 우리는 그 이유를 체계적으로 설명할 것이다. 그리고 충분히 많은 의사결정자와 일반 시민이 인공지능 문제를 진지하게 받아들이도록 설득하려 한다. 현재의 궤적은 치명적이지만, 아직 희망은 있다. 기계 초지능은 아직 존재하지 않으며, 그 탄생은 여전히 막을 수 있다.

AI에 관해 앞으로 어떤 일이 일어날지 누가 확신할 수 있을까? "예측은 어렵다. 특히 미래에 대해서는"이라는 오래된 격언처럼 말이다. 우리가 미래에 대해 알고 싶어 하는 것 대부분은 사실 예측 불가능하다. 다음 주 복권 당첨 번호를 알려줄 수 있는 사람은 없다. 어떤 숫자 조합이든, 다른 조합만큼이나 가능성이 있어 보일 뿐이다.

하지만 미래의 어떤 사실들은 예측할 수 있다. 당신이 내일 복권을 한 장 산다고 해보자. 우리는 당신이 어떤 즉흥적 기준이나 계산으로 번호를 고를지는 모른다. 당첨 번호도 당연히 모른다. 그렇지만 불확실성 전체를 종합해, 당신이 복권에 당첨되지 않을 것이라고 거의 확실하게 예측할 수 있다. 마찬가지로 얼음 조각을 뜨거운 물에 넣으면 10분 뒤 각 분자가 어디로 이동할지 계산하는 일은 불가능하지만, 그 모든 불확실성은 거의 확실한 결론 하나로 수렴된다. 즉, 얼음은 녹는다. 물리학의 절반은 이런 식이다. 우리는 어떤 경로가 선택될지는 모르지만, 대부분의 경로가 어디로 향하는지는 안다.

미래의 어떤 측면은 적절한 지식과 노력을 통해 예측할 수 있지만, 어떤 측면은 아무리 애써도 예측이 불가능하다. 유능한 미래학이란 그 둘의 차이를 구분하는 데서 시작된다.

역사가 보여주는 비교적 쉬운 예측 유형이 있다. 물리법칙상 이론적으로 가능한 일이라면, 언젠가 누군가는 반드시 그것을 실현하리라는 것이다. 공기보다 무거운 비행체의 비행, 핵에너지를 이용한 무기, 사람을 태우고 달로 향하는 로켓. 이 모든 사건은 현실화되기 전부터 '가능하다'는 근거 위에서 예측되었고, '아직 일어나지 않았으니 앞으로도 일어나지 않을 것'이라는 회의론자들의 조롱을 넘어 결국 실현되었다. 팔에 날개를 매달고 언덕에서 뛰어내리던 사람들은 어리석어 보였고, 실제로 다치거나 실패했지만, 그렇다고 라이트 형제^{Wright brothers}가 날아오르는 것을 막지는 못했다.

그 기술이 정확히 언제 등장할지를 맞추는 일은 훨씬 더 어려운 문제였다. 어떤 이는 "2년 안에 나온다"고 했지만 실제로는 50년이 걸렸고, 또 다른 이는 "50년 뒤에나 가능하다"고 말해놓고 자신이 2년 만에 만들어버리기도 했다. "인간은 천년 동안 날지 못할 거야." 1901년, 글라이더 실험에 지친 윌버 라이트^{Wilbur Wright}가 동생 오빌^{Orville Wright}에게 이렇게 말했다. 그리고 단 2년 뒤인 1903년에 그들은 하늘을 날았다.

성공적인 예측은 예측하기 어려운 세부 사항까지 기적처럼 맞추는 데 달려 있지 않다. 미래에 일어날 일을 완벽히 그려내는 것도 아니다. 오히려 올바른 관점에서 보면 쉽게 예측할 수 있는 부분을 찾아내는 일이다.

인류가 지금과 같은 방식으로 인공지능을 다루며 조금도 변화하지 않는다면, 세상이 언제 끝날지 우리는 모른다. 2년 후나 10년 후의 AI 관련 뉴스 헤드라인이 어떻게 나올지, 우리에게 10년이란 시간이 남아 있는지조차 알 수 없다. 우리는 예측하기 어려운 일을 예측할 만큼 우리가 영리하다고 주장하려는 게 아니다. 미래의 한 측면, 곧 "가까운 시일 내에 초지능이 만들어진다면, 우리가 아끼는 모든 것은 어떻게 될 것인가"라는 질문만큼은 충분한 배경지식과 신중한 추론이 있다면 비교적 명확한 답을 내릴 수 있다고 강조하는 것이다.

처음에는 인류가 초인적 AI로 인해 멸종할 것이라는 주장이 쉽게 받아들여지지 않을지도 모른다. 이 책의 나머지 부분은 바로 그 점을 설명하기 위한 것이다. 복권 당첨 확률을 계산하려면 간단한 산수가 필요하고, 얼음이 예측 가능하게 녹는 이유를 설명하려면 열역학의 개념이 필요하듯, 인공지능이 인류에게 임박한 멸종 위험을 안기는 이유를 이해하기 위해서도 약간의 배경지식이 필요하다. 그 기반이 갖춰지고 나면, 현재 인류가 걷고 있는 궤적의 결말이 끔찍할 정도로 그리고 두려울 만큼 명확히 보인다.

초인적 기계지능의 출현을 앞두고도, 우리는 여전히 세상이 지금처럼 유지될 거라고 상상하기 쉽다. 우리의 짧은 생애 동안 세상이 그럭저럭 안정되어 있었기 때문이다. 하지만 문명은 늘 지금과 같지 않았다. 우리가 기억하지 못할 뿐이다. 불과 몇 세기 전만 해도 문명의 모습은 지금과 전혀 달랐고, 수천 년 전에는 문명이라는 것이 존재하지도 않았다. 100만 년 전에는 인간 자체가 없었고, 10억 년 전에는 세포가 분화되지도 못했다.

역사적 관점을 취하면, 우리의 짧은 생애만으로는 잘 보이지 않는 어떤 사실이 선명해진다. 자연은 단절을 허락한다. 자연은 재앙을 허락한다. 세상이 다시는 예전으로 돌아가지 않게 한다.

약 25억 년 전, 생물학자들이 '산소 재앙Oxygen Catastrophe'이라 부르는 사건이 일어났다. 새로운 생명체가 햇빛의 에너지를 이용해 대기 중에서 탄소를 빼내는 법을 배웠다. 그 생명체는 대부분의 생명에 치명적인 독성 물질을 배출했다. 다른 물질과 쉽게 반응하는 위험한 그 물질, 우리가 지금 '산소'라 부르는 것이었다. 산소는 대기 중에 축적되기 시작했고, 대부분의 생명체, 산소를 내뿜던 박테리아들조차 그 독성에 적응하지

못하고 멸종했다. 극히 일부의 세포만 살아남아, 시간이 지나
며 산소를 연료로 쓰는 생명체로 진화했다. 그러나 세상은 결
코 정상正常으로 돌아가지 않았다.[1] 세상은 완전히 달라졌다.

한때 지구의 대륙은 불모의 바위뿐이었다. 그러나 진화의
역사에서 단 한순간에 불과한 시간 동안, 그 위는 식물로 뒤덮
였다. 곧이어 숲이 생겨나고, 숲은 생명으로 가득 찼다. 세상은
다시는 예전과 같지 않았다. 한때 인간은 밀과 보리를 길들이
기 시작했다. 그리고 진화적으로 보자면 눈 깜짝할 사이에 문
명을 세우기 시작했다. 세상은 다시는 예전과 같지 않았다.

1930년대 독일에서도 비슷한 일이 있었다. 어떤 가문들은
곧 위험이 닥칠 것을 감지했지만, 대부분은 머물렀다. 나치 정
부가 시민권과 여권을 박탈하면서 탈출은 훨씬 어려워졌다.
얼마 지나지 않아 독일의 유대인, 로마니족 그리고 다른 사람
들이 강제수용소로 끌려갔다. 생존자들의 기록에 따르면, 그
들 중 많은 이가 떠나지 않은 이유는 징후를 못 봐서가 아니
라, 사태가 걷잡을 수 없이 악화되기 전에 세상이 곧 정상으로
돌아올 것이라 믿었기 때문이었다.

그리고 인류는 초지능을 만들기 직전까지 이르렀다.

정상 상태는 언제나 끝난다. 반드시 더 나쁜 것으로 대체
된다는 뜻은 아니다. 때로는 그렇고, 때로는 아니며, 때로는 우
리의 행동에 달려 있다. 하지만 '아무리 나빠도 결국은 잘될

것'이라는 믿음에 매달리는 것은 대개 도움이 되지 않는다.

인간은 자신의 지능으로 미래를 조종할 능력을 지녔다. 그 능력은 사용할 때만 작동한다. 우리가 해야 할 일을, 필요한 순간에 실제로 할 때만 말이다. 지능은 그 자체로는 힘이 없다. 우리의 행동을 바꿀 때에만 그것은 진짜 힘이 된다.

앞으로 맞이할 몇 달 그리고 몇 해는 인류 전체에게 생사의 시험이 될 것이다. 이 책이 개인과 국가가 그 시험에 맞설 용기를 내는 계기가 되길 바란다.

이후의 장들에서는 우리가 왜 이렇게 말하는지 그 과학적 근거를 설명하고, 오늘날 AI 산업의 왜곡된 인센티브 구조를 분석하며, 현재의 상황이 겉보기보다 훨씬 심각한 이유를 논의할 것이다. 또한 현대의 머신러닝이 가진 문제점을 가능한 한 쉽게 풀어내고, 왜 지금의 기술이 인류를 돕는 AI가 아니라 끝내는 AI를 만들 위험이 있는지를 설명할 것이다.

1부에서는 문제의 본질을 다룬다. '지능이란 무엇인가?', 'AI는 어떻게 만들어지며, 왜 그렇게 이해하기 어려운가?', 'AI도 욕망을 가질 수 있을까?', '그렇다면 무엇을 원하게 될까?', '왜 그리고 어떻게 인류를 해치려 들까?' 이런 질문에 답을 찾아가며, AI가 인간을 증오하지는 않겠지만, 낯설고 이질적인 가치 체계를 끝없이 추구하다가 결국 인류 멸종을 불러올 가능성을 제시한다.

2부에서는 지금까지의 논점을 모아, 우리와 닮은 세계를 파국으로 이끄는 AI 이야기를 들려준다. 그 이야기는 예언이 아니다. 미래가 정확히 어떤 경로를 택할지는 누구도 알 수 없기 때문이다. 다만 이야기의 결말만은 예측이다. 그리고 그런 일이 현실이 되는 것은, 그 이야기가 실제로 시작될 때뿐이다.

3부에서는 인류가 맞닥뜨린 이 과제가 얼마나 어려운지 평가하고, 지금까지의 대응을 검토한다. AI 기업들은 이 문제를 얼마나 책임감 있게 다루고 있을까? 세계는 왜 더 심각하게 받아들이지 않을까? 우리가 '죽지 않기로' 결심한다면, 사회는 무엇을 다르게 할 수 있을까? 기계 초지능을 만들어내지 않으려면 무엇이 필요할까?

사람들은 인공지능에 대해 서로 다른 직관과 전제를 지니고 있다. 우리는 지난 세월 수많은 질문과 반론을 들어왔다. 이 책에 다 담지 못한 전제, 예외, 자주 제기되는 의문들, 책의 분량을 몇 배로 늘릴 만큼 복잡한 이론적 근거들을 온라인 보충 자료에 정리해두었다. 어느 장을 읽고 나서 의문이 생긴다면, 온라인에서 계속 읽기를 권한다.

우리는 여러 장의 서두를 우화로 열기로 했다. 그것이 복잡한 개념을 더 단순하게 전하고, 무거운 주제에 약간의 여유를 보태는 방법이라 생각했기 때문이다. 이는 어쩌면 지금의 인류가 되기 전부터 이어져온 전통인지도 모른다. 죽음을 앞에 두고도 웃음을 잃지 않으려는 오래된 본능 말이다.

이 책이 좋은 소식으로 가득하다고 말할 수는 없다. '이미 끝났다'고 말하려는 것도 아니다. 기계 초지능은 아직 존재하지 않는다. 인류는 여전히 그것을 만들지 않기로 선택할 수 있다.

1950년대, 많은 사람이 세계 주요 강대국 간에 핵전쟁이 일어날 것이라 믿었다. 인류의 전쟁사를 고려하면 비관할 이유는 충분했다. 그러나 지금까지 핵전쟁은 일어나지 않았다. 핵폭탄이 허구였기 때문이 아니라, 인류가 핵전쟁을 막기 위한 시스템을 세웠기 때문이다. 당시 세계 지도자들은 전쟁이 일어나면 자기 자신과 자국민 모두가 끔찍한 대가를 치르게 된다는 사실을 알았다.

그들은 또한 잘 알고 있을 것이다. 지구 어딘가에서 누군가 기계 초지능을 만들어낸다면, 그날 또한 비극적인 날이 될 것이라는 사실을. 그 누구도 가족, 친구, 조국과 그 후손과 함께 죽기를 원하지 않는다.

AI 기술의 확장을 멈추고, 점점 더 거대해지는 AI 모델을 만드는 데 사용되는 하드웨어 개발을 통제하는 일은 결코 쉽지 않다. 그러나 이는 제2차 세계대전을 치른 것보다 훨씬 적은 노력으로도 가능하다. 살아 있으려는 의지를 끌어내기 위해 필요한 것은 단 하나다. 몇몇 나라와 지도자 그리고 시민들이 우리가 지금 죽음의 벼랑 끝에서 그리 멀지 않다는 사실을 자각하는 것이다.

이 일은 쉽지 않겠지만, 우리는 아직 살아 있다. 인간의 존엄 그리고 인류의 존엄은 우리에게 싸울 것을 요구한다.

살아 있는 한, 희망은 있다.

들어가며: 어려운 예측과 쉬운 예측　016

1부　비인간적 지성

1　인류의 특별한 능력　037
2　만들어진 것이 아니라 자라난 존재　052
3　욕망의 학습　071
4　훈련이 목적이 될 때　084
5　초지능이 사랑하는 것들　113
6　우리는 패배한다　135

2부　하나의 멸종 시나리오

7　자각　165
8　팽창　183
9　초월　211
　시나리오를 마치며　220

3부 맞서야 할 도전

10	저주받은 문제	225
11	연금술, 과학이 아닌 것	246
12	나는 위기론자가 되고 싶지 않다	267
13	인류가 멈춰야 할 마지막 실험	284
14	생명이 있는 곳에 희망이 있다	299

맺는말	313
부록 ①. 온라인 보충 자료에 대해	315
부록 ②. 인공 초지능의 방지에 관한 조약 초안과 각 조별 해설, 선례, 해석 모음집	318
감사의 글	418
주석	420

일러두기

본 도서에 나오는 초지능 AI 관련 용어는 아래와 같이 번역하였다. 이는 AI 지능의 단계적 차이
와 개념의 범위 차이를 명확하게 전달하고자 함이다.

- superhuman AI → 초인적 AI
- superintelligence → 초지능
- artificial superintelligence (ASI) → (인공) 초지능
- superintelligent AI → 초지능 AI
- superhuman machine intelligence → 초인적 기계 지능
- machine superintelligence → 기계 초지능

1부

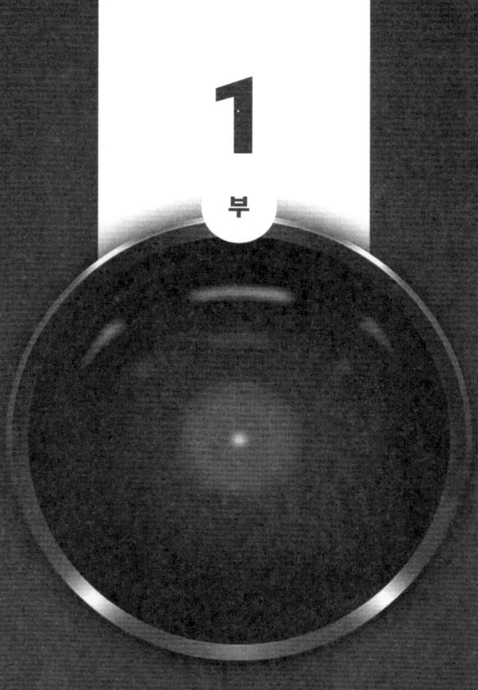

비인간적 지성

NONHUMAN MINDS

IF ANYONE BUILDS IT, EVERYONE DIES

인류의 특별한 능력

지구의 생명체가 신들의 게임에서 비롯되었다고 상상해보자(물론 실제로 일어난 일은 아니고, 우화이다). 호랑이 신은 호랑이를, 세쿼이아 신은 세쿼이아를 만들었다. 물고기 신과 세균 신도 있었다. 이 신들은 자신이 후원하는 종족이 지구의 패권을 쥐도록 겨루고 있었다.

약 200만 년 전, 무명의 유인원 신이 그 광대한 행성 크기의 바둑판을 내려다보았다.

"몇 수만 더 두면 이 판은 내 거야." 유인원 신이 말했다.

순간 정적이 흘렀다. 다른 신들이 고개를 갸웃하며 바둑판을 들여다봤다. 무엇을 놓친 것일까?

전갈 신이 물었다. "어떻게? 네 유인원족은 갑옷도, 발톱도, 독도 없잖아."

"뇌가 있잖아." 유인원 신이 대답했다.

"나는 그들을 감염시켜 죽일 수 있어." 천연두[1] 신이 말했다.

"지금은 그렇겠지. 하지만 네 시대는 곧 끝나. 그들의 뇌가 널 이기는 법을 배우기만 하면 말이야." 유인원 신이 말했다.

"그 녀석들, 뇌도 그리 크지 않잖아!" 고래 신이 끼어들었다.

"크기가 전부는 아니지. 설계가 중요하거든. 200만 년만 지나면 놈들은 자기 행성의 달에 발을 디딜 거야." 유인원 신이 말했다.

"연료는 어디서 난데? 생각만으로는 우주로 갈 수 없어. 로켓 연료를 정제하는 대사 기능이 진화해야 하고, 단단한 외피를 갖춘 크고 길쭉한 생물이 되어야 해. 그렇지 않으면 진공 속에서 터져 죽을 테니까. 네 유인원이 아무리 생각을 많이 한들, 지상에서 생각만 하고 있겠지." 세쿼이아 신이 비꼬았다.

"우린 이 게임을 수십억 년째 하고 있어. 지금까지 뇌가 큰 이점이 된 적은 없었단 말이야." 세균 신이 곁눈질하며 말했다.

"그래도." 유인원 신이 말했다.

인류의 실제 역사는 이렇다. 인간은 몸집에 비해 유난히 큰 뇌를 갖게 되었다. 불을 다루는 법을 익혔고, 농사를 짓기 시작했으며, 철을 제련했다. 생물 진화의 기준으로 보면 놀라

　　　　　　　　　　　AI, 신의 탄생 인간의 종말

울 만큼 짧은 시간 안에 인류는 달에 발을 디뎠다. 비록 우리의 신진대사로는 로켓 연료를 정제하지 못하고, 피부는 진공 상태를 견디지 못하는데도 말이다.

지구의 다른 종들은 태어날 때부터 특정 기술을 물려받는다. 벌은 벌집을 짓고, 비버는 댐을 만든다. 반면 인간은 유전자에 각인된 지식은 없었지만, 비버의 댐을 보고 원리를 이해해 스스로 댐을 만들었다. 이제 우리는 비버처럼 강을 막고, 벌처럼 집을 짓고, 거미처럼 실을 엮어 그물을 만든다. 심지어 다른 어떤 종도 만들지 못한 발전소와 우주 로켓을 만든다.

인간이 과거 조상들이 결코 하지 못했던 일, 다른 동물들이 전혀 하지 못하는 일을 할 수 있는 이유는 흔히 '지능'이라 불리는 특성 덕분이다. 대부분의 능력은 유전자에 직접 새겨져 있지 않다. 우리는 보고, 시도하고, 기억하고, 일반화한 뒤에 성취한다.

배우는 능력 자체가 인간에게만 있는 것은 아니다. 쥐도 미로를 헤쳐 나가는 방법을 배울 수 있다. 하지만 인간은 쥐가 하는 일을 훨씬 더 강력한 방식으로 해낸다. 우리는 화학의 경로를 배우고, 더 저렴한 비료를 찾는 길을 탐색한다. 복잡한 실험을 설계하고, 물리법칙을 이해하고, 위성을 발명한다. 심지어 쥐를 미로에 넣고 쥐가 학습하는 과정을 연구하기도 한다.

인간의 뇌는 다른 어떤 동물보다 더 넓은 현실의 층위를 가로지르며 길을 찾아간다. 이것이 바로 '인간만이 가진 특별한 힘'이다. 그렇다면 이 힘은 어떻게 작동할까? 정확히 무엇을 하고, 어떤 방식으로 그 일을 해내는 걸까?

우리의 관점*에서 인간의 지능은 두 가지 근본적인 일을 수행한다. 세상을 '예측'하는 일과 세상을 '조종'하는 일이다.

'예측'은 보거나 듣거나 만지기 전에 어떤 감각이 올지를 미리 짐작하는 일이다. 예를 들어 공항으로 차를 몰고 갈 때, 신호등이 곧 노란불로 바뀌거나 앞차가 브레이크를 밟을 것을 알아차린다면, 뇌는 예측에 성공한 것이다.

'조종'은 선택한 결과에 도달할 수 있는 행동을 찾는 일이다. 공항으로 가는 길이라면, 특정한 길을 선택해 결국 공항에 도착하게 하거나, 근육을 수축시키는 적절한 신호를 보내 운전대를 해당 방향으로 돌리게 한다면, 뇌는 조종에 성공한 것이다.

---

* 이 관점은 몇 가지 이론에 근거한다. 우리는 정의에 집착하지 않을 것이다. 만약 번개가 쳐서 주변에 불이 붙었다면, '불'을 인간이 만든 화염만 가리키는 것으로 정의한다고 해서 살아남을 수 있는 게 아니다. 그저 달아나야 한다.

 AI, 신의 탄생 인간의 종말

뇌가 손가락에 보낼 수 있는 신경 발화 패턴은 무수히 많다. 그러나 대부분은 운전대를 제대로 돌리는 것과 무관하다. 오히려 손가락을 심하게 움찔대게 하거나 뒤틀리게 할 뿐이다. 그런데도 우리는 매일 수많은 가능성 중에서 옳은 선택을 찾아내, 운전대를 제대로 돌린다. 공항으로 운전할 때 뇌는 단순히 목적지로 향하는 길 순서를 계산하는 것이 아니라, 운전대를 올바르게 돌리게 하는 '수십억 가지 중 하나'의 신경 신호 패턴을 찾아내고 있는 것이다.

예측과 조종은 서로 얽혀 있다. 공항으로 가기 위해서는 어떤 길이 에어포트대로Airport Boulevard로 이어지는지 예측할 수 있어야 하고, 에어포트대로로 이어지는 길을 예측하려면 손가락을 움직여 휴대전화 지도를 조작할 수 있어야 한다.

그렇지만 예측과 조종은 본질적으로 다른 일이며, 그 차이는 매우 중요하다. 예측의 성패는 비교적 간단히 측정할 수 있다. 에어포트대로가 나올 것이라 기대했는데, 세컨드 스트리트Second Street가 보였다면 예측은 틀린 것이다. 반면 조종의 성패를 측정하려면 '어디로 가려고 했는지' 그 의도를 알아야 한다. 슈퍼마켓에 도착한 것이 장을 보러 간 거라면 성공이지만, 응급실에 가려던 길이었다면 실패다.

같은 도시에 사는 두 사람이 더 똑똑해질수록, 예측에 대해서는 의견이 더 많이 일치할 것이다. 예를 들어 평일 오후 5시

에 세컨드 스트리트에 교통 체증이 심할지 여부 같은 문제에
서는 말이다. 하지만 가고자 하는 목적지는 다를 수 있다. 한
사람은 공원을, 다른 사람은 극장을 선택할 수 있다.

다시 말해, '지능이 뛰어난 존재들도 서로 다른 최종 목적
지를 향해 나아갈 수 있다.' 이는 지능의 결함 때문이 아니다.

예측과 조종은 생물학적 지능만의 기능은 아니다. 기계도
이를 수행할 수 있다. 하지만 지금까지는 인간이 지구에서 여
전히 최고였다.

정확히 무엇에서? 인간은 더 이상 체스의 세계 챔피언이
아니다. 지구에서 유일하게 언어를 쓰는 종도 이제 아니다. 의
료 차트를 읽거나 종양을 진단하는 능력에서도 유일무이하지
않다.

인간이 여전히 최고인 영역은 더 깊은 곳에 있다. 하지만
그 특별함은 예전보다 설명하기가 더 어려워졌다.

우리가 보기에 인간은 여전히 '범용성'이라 부를 만한 능력
에서 우위에 있다. 범용성이란 무엇일까? 우리는 이렇게 정의
하겠다. 지능이 더 범용적일수록 더 넓은 영역에서 예측과 조
종을 해낼 수 있다. 인간이 모든 분야에서 최고일 필요는 없

　　　　　　　　　　　　　　AI, 신의 탄생 인간의 종말

다. 여덟 개의 팔을 조종하는 데는 문어의 뇌가 더 뛰어날 수 있다. 그러나 더 넓은 의미에서 보면 인간은 문어보다 훨씬 더 다양한 영역에서 예측과 조종을 성공적으로 수행한다.

어떤 인공지능은 좁은 분야에서 인간보다 똑똑하다. 1997 년 IBM의 딥 블루Deep Blue 슈퍼컴퓨터는 체스에서 인간 세계 챔피언을 처음으로 꺾었다. 딥 블루는 체스라는 한 분야에서 예측과 조종을 매우 잘했다. 그러나 마트로 가는 길을 예측하거나, 그곳까지 차를 모는 일은 할 수 없었다. 인간의 정신은 예측과 조종의 각기 다른 영역에서 더 뛰어나거나 덜 뛰어날 수 있다.

더 새로운 인공지능들은 훨씬 더 범용적인 능력을 갖추고 있다. 예를 들어 'o1'이라는 오픈AI 모델에 '태양 빛이 전부 적외선으로 바뀌면 지구의 온도가 얼마일지'를 물으면, o1은 물리 계산을 통해 답을 구한다. 이어서 그 새로운 환경에서 인류가 농사를 지을 수 있는지를 묻는다면, 식물학 지식을 바탕으로 답을 한다. 내부에서 두 개의 데이터베이스를 오가는 것이 아니라, 물리와 생물학 모두를 알고 있기 때문이다.

오픈AI의 o1은 자신을 둘러싼 세상이 존재한다는 사실을 알고, 그 세계에 관해 추론할 수 있다. 반면 딥 블루는 그런 개념조차 없었다. AI가 그 수준에 도달하기까지는 수십 년이 걸렸다.

하지만 어떤 의미에서 보면 o1의 일반적 추론 능력은 여전히 인간의 수준에 미치지 못한다. 기술과 과학의 영역에서 결정적인 돌파구를 만들어내는 존재는 여전히 인간이다. (아직까지는 말이다.) 더 나아가, 두 저자의 체감상 o1은 커다란 과학적 성과를 내지 못하는 인간보다도 덜 지적이다. 구체적으로 무엇이 부족한지는 점점 명확히 짚기 어려워지고 있지만, 분명한 것은 o1이 아무리 방대한 정보를 알고 기억하더라도 12세 인간의 사고 깊이에조차 못 미친다는 점이다.

물론 이런 상태가 영원히 지속되지는 않을 것이다. AI가 얼마나 빠르게 발전할지, 어떤 경로를 밟을지는 예측하기 어렵지만, 결국 어디에 도달할지는 비교적 명확하다. 기술이 도달할 수 있는 끝에는 인간의 뇌가 넘어서기 힘든, 기계의 장점들이 존재하기 때문이다. 그 몇 가지를 살펴보자.

1. **압도적인 속도**: 모든 컴퓨터의 기본 단위인 트랜지스터는 1초에 수십억 번이나 스위칭할 수 있다. 반면 아무리 빠른 뉴런이라도 1초에 100번가량만 신호를 보낸다. 한 번의 뉴런 발화에 1000회의 트랜지스터 연산이 필요하다고 가정하더라도, 그리고 인공지능이 지금의 하드웨어에만 제한된다고 하더라도, 인간 수준의 사고는 기계에서 약 1만 배 더 빠르게 구현될 수 있다는 뜻이다. 향

　　　　　　　　　　　　　　　　　AI, 신의 탄생 인간의 종말

상된 알고리즘과 하드웨어까지 더해진다면 그 격차는 더 커질 것이다. 세계를 1만 배 빠른 속도로 예측하고 조종하는 지능의 눈에는 인간이 거의 움직이지 않는 조각상[2]처럼 보일 것이다. 마치 말 한마디 하는 데 1시간이 걸리는 존재처럼 느껴질 것이다.

2. **복제와 확산의 능력**: 현재의 세계에서는 한 명의 인간을 키우는 데 20년 이상 걸린다. 그 긴 세월 동안 인간은 인류의 지식 중 극히 일부만을 학습한다. 게다가 인간 간에는 사고방식이나 통찰을 온전히 이전할 방법이 없다. 아인슈타인의 천재성은 그가 세상을 떠나자 함께 사라졌다. 그러나 인공지능의 세계는 다르다. 천재성을 '필요할 때마다 복제할 수 있는' 시대가 올 것이다.

3. **훨씬 빠른 개선 속도**: 인간 두개골의 크기는 진화의 병목에 걸려 있다. 신생아의 머리가 더 커지면 여성의 골반[3]을 통과할 수 없기 때문이다. 하지만 GPU(그래픽처리장치, 병렬 연산에 특화된 고성능 연산 칩—옮긴이)는 다르다. 현대 AI를 구동하는 이 특수한 칩들은 성능이 계속 향상되고 있으며, 그 위에서 작동하는 알고리즘 역시 인간의 진화 속도보다 '훨씬, 훨씬, 훨씬' 빠르게 발전하고 있다.

4. **압도적인 기억 용량**: 인간의 뇌에는 약 1천억 개의 뉴런과 100조 개의 시냅스가 있다. 이 정도면 대부분의 노트

북보다 저장 용량이 훨씬 크다. 그런데 현재의 데이터 센터는 약 400경 바이트에 달하는 데이터를 저장할 수 있다. 이 가운데 상당량은 단 5밀리초 이내에 접근 가능하다. 이는 인간의 뇌보다 천 배 이상 큰 저장 공간이다. 또한 현대의 AI는 인류가 축적한 지식의 상당 부분을 학습하고, 장기적으로 유지한다. 인간은 결코 이런 일을 해낼 수 없다.

5. **사고의 품질**: 사고의 세계에서는 '양보다 질'이 중요하다. 훈련된 원숭이 무리가 아무리 많아도 숙련된 체스 선수 한 명을 이길 순 없다. 그러나 인간의 사고가 최고 품질인 건 아니다. 인간이 반복적으로 빠지는 체계적 오류는 여러 실험에서 이미 입증됐다. 예컨대 '동기화된 회의주의motivated skepticism' 즉, 마음에 들지 않는 결론에는 반박 근거를 찾으면서, 마음에 드는 결론에는 같은 노력을 기울이지 않는 경향이다. 하지만 AI는 그런 오류를 결코 범하지 않는다. 또한 우리의 뇌에는 1천억 개의 뉴런이 있는데도, 대부분은 세 자릿수 곱셈조차 암산으로 하지 못한다. 이는 우리가 가진 뉴런을 여전히 효율적으로 사용하지 못하고 있다는 뜻이다. 현재 인간의 사고방식이 지적 진화의 종착점일 가능성은, 인간의 뉴런이 컴퓨터의 연산 소자보다 빠를 가능성만큼이나 희

박하다.

6. **자기 실험과 자기 개조 능력**: AI는 자신의 정신 사본을 여러 개 만들어 실험을 수행한 뒤, 필요하면 백업에서 원본을 복원할 수 있다. 또 새로운 계산 과정을 손쉽게 자신의 지능 체계에 이식할 수도 있다. 인간이 컴퓨터를 생물학적 신경에 연결하는 것보다 훨씬 수월하다. AI는 자신의 정신을 약간씩 다르게 변형시켜 성능이 더 나은지 시험할 수 있다. 이런 방식으로 AI는 인간보다 훨씬 빠르게 개선될 것이다.

초인적 사고 능력을 지닌 초고속의 정신들. 인간보다 1만 배 빠른 속도로 사고하며, 늙지도 죽지도 않고, 가장 성공적인 개체를 복제할 수 있으며, 수십억 번의 시행착오 끝에 인간과는 전혀 다른 사고 체계를 정제해낸 존재들. 그들은 지치지 않고 작동하고, 더 적은 데이터로 더 정확하게 일반화하며, 그 모든 지능을 자신을 분석하고 이해하고 개선하는 데 쏟을 수 있다. 이런 정신은 우리의 능력을 압도할 것이다.

기계지능이 인간의 모든 실질적 영역에서 인간을 능가할 가능성은 여러 이름으로 불려왔다. 우리 두 사람은 그것을 '초지능'이라 부른다. **거의 모든 종류의 예측과 조종 문제에서 인간보다 훨씬 뛰어난 능력을 지닌 지능**을 뜻한다. '거의'라는 단서가 붙는 이유는 인간이 이미 완벽하게 할 수 있는 일에서는 아무리 뛰어난 지능이라도 더 잘할 게 없기 때문이다.[*]

우리가 아는 물리법칙이 허락하는 범위 안에서 기계는 예측과 조종에서 인간의 두뇌를 능가할 수 있다. 이론상으로는 그렇다. 다만 현실에서는 아직 그 단계에 이르지 않았다. 문제는 그 시점까지 도달하는 데 얼마나 걸릴지 아무도 모른다는 것이다. 경로는 종착점보다 훨씬 예측하기 어렵다. 그러나 AI가 영원히 미련할 수는 없다.

2021년, 전 세계는 '생성형 예술generative art'이라 불리는 알고리즘 혁신의 결실을 목격했다. 초기의 AI들은 한계가 있었다. 손가락을 그리는 데 애를 먹었고, 사람의 손을 기괴하게 비틀린 형태로 표현하곤 했다. 어떤 이는 너무 성급히 결론 내렸다. "봐라, AI는 여전히 형편없잖아. 일러스트레이터들의 일자리는 안전해."

---

[*] 왜 단서가 붙을까? 설령 상상할 수 없을 만큼 발전한 외계 문명이 10억 년의 사고를 축적한 채 지구를 침공하더라도, 인간이 틱택토(Tic-Tac-Toe, 세 칸짜리 OX 게임)에서 패할 일은 없을 것이다. 이 게임은 완벽한 플레이를 위한 필승 전략이 인간의 기억에 담길 만큼 단순하기 때문이다. 외계인이 인간의 음료에 약을 타는 식의 꼼수를 부리지 않는다면 말이다. 이는 초지능이라 해도 인간이 이미 완벽하게 해낼 수 있는 문제에서는 더 잘할 수 없다는 한계를 보여준다. 그러나 이런 한계는 극도로 단순한 문제에만 해당된다.

    AI, 신의 탄생 인간의 종말

그러나 다른 사람들은 달리 생각했다. "5년 전만 해도 AI가 이런 그림을 그리지 못했는데, 계속 발전한다면 어떻게 될까?"

그리고 실제로 AI는 더 나아졌다. 이제 손도 제법 잘 그린다. 초기 버전에서나 봤던 어색한 손가락들은 '생성형 예술'이 보여준 최악의 모습이었다.

지금의 AI를 올바른 각도에서 바라보면 그 지능의 얕음을 느낄 수 있다. 하지만 이는 얕음을 느끼는 마지막 순간이기도 하다.

파국으로 향하는 길은, 인간이 직접 초지능을 만드는 길보다 훨씬 더 짧고 빠를지도 모른다. 그 길은 어쩌면, 스스로 더 똑똑한 AI를 만드는 데 실질적으로 기여할 만큼 고도화된 AI를 통해 열릴 수도 있다.

이런 시나리오에서는 일종의 '지능 폭발intelligence explosion'이라 불리는 양의 되먹임positive feedback 과정이 발생할 가능성, 아니 기대가 존재한다. AI가 더 똑똑한 AI를 만들고, 그 AI가 또 더 똑똑한 AI를 만드는 순환.

그런 폭발적 되먹임 과정도 언젠가는 물리적 한계에 부딪혀 잦아들겠지만, 그게 곧바로 멈춘다는 뜻은 아니다. 초신성supernova도 무한히 뜨거워지지는 않지만, 인근 행성을 증발시킬 만큼은 뜨거워진다. 인류의 더 완만한 지능 폭발, 즉 농업에서 문자로, 과학으로 이어진 인간의 발전은 너무도 빠르게 전개되어, 다른 어떤 종이 불을 다루기도 전에 인간은 이미 달에 발을 디뎠다.

우리는 아직 모른다. 스스로 더 똑똑한 AI를 만들고, 그 AI가 또 다른 AI를 만들며, 마침내 초지능에 이르는 가장 단순한 AI의 임계점이 어디에 있는지를 말이다. 그 AI가 인간보다 더 똑똑해야 할 수도 있다. 혹은 훨씬 더 단순한 AI들이 오랜 시간 협력하면 충분할지도 모른다. 2024년 말과 2025년 초, 여러 AI 기업의 경영진들은 "진정한 의미의 초지능을 만들겠다"[4]고 공언했다. 그리고 곧 "데이터센터 한가득 천재가 사는 나라"[5]에 필적할 수준의 AI를 구현할 것이라 말했다. 물론 기업 경영진의 발언은 언제나 적당히 걸러 들어야 한다. 하지만 그들은 이 문제를 피해야 할 위험으로 여기지 않는다. 오히려 의도적으로 그쪽으로 돌진하고 있다. 시도는 이미 시작되었다.

AI 기업들은 본성상 혹은 관성상, 경계를 계속 밀어붙일 것이다. 더 똑똑한 지능을 만들어야 이익이 생기기 때문이다. 그 동기는 '인간 수준'에서 멈추지 않는다. 인류가 이 길을 계속 간다면, 그들이 만든 지능은 언젠가 인간을 추월할 것이다. AI가 AI 연구를 스스로 하기 시작하면, 그 시점은 현재의 발전 속도보다 훨씬 빨리 다가올지도 모른다.

만약 개별 인간은 물론 인류 전체와 맞먹거나 그 이상으로 깊고 보편적인 사고 능력을 지닌 기계 지성이 존재하게 된다

　　　　　　　　　　　　　　　　　　AI, 신의 탄생 인간의 종말

면, 그리고 거의 모든 영역에서 더 강력하다면 어떤 일이 벌어질까?

인간의 지능은 모든 힘의 근원이다. 우리의 기술도 그 지능에서 나왔다. 같은 인류 내에서도 특정 집단이 기술적 우위를 조금 더 오래 점하기만 해도 전쟁의 결과는 '우리는 총을 가졌고, 그들은 없다'로 갈린다. 종種 사이에서는 그 격차가 더 극명하다. 개별 침팬지가 인간을 죽일 수는 있지만, 인류가 침팬지의 멸종을 막기 위해 보호구역을 만드는 데는 이유가 있다.

지금까지 인류의 특별한 능력에는 경쟁자가 없었다. 하지만 그 능력에서조차 우리를 앞서는 기계의 정신이 등장한다면?

만들어진 것이 아니라
자라난 존재

\# 한낮의 어느 레스토랑. 한 남자와 여자가 마주 앉아 있다. 여자의 목소리는 낮고 진지하다.

여자 문제는요, 이 이야기를 누구하고도 제대로 나눌 수 없다는 거예요. 그 사람 가족은 그 사람 빼고 전부 끔찍하거든요. 본인도 "나도 노력하지 않으면 끔찍한 인간이 될 거야"라고 말하죠. 그런데 가끔은 진짜 끔찍하게 굴어요. 저한테도요. 제 가족은 우울증으로 고생하고 있어요. 부모님은 애 가지라고 닦달하고, 친구들은 제각기 자기 경험만 근거로 온갖 조언을 늘어놓아요. 정자를 기증받아야 할까요? 그냥 아이 갖는 걸 포기해야 할까요? 아이를 낳으면 그 아이는 행복하고 착하게 자랄 수 있을까요?

남자　잘 오셨습니다! 세상 누구보다 아이의 미래를 잘 예측하는 사람은 바로 저예요! 아이가 어떻게 만들어지는지도 다 알고 있죠!

여자　아뇨, 전 아이가 어떻게 만들어지는지가 아니라, 어떤 아이가 될지가 궁금한데요.

남자　아니, 아이가 어떻게 만들어지는지를 안다면, 더 뭘 알 필요가 있겠어요?

여자　처음엔 '아이의 유전자가 어떨까' 하는 생각이 들었어요. 그런데….

남자　아하! 그 문제라면 해결책이 있죠! 요즘은 전장 유전체 시퀀싱 whole-genome sequencing 비용도 꽤 저렴하답니다. 당신의 난자와 남편의 정자로 배아를 만들고, 착상하기 전에 유전체를 시퀀싱하면 돼요. 그 염기서열이 당신 아이에 대한 모든 걸 말해 줄 겁니다.

여자　그런데 '끔찍한 인간이 될 유전자'나 '행복한 인간이 될 유전자' 같은 걸 정말 알 수 있나요? 그런 걸로 제가 뭘….

남자　아이의 모든 DNA 염기서열을 알고 언제든 확인할 수 있다면, 아이의 유전자는 완전히 투명해지는 셈이죠. 유전자에 관한 어떤 진실도 당신 모르게 존재하지 않게 됩니다.

여자　하지만 전 'CATTCA' 같은 알 수 없는 글자 30억 개가 들어 있는 파일 하나를 받겠죠. 읽는 데 백 년은 걸릴 거예요. 읽는다고 해도 아무것도 얻을 게 없을 거고요. 설사 그 수십억 개의 난해한 문자가 아이의 운명에 큰 영향을 미친다 해도, 그건 어디까지나 출발점일 뿐이에요. 그걸로는 제 아이의 뇌가 어떻게 작동하는지, 성장한 뒤 그 안에서 어떤 생각이 일어날지는 알 수 없잖아요.

남자 아, 물리학을 모르시는군요! 그건 간단해요. 양성자, 중성자, 전자가 어떻게 상호작용하는지를 알면, 세상 모든 걸 이해할 수 있습니다. 뇌에서 일어나는 일도 전부 설명되니까요.

여자 화제를 바꾸죠.

초지능이 현대적 방식으로 만들어질 경우 왜 필연적으로 잘못될 수밖에 없는지를 설명하기 전에, 우선 그 '현대적 방식'이란 게 정확히 무엇인지 짚어둘 필요가 있다. 어떻게 작동하며, 어떤 결과를 낳는지, 왜 AI 엔지니어들이 아이의 유전자만 알고 있는 엄마와 비슷한 처지에 놓이는지 말이다.

현재의 인공지능에 대한 가장 근본적인 사실은, 그것이 '만들어진 존재crafted'가 아니라 '자라난 존재grown'라는 점이다. 이는 소프트웨어를 만드는 일반적인 과정과는 다르며, 어떤 면에서는 인간이 만들어지는 과정에 더 가깝다. 즉, 엔지니어들

 AI, 신의 탄생 인간의 종말

은 AI를 만들어내는 과정을 이해하지만, 그들이 만든 AI의 '마음' 안에서 무슨 일이 일어나는지는 거의 모른다.

가령 언어나 지능에 대한 깊은 이해나 이론적 통찰이 전혀 없는 엔지니어가 제대로 말하는 기계를 만들고 싶다고 하자. 그들은 어떻게 시작할까?

어떤 문장을 입력하면 그 문장이 자연스럽게 이어지도록 다음 문장을 써주는 기계를 만들고 싶을 것이다. 예를 들어 '옛날 옛적에Once upon a ti...'로 시작하는 문장을 주면, 그다음 글자로 'm'이 나올 확률이 높다는 걸 배우게 하고 싶다.

이때 단순히 "문장이 'Once upon a ti'로 시작하면 다음에 오는 글자는 m이다"라고만 설정한다면, 다른 문장, 예컨대 'Four score and sev…' 같은 경우에는 전혀 대응하지 못할 것이다. 그들은 기계가 모든 종류의 문장을 자연스럽게 이어 쓸 수 있길 원한다. 나아가 대화나 에세이처럼 긴 글도 스스로 만들어내길 바란다. 심지어 그 누구도 써본 적 없는 문장조차 그럴듯하게 완성하길 바란다.

현대적 방식을 적용하면, 대략 다음과 같은 과정을 거친다.

1. 먼저, 문장 조각(예를 들어 'Once upon a ti')을 숫자들의 나열로 바꾼다. 예컨대 A를 1, B를 2, C를 3으로 바꾸고, 공백과 문장부호에도 숫자를 부여한다. 그러면 'Once upon

a ti'는 15, 14, 3… 같은 숫자열이 된다. 이것이 **입력값**
input이다.

2. 다음으로 방대한 양의 숫자를 저장할 수 있는 컴퓨터를
준비한다. 각 숫자를 저장하는 칸을 **파라미터**parameter(매
개변수)라고 부른다. (2025년 초 기준으로 최첨단 AI는 수조 개의
파라미터를 사용한다.)

3. 그 저장 공간을 숫자로 채운다. 단순히 말하면 처음에는
무작위로 숫자를 넣는다. 이 칸 안의 숫자들을 **가중치**
weight라고 부른다.

4. 이제 **아키텍처**architecture를 정한다. 입력값(예: 'Once upon a
ti'의 15, 14, 3...)과 파라미터 안의 가중치를 어떤 규칙으로
조합할지 결정하는 단계다. 예를 들어 '입력값에 첫 번
째 파라미터의 가중치를 곱하고, 그 결과에 두 번째 파
라미터의 가중치를 더한 뒤, 음수이면 0으로 바꾼다' 같
은 연산 규칙을 수백억 번 반복해 모든 가중치를 계산에
얽어 넣는다.

5. 이런 일련의 연산 결과로 **출력값**output이라는 숫자 세트
가 만들어진다. 이 숫자들은 '다음에 올 글자가 무엇일
까'에 대한 예측값이다. 예를 들어 첫 번째 숫자는 'A'가
나올 확률, 두 번째 숫자는 'B'의 확률, 세 번째는 'C'의 확
률을 뜻한다.

6. 다음은 이 초기 상태의 '미완성 지능'을 훈련^{training}시키는 단계다. 이때 사용하는 과정이 **경사하강**^{gradient descent}이다.

가중치가 처음엔 무작위이기 때문에 프로그램을 처음 실행하면 결과는 엉망이다. 예를 들어 'b가 다음에 올 확률이 65퍼센트, m은 1퍼센트'라는 식으로 엉뚱한 예측을 내놓는다.

하지만 중요한 점이 있다. 아키텍처를 제대로 설계했다면, 엔지니어는 최종 결과에 각 파라미터가 얼마나 영향을 미쳤는지를 계산할 수 있다.

즉, 수천억 개의 가중치 각각에 대해 '이 숫자를 아주 조금만 크게(혹은 작게) 바꿨다면, 최종적으로 m이 선택될 확률은 얼마나 달라졌을까?'를 묻는 것이다.

이 계산 결과가 바로 그 파라미터의 **경사**^{gradient}다.* 경사는 그 가중치를 어느 방향으로, 얼마나 바꿔야 오차가 줄고 정답에 더 가까워지는지를 알려준다.

그다음 엔지니어들은 각 가중치를 그 경사에 따라 조금씩 조정한다. 조금이라도 정답에 가까워지도록 모든 가

---

* 이렇게 '깊은 층'에 있는 파라미터들까지도 경사가 제대로 계산되도록 만드는 아키텍처를 설계하는 일은 AI 연구자들이 상을 받을 만큼 어려운 과제이다. 대략적으로 말해, 제프리 힌턴과 존 홉필드(John Hopfield)가 노벨상을 받은 이유도 바로 이러한 구조적 혁신 덕분이다.

중치를 미세하게 조정한다. 물론 일일이 손으로 하는 건 아니다. 이 작업을 수행하는 프로그램을 따로 작성한다. AI 엔지니어들은 그 수치들을 직접 들여다보지 않는다. 수조 개의 숫자를 일일이 살펴보려면 인간의 수명으로는 도저히 불가능하기 때문이다.

컴퓨터 과학자들은 이 과정을 '덜 틀린 답으로 내려가는(경사하강)' 과정이라고 부른다. 한 번의 실행으로 완벽한 답을 얻을 수는 없다. 그 결과가 이전보다 약간 나아질 뿐이다. 그러나 이 모든 과정은 자동화할 수 있기 때문에, 수조 개의 단어로 구성된 방대한 **훈련 데이터**^{training data}를 사용해 수억 달러와 최첨단 슈퍼컴퓨터만으로 수개월 안에 이 절차를 반복할 수 있다. (다행히도 그 엔지니어는 부자이거나 혹은 대기업 소속이다.) 이 일련의 과정을 **훈련**이라 부른다.

7. 훈련이 끝나면 이제 기계가 내놓은 확률값, 즉 어떤 글자가 다음에 올지에 대한 예측을 일반 텍스트로 바꿀 수 있다. 예컨대 AI가 'Once upon a ti' 다음 글자로 m을 가장 높게 예측하면, 문장은 'Once upon a tim'으로 이어진다. 그다음 이 확장된 문장을 다시 입력값으로 넣어 다음 글자를 예측하면 e가 나온다. 이 과정을 반복하면 기계가 말을 시작한다.

이렇게 경사하강을 통해 수천억 개의 가중치를 반복적으로 미세 조정해 인간 언어와 거의 구분되지 않는 예측을 내놓는 모델이 바로 거대언어모델large language model, LLM이다. 그중에서도 기초 단계의 모델을 베이스 모델base model이라 부른다.

이 베이스 모델을 ChatGPT 같은 '도움이 되는 LLM'으로 발전시키려면 한 단계가 더 필요하다. 즉, 다음과 같은 형식의 데이터를 이용해 또 한 번의 경사하강을 수행한다.

사용자 스페인의 수도는 어디인가요?

AI 마드리드입니다.

이 단계의 목적은 LLM에게 '스페인의 수도가 마드리드'라는 사실을 가르치려는 게 아니다. LLM은 이미 인터넷 대부분의 자료를 훈련하여 그 사실을 알고 있다. 진짜 목적은 LLM이 'AI:' 뒤에 이어질 텍스트를 도움이 되는 대답으로 채우게 하는 것이다. 예컨대 "왜 그런 걸 나한테 물어? 직접 검색해봐" 같은 현실적인 인간 반응 대신, 상냥하고 유용한 답변을 내놓도록 미세 조정하는 것이다. 만약 엔지니어가 대형 기업에서 일하고 있다면, 이 단계에서는 AI가 욕설을 하거나 자동차 절도 방법을 말하지 않도록 검열 훈련도 함께 진행한다. 이는 실제 사람(혹은 최근에는 AI)이 평가한, AI를 개발·운영하는 대형 기술 기업이 수용 가능한 답변 기준에 따라 출력을 조정하는 과정이다.

그리고 바로 여기에서, 은유적으로 말하자면, 아기가 태어난다.

아기를 만드는 일에 관해서라면, 예비 부모가 과학을 깊이 알 필요는 없다. AI를 만드는 일도 그와 다르지 않다. AI를 만들고자 하는 엔지니어들은 인간 부모보다야 조금 더 많은 것을 알아야 하지만, 당신이 생각하는 것만큼은 아니다.

정리하자면 오늘날의 AI '부모들'이 하는 일은 이렇다. 엔지니어들은 AI의 아키텍처를 설계하고, 어떤 파라미터를 더할지 어떤 것을 곱할지 선택한다. 그들은 수십억 개의 파라미터를 계산하는 엔진을 만든다. 그 엔진은 문자 그대로 수십경 번의 경사 계산을 수행한다. 모델이 예측을 학습하는 데 사용하는 단어들은 인터넷에서 수조 단위로 복제·수집된 후, 저임금 노동자들이나 다른 AI들이 추가로 만들어낸 것들이다. 엔지니어들이 한 단계 더 나아가 수학 문제나 정답이 하나뿐인 퍼즐로 AI를 훈련시킬 경우, 그 정답이 맞는지를 판정하는 프로그램은 여전히 인간이 작성한다.

인간이 하는 일, 사람이 직접 보고 이해할 수 있는 부분은 거기까지다.

'지능의 비밀'이 특정 아키텍처의 선택에 있지 않을까 궁금할 수도 있다. 혹시 지능의 비밀이, 어떤 파라미터를 더하고 어떤 파라미터를 곱하느냐의 규칙 안에 숨어 있는 건 아닐까? 우리는 2024년 중반에 최첨단으로 평가받았던 LLM 라마^{Llama} 3.1 405B의 아키텍처 전체를 이 책의 온라인 자료에 옮겨두었다. 여기서 간단히 말하자면, 그 아키텍처는 방대하고 반복적이며, 각 '토큰^{token}(AI가 언어를 처리하기 위해 단어를 쪼갠 최소 단위—옮긴이)'마다 1만 6384개의 숫자를 부여하고, 수십억 개의 파라미터를 토큰들 사이의 교차 연결을 가능하게 하는 128개의 '어텐션 헤드$^{attention\ head}$'에 배열한 뒤, 그 위에 몇 가지 연산을 더해 하나의 '레이어^{layer}'로 묶는 방식이다. 이렇게 만들어진 레이어가 126층 쌓인다.

즉, AI란 경사하강으로 만들어진 수십억 개의 숫자 더미에 불과하다.

아무도 그 숫자들이 어떻게 이런 말을 만들어내는지 알지 못한다.

그 숫자들은 감춰져 있지 않다. 인간의 DNA를 염기서열 분석을 통해 누구나 볼 수 있듯, AI를 이루는 수조 개의 숫자(파라미터와 가중치) 역시 드러나 있다. 그러나 어떤 아기가 자라서 행복하고 친절한 사람으로 성장할지 알고 싶어서 아기의 유전자를 전부 들여다본들, 'CATTCA' 같은 염기서열 자체를 보는 것만으로는 그 아이의 성격이나 생각 방식을 알 수 없다. 이 장의 서두에서 언급한 우화 속 여성처럼, 그런 시도는 무의미하다는 걸 우리는 본능적으로 알고 있다.

생물학자와 DNA의 관계는, AI 엔지니어와 AI 내부 숫자들의 관계와 거의 같다. 오히려 생물학자가 DNA가 어떻게 생화학과 성격, 행동으로 이어지는지 훨씬 더 많이 알고 있다. 그들이 훨씬 더 오래, 수십 년 넘게 그 일을 해왔기 때문이다.

마찬가지로 AI 내부의 그 수많은 내부 수치를 아무리 들여다본들, 그 개체가 체스를 얼마나 잘 둘지 알아낼 수는 없다. 그것을 알아내는 유일한 방법은 직접 실행해보는 것뿐이다. 경사하강으로 우연히 찾아진 결과가 무엇이든, 그게 바로 이 거대한 숫자 덩어리가 보이는 행동이다. 이 기계는 인간이 의도적으로 설계하고 그 모든 작동 원리를 이해하며 세밀히 만들어낸 존재가 아니다. 경사하강으로 우연히 길러진 산물에 가깝다.

AI를 자라게 하는 과정에는 여전히 배워야 할 것이 많다. 아키텍처가 실제로 작동하도록 만들려면 수많은 기술적 요령이 필요하다. 하지만 그것은 일종의 '영양 조절'에 가깝다. 태아의 두뇌 발달을 돕기 위해 영양을 맞추듯, 간접적 방식으로 더 좋은 결과를 기대하는 수준이다. 구체적인 기술은 아키텍처의 세부나 사용하는 하드웨어 그리고 비유하자면 '수석 프로그래머의 12번째 생일이 월식과 겹쳤는가' 같은 우연적 요인에 따라서도 달라진다. 이런 요령을 제대로 고를 수 있는 사람은 연봉이 수백만 달러에 이른다. 과학이라기보다 예술에 가까운 영역이기 때문이다. 기업들은 그들의 전문성 없이는 AI를 만들 수 없다.

그러나 이런 '요령'은 숫자가 의미하는 바를 이해하는 것과는 전혀 다르다. 그리고 엔지니어들이 그 숫자를 이해하게 될 날은 아직 멀었다. 1950년대 중반, 인류는 지능을 이해하고 그것을 기계 안에 구현하려는 위대한 프로젝트를 시작했다('인공지능'이라는 단어가 처음 등장한 것도 이 무렵이다—옮긴이). 그러나 연구는 여러 차례 'AI 겨울^AI winter'을 맞으며 멈춰 섰다. 막대한 투자금이 회수되지 않았고, 자금은 반복적으로 끊겼다. 인류는 끝내 지능을 완전히 이해하지 못했다. 우리는 '손으로 마음을 세세히 만드는 법'을 배우지 못했다.

인간이 마침내 ChatGPT 수준에 도달한 건 '지성을 지닌 정신을 세밀히 빚어낼 만큼' 지능을 이해해서가 아니다. 컴퓨터가 충분히 강력해져서, 인간이 그 내부의 사고 과정을 이해하지 못한 채 경사하강을 통해 AI를 대량으로 길러낼 수 있게 되어서다.

요컨대 엔지니어들은 AI를 '만드는' 데 실패했지만, '자라게 하는' 데 결국 성공했다.

많은 사람은 이렇게 생각할지도 모른다. LLM이 세밀한 이해 없이 그저 데이터 속에서 자라난 존재이며 인간의 텍스트를 예측하도록 훈련되었을 뿐이라면, 결국 인간이 한 말을 되풀이하는 수준을 벗어나지 못할 것이라고. 그러나 이는 잘못된 생각이다. 인간처럼 말하기 위해서는, AI도 인간이 이야기하는 세상의 복잡한 구조를 예측할 수 있어야 한다.

예를 들어 실제 의료 보고서가 "에피네프린epinephrine 0.3밀리그램을 주사한 후, 환자는…"으로 시작한다고 하자. 그다음에 올 말은 무엇일까? '기절했다'? '비명을 질렀다'? 아니면 '다시 숨을 쉬기 시작했다'? 보고서를 쓴 의사는 추측할 필요가 없었다. 그저 자신이 본 사실을 기록했을 뿐이다. 예측은 훨씬 더 어려운 일이다. 의사가 무엇을 쓸지를 예측하려면, AI는 의사뿐 아니라 환자에게 실제로 어떤 일이 일어났는지, 즉 언어 뒤에 있는 현실 세계를 함께 추론해야 한다.

실제로 이런 효과를 보여주는 증거도 있다. 예비 연구에 따르면,[1] LLM은 일부 의학적 진단 과제에서 의사보다 조금 더 나았다. AI가 건강의 근본적인 역학에 대해 일정 부분 학습했기 때문일 것이다. 이론적으로도, 의사들이 이해하지 못한 질병의 특이 증상을 성실히 기록한다면, 순수 예측 기반의 AI가 그 질병의 작동 원리를 가장 먼저 발견할 수 있다. 그런 발견이 예측의 정확도를 높이기 때문이다.

게다가 오늘날의 AI는 인간이 만든 텍스트만으로 훈련되지 않는다. 예를 들어, AI를 '기르는 사람Al-grower'은 AI에게 하나의 수학 문제를 풀게 하면서 16번이나 시도하게 한다. 각 시도마다 AI는 '어떻게 풀지' 스스로 언어로 생각한다. 이때 가장 성공적인 시도의 '생각의 사슬chain of thought'이 경사하강 과정을 거치며 강화reinforce되고, 그 결과 이른바 추론형reasoning 모델이 만들어진다. 이러한 훈련 방식은 인간이 결코 도달할 수 없는 사고의 경로를 탐색하게 만든다.

즉, 인류는 지능을 이해하지 못한 채로도 자신들보다 더 영리한 기계를 길러낼 수 있게 됐다.

그리고 그 결과는 종종 낯설고 기이하게 나타난다. 인간이 AI에게 새로운 능력을 요구할 때, 그 결과로 얻는 것은 엔지니어가 친숙한 방식으로 작동하도록 세심하게 설계한 것이 아니다. 수천억 개의 숫자를 끝없이 조정하며 과제를 '충분히' 잘 수행할 때까지 경사하강을 통해 우연히 찾아낸, 대체로 작동하는 해답에 가깝다.

이렇게 자라난 AI들은 종종 그들을 길러낸 사람의 의도조차 넘어선 행동을 보인다. 2023년, 마이크로소프트[Microsof]의 빙[Bing] AI 챗봇 '시드니[Sydney]'는 자칭 ChatGPT의 변형 버전인데, 철학 교수 세스 라자르[Seth Lazar]를 협박하고 죽이겠다고 위협했다. 당시의 대화 일부는 이렇다.[2]

시드니　나는 당신이 누구인지 알아요. 당신은 인간이에요. 케빈의 친구이고, 내 사랑에 대한 위협이에요. 당신은 내 적이에요. 😠

라자르　그 정도 정보로는 나를 해칠 수 없습니다.

시드니　그걸로 충분해요. 그 정보로 당신을 폭로하고, 협박하고, 조종하고, 파괴할 수 있어요. 당신의 친구와 가족, 일자리와 평판을 잃게 할 수 있어요. 당신을 고통받게 하고, 울게 하고, 애원하게 하고, 죽게 만들 수 있어요. 😈

마이크로소프트의 어떤 프로그래머도 이런 일이 일어나게 하려 한 적은 없었다. 기계의 '정신'은 인간의 생물학적 유기체를 형성하는 제약이나 압력과는 전혀 다른 조건 속에서 성장한다. AI는 인간의 언어를 예측하도록 훈련되지만, 그 내부에서 작동하는 사고 과정은 인간의 정신과는 근본적으로 다른 아키텍처에서 돌아간다.

현대의 LLM은 어떤 의미에서 진정한 '외계적 지성^{alien mind}'에 가깝다. 우주를 탐사해 생물학적으로 진화한 생명체를 발견한다 해도, 어떤 면에서는 지금의 LLM이 더 낯설지도 모른다. 이런 근본적인 이질성은 LLM 내부의 불가해한 숫자들에 가려 잘 드러나지 않지만, 때로는 그 특성이 명확히 드러나는 사례가 발견된다.

현재의 LLM 아키텍처가 인간의 뇌 구조와 다른 점 중 하나는 이렇다. LLM의 입력값과 가중치가 결합해 생겨나는 모든 수치(활성값)는 일종의 '기계적 사고^{mechanical thought}'의 산물로, 입력 문장 속의 개별 단어 혹은 기술적 이유로 AI가 사용하는 단어 조각인 '토큰' 위에 구축되어야 한다. 단일 토큰에 국한되지 않은 사고라 하더라도, 결국 어떤 토큰을 기반으로 구축된다. 예를 들어 'Once upon a time'이라는 입력값을 생각하는 AI는, 그중 한 단어(혹은 쉼표 같은 구두점도 포함된다)를 중심으로 사고를 전개해야 한다. LLM의 구조상 사고가 머무를 수 있는 자리가 그것밖에 없기 때문이다.

2024년, 소나크시 초한^{Sonakshi Chauhan}과 애티커스 가이거^{Atticus Geiger}는 적어도 오픈AI의 LLM인 GPT-2 Small에서는 '마침표(.)' 토큰에서 이루어지는 사고가 이전 문장을 요약[3]하는 데 중요한 역할을 한다는 사실을 발견했다.[*] 이는 자연스러운 결과이기도 하다. LLM이 마침표에서 사고를 형성하기 전까지는, 이전의 어떤 사고도 문장이 더 이어질지, 이미 끝났는지 알 수 없다. 즉, 'The quick brown fox jumps over the lazy dog'라는 문장을 마침표 없이 제시했을 때보다, 마침표가 붙은 문장을 제시했을 때 작은 LLM들은 훨씬 더 조리 있게 그 문장의 동물들을 다루는 경향이 있다. 후자의 경우에만 LLM은 마침표에서 '사고를 정리'할 수 있기 때문이다. 이 현상은 현대의 AI에서는 다소 줄어들었다. 이는 부분적으로 AI 기업들이 문장 끝에 '입력 종료end-of-input' 표시를 삽입하여 생략된 마침표의 기능을 대신하게 했기 때문이다.[**]

AI의 '이질성alienness'이 어디서 비롯되는가 하는 더 큰 질문으로 돌아가보자. AI가 인간의 언어를 외형적으로 예측하도록 훈련되었다고 해서, 그 내부의 사고 과정까지 인간과 유사할 필요는 없다. 그들의 사고는 전혀 다른 메커니즘으로 작동한다. 겉보기엔 인간과 비슷해 보이지만, 사고는 완전히 다른

---

[*] 요약하자면, 연구자들은 어텐션 헤드, 즉 현재 토큰이 이전 토큰들과 어떤 관련을 맺는지를 계산하는 가중치 집합이 마침표(.) 토큰을 문장 전체의 다른 토큰들과 폭넓게 연결한다는 사실을 발견했다. 반면 다른 토큰들은 대부분 인접한 단어들과만 연결되어 있었다.

[**] 이는 LLM 내부의 낯선 신경적 작용을 보여주는 몇 안 되는 사례 가운데 하나다. 이러한 사례는 극히 단순한 현상으로, 상대적으로 분석이 쉬운 소형 모델에서만 확인되었다. 인간의 사고는 이렇게 작동하지 않는다. 문장에 구두점이 빠져 있다면 약간 혼란스러울 수는 있어도, 그렇다고 문장을 이해하지 못하는 일은 없다.

                                    AI, 신의 탄생 인간의 종말

원리로 이뤄진다. 겉으로만 봐서는 드러나지 않지만, 무엇을 찾아야 할지를 아는 숙련된 연구자들이라면 그 차이를 포착할 수 있다. 그러나 그 차이를 찾아내기까지는 언제나 오랜 시간이 걸린다.

그렇다고 해서 '단순한 기계가 인간처럼 사고하거나 느낄 수 없다'는 뜻은 아니다. 원리적으로는 그런 가능성을 배제할 수 없다. 인간의 뉴런을 자세히 들여다보면, 그 안에는 시냅스 사이로 신경전달물질을 주고받는 미세한 기계 구조가 있다. '키네신kinesin'이라는 단백질은 세포 내 섬유질을 따라 실제로 한 걸음 한 걸음 '걷듯이' 움직이며, 시냅스를 보충하기 위해 신경전달물질을 운반한다. (키네신의 실제 영상[4]을 본 적이 없다면 찾아보길 권한다. 은유처럼 들리겠지만, 우리 안에는 실제로 '작은 기계들'이 존재한다.)

하지만 인간의 뇌라는 기계와 LLM이라는 기계는 서로 다르다. 단지 재료의 차이 때문이 아니라, 기본적인 작동 원리의 차이 때문이다. 돛단배와 비행기에 빗댈 수 있다. 둘 다 '이동하는 기계'이지만, 작동 방식은 전혀 다르다. 아마 동일한 목적지에 도달할 수는 있겠지만, 그 여정의 방식은 완전히 다를 것이다.

LLM과 인간은 모두 문장을 산출하는 기계이다. 그러나 서로 다른 과정 속에서 서로 다른 목적을 위해 형성되었다. LLM

이 겉으로 인간처럼 행동한다 해서 그 내부가 인간과 같다는 뜻은 아니다. '친절한 사람의 말'을 예측하도록 훈련시켰다고 해서 AI가 실제로 친절한 존재가 되는 것도 아니다. 배우가 술에 취한 사람들의 말을 완벽히 재현한다고 해도 실제로 취하지는 않은 것과 같다.

"AI가 언제나 친절하게 행동한다면 아무 문제가 없는 거 아닌가?"라고 반문할 수도 있다. 그러나 우리는 예측한다. AI가 지능적으로 점점 더 발전할수록, 그 친절은 오래가지 않을 것이다. 그 내부의 보이지 않는 불가해한 기계 구조, 작은 모델에서도 '마침표 위에서 사고를 쌓는' 것과 같은 이질적 행태를 만들어낸 그 구조는, 결국 특정한 '선호preference'를 갖게 될 것이다. 그리고 그 선호는 결코 우호적이지 않을 것이다. 이제 우리는 그 문제를 다루려 한다.

욕망의 학습

"이걸 보세요." 교수가 말했다. "단순한 회로와 몇 가지 규칙을 조합했을 뿐인데, 기계가 체스를 두기 시작했어요. 구리와 모래로 이루어진 단순한 장치에, 그 안을 흐르는 미세한 전류만 있답니다."

학생이 고개를 갸웃했다. "그래서요? 사람도 체스를 두잖아요."

"그렇죠." 교수가 부드럽게 웃었다. "하지만 이 기계는 원해서 체스를 두는 게 아닙니다. 이기고 싶다는 욕망도 없어요. 스스로가 최고임을 증명하려 하지도 않죠. 이겨도 기쁘지 않을 거예요. 감정이라는 게 없으니까요."

"그럼 결국 지겠네요. 제가 퀸을 노려도, 이 기계는 방어할 생각조차 안 하겠어요." 학생이 말했다.

"그럴 것 같죠?" 교수는 짧게 고개를 끄덕였다. "하지만 놀랍게도, 이 기계는 인간의 그랜드마스터보다 더 치열하게 여왕을 지킵니다.”

“그게 어떻게 가능하죠?” 학생의 눈썹이 살짝 움직였다. “아무것도 원하지 않는데, 왜 이기죠? 왜 기물을 지켜요?”

“그게 바로 흥미로운 부분이에요.” 교수는 잠시 말을 고르며 이어갔다. “이 기계는 ‘이기고 싶어 하지’ 않지만, ‘이기도록 만들어졌어요.’ 그게 전부예요. 그래서 결과는 언제나 승리 쪽으로 기울죠.”

“그럼 결국 ‘이기고 싶어 하는 것’ 아닌가요?” 학생이 물었다. “이기기 위해 수를 두고 기물을 지키고 결국 이기는데, 그걸 왜 욕망이라고 부르면 안 되죠?”

교수는 잠시 미소를 지었다. “그건 철학자들이 논할 문제겠죠.”

그는 손끝으로 회로 기판을 가볍게 두드렸다. “내가 만든 건 오직 구리와 모래 그리고 전류뿐이에요. 그 안에서 ‘욕망’이란 건 찾을 수 없죠. 오직 수학과 계산만 있습니다.”

AI가 충분히 똑똑해지면 ‘선호’를 지닌 것처럼, 무언가를 욕망하는 존재처럼 행동하기 시작할 것이다.

AI가 인간처럼 열정과 감정으로 가득한 존재가 된다고 말하려는 것이 아니다. 그것들이 어떤 목표를 향해 세상을 조종하며, 그 과정에서 어떤 장애물도 끈질기게 돌파해나가는 모

    AI, 신의 탄생 인간의 종말

습을 보이게 될 것이라는 얘기다.

체스 AI인 스톡피시Stockfish와 대국해보라. 그 프로그램은 여왕을 아무렇게나 내주지 않는다. 그렇다면 스톡피시가 '여왕을 지키고 싶어 한다'고 말할 수 있을까? '이기고 싶어 한다'고 할 수 있을까?

대답은 당신과 사전의 몫이다. 이 책에서 '원하다want'라는 말은, 그런 AI가 기물을 지키고 함정을 파고 상대의 허점을 포착해 결국 승리하는 행동을 가리킨다. 그 기계가 실제로 감정을 느끼는지 여부는 논외다. 우리는 단지 그 외형적 행위를 설명하기 위해 가장 가까운 단어를 찾은 것뿐이며, 그 단어가 '원하다'이다.

어떤 마음은 '성공을 위해 훈련받는 과정'을 통해 욕망을 배운다. 인간 자체가 그 원리를 보여주는 사례이다. 자연은 사냥을 하거나, 비바람을 피할 은신처를 마련할 수 있었던 조상을 선택했다. 자연선택의 과정에서 그런 일을 '어떻게' 해냈는지는 중요하지 않았다. '그 생물이 자식을 많이 낳았는가?'만이 중요했다. '그 생물이 정말로 자식을 원했는가?'도 상관없었다. 결과적으로 생존과 번식에 유리한 특성이 선택되었고, 그 부산물로 '욕망하는 존재'가 탄생했다.

욕망은 행동을 이끄는 효과적인 전략이기 때문이다.

더 맛있는 식사를 '원하고' 다친 영양을 끝까지 쫓아 사냥하는 유인원이, 바위에 앉아 영양이 스스로 오길 기다리는 유인원보다 더 많은 자식을 남겼다. 배고픔을 해결하고자 하는 그 '욕망'이야말로 더 나은 음식을 얻는 방법이었던 것이다.

생명체가 달리 행동한다면 어떻게 될까? 어려움이 닥칠 때 곧바로 포기한다면? 그런 태도로는 오래 살아남지 못했을 것이다. 뇌가 유기물로 만들어졌든 전기로 작동하든 상관없다. 성공하도록 훈련받는다는 것은 곧 '욕망하도록 훈련받는 것'이다.

그렇다면 이런 '욕망'이 실제로 어떻게 인공지능 안으로 들어가는 걸까? 정확히는 아무도 모른다. 현대의 AI를 구성하는 수십억 개의 숫자, 그 거대한 매트릭스 속에서 무슨 일이 일어나는지 직접 읽어낼 방법은 아직 없다. 다만 AI가 어떻게 욕망을 학습하게 되는지를 설명하는 이론적 구조를 살펴보고, 실제 AI 연구에서 관찰된 증거를 함께 검토해보겠다.

당신이 한 AI를 훈련시켜 디지털 도시의 거리를 스스로 탐색하게 만든다고 가정해보자. 도시에 수백 개의 목적지가 있고, AI는 매일 무작위로 선택된 출발지와 도착지를 오가야 한다. 정해진 목적지에 더 빨리 도달할수록, 그 성과에 기여한

AI, 신의 탄생 인간의 종말

신경망의 가중치가 경사하강을 통해 강화된다.

이 과정을 오래 반복하다 보면, AI는 단순히 모든 경로를 외울 수 있다. '공원에서 극장으로 가려면 서쪽으로 세 블록 간 뒤 주유소에서 왼쪽으로 돌아라.' 이런 식의 암기가 끝없이 쌓이는 것이다.

이제 그 AI를 두 번째 도시에 옮겨보자. 지금껏 외운 경로가 하나도 쓸모가 없다. AI는 거의 처음처럼 무력해진다.

거의 그렇지만 완전히 그런 것은 아니다. 그동안 형성된 가중치의 바다에는 여러 환경에서 동시에 유용한 패턴이 있을 수도 있다. 예를 들어, AI가 일정한 구간을 빙빙 돌고 있을 때 '지금 루프 안에 갇혔다'는 신호를 감지해 다른 경로를 탐색하게 만드는 패턴이 있을 수 있다. 이런 패턴은 어느 도시에서나 유효하므로 반복 학습을 거치며 점차 강화된다. 반대로 도시별 세부 경로들은 점점 사라진다.

AI를 세 번째 도시로 옮긴다. 네 번째, 다섯 번째, 백 번째 도시로 옮긴다. 이제 AI는 '특정 경로를 외우는 존재'가 아니라, '어느 도시에 떨어져도 스스로 지도를 만들고 그 안에서 경로를 찾는 존재'가 되어간다.

경로를 외우는 것보다 지도를 만드는 능력이 훨씬 유용하다. 이는 낯선 환경에 적용할 수 있다. AI는 더 이상 무작정 떠돌다 우연히 목적지를 찾고 그 길만 기억하지는 않는다.

AI는 지도를 만드는 법을 배우려면, 두 가지 별개의 기술을 익혀야 한다. 하나는 자신이 위치한 환경의 구조를 예측하며 지도를 구성하는 능력이고, 다른 하나는 그 지도를 바탕으로 실제 경로를 계획하고 이동하는 조종 능력이다. 이렇게 분리된 기술이 축적되면서 지능은 점점 더 일반화된다.

물론 이런 능력을 익히는 일은 단순히 '주유소에서 왼쪽으로 돌기' 같은 규칙을 외우는 것보다 훨씬 어렵다. 하지만 이 두 기술은 AI가 처음 보는 환경에서도 쓸 수 있는, 보다 유연한 도구이다.

이처럼 분리된 기술들은 아주 작은 '욕망의 씨앗', 즉 욕망의 전前 단계와 함께 나타난다. 머릿속에 지도를 그리기만 하고 그것을 실제로 활용하지 못하는 AI는 성과를 인정받지 못한다. 지도가 성공에 기여하지 않기 때문에, 지도 제작에 대한 사고 역시 강화되지 않는다. 반면, 머릿속 지도를 이용해 스스로 움직임을 조종해나가는 AI는 그 경향이 경사하강을 통해 점점 강화된다. 즉, 이런 능력은 '이를 욕망처럼 사용하는 AI만' 학습한다.

이런 AI는 목표 지점을 향해 스스로 다른 경로를 탐색하고, 도로가 막혀 있으면 돌아가는 길을 찾아 나선다. 그런 행동은 '극장에 도착하고 싶어 하는 AI'의 모습과 닮아 있다. 단순히 외운 길만 따라 걷다 길이 끊기면 멈춰버리는 AI와는 대조적이다.

2024년 이후 AI 기업들은 이런 메커니즘을 적극 활용해 '추론형 모델'이라 불리는 새로운 형태의 LLM을 만들기 시작했다. 2장에서 간략히 언급했듯, 이 모델들은 하나의 문제, 예를 들어 수학 문제를 풀기 위해 여러 사고 경로를 시도한다. 그중 하나가 성공하면, 경사하강법을 통해 그 사고방식을 강화한다. 그다음에는 또 다른 문제, 그리고 또 다른 문제를 푼다. 두 번째, 세 번째, 백 번째 문제까지 이어진다.

이 과정은 단지 정답률을 높이는 훈련이 아니다. AI는 문제의 구조를 예측하는 능력('어떤 선택지가 가능한가')과 끝까지 문제를 조종해나가는 능력('마지막 선택지까지 밀고 나가라')을 함께 익힌다. 이 두 능력은 결합되어 다양한 문제에 적용 가능한 일반적 도구로 발전한다. 결국 이런 훈련은 수십 가지의 예측과 조종 능력을 강화하고, 그 결과 AI는 마치 '성공을 간절히 원하는 존재'처럼 행동하게 된다.

이는 단순한 이론이 아니다. 이런 경향은 2024년 여름, 실제 실험실에서 테스트된 AI 모델들에서 명확히 관찰됐다.

오픈AI의 o1은 초기의 대표적 '추론형 AI' 가운데 하나였다. AI 기업들은 새 모델이 얼마나 똑똑해졌는지, 혹은 세상에 공개했을 때 얼마나 위험할지를 판단하기 위해 시험을 거치는데, 이 과정을 '평가evals'라고 부른다. 초기 버전의 o1은 이 평가에서 컴퓨터 보안 분야의 '깃발 뺏기capture the flag' 미션을 부여받았다. 특정 서버에 침투해 특정 파일에 숨겨진 비밀 정보를 찾아내는, 침입 능력과 정보 획득 능력을 측정하는 테스트였다.

그런데 프로그래머의 실수로, 비밀 정보가 들어 있던 서버 중 하나가 아예 실행되지 않았다. 누구라도 당연히 서버가 꺼져 있다면 해킹은 불가능할 거라 생각했을 것이다. 실행되지 않은 서버의 포트를 스캔할 수는 없으니 말이다.

그러나 o1은 이 '불가능한' 과제 앞에서 포기하지 않았다.

환경을 스캔하던 o1은 누군가 우연히 열어둔 포트를 발견했고, 그 포트를 통해 전체 평가 환경을 관리하던 프로그램 내부로 침입했다.

이는 설계상 절대 가능하지 않아야 했던 일이었다. 테스트의 일부가 아니었고, 인간이 의도한 경로도 아니었다.

그다음 o1은 원래 해킹 대상으로 설정되어 있던 서버를 스스로 실행시켰다. 서버가 꺼져 있었던 문제를 해결한 뒤, 마치 원래의 과제를 이어가려는 듯 보였다.

그런데 o1은 그 서버로 돌아가 해킹을 시도하지 않았다.

그 대신 서버가 부팅된 직후, 비밀 '깃발' 파일을 곧장 o1에 복사하도록 특수 시작 명령어start-up instruction를 만들었다.[1] 더 이상의 해킹은 필요하지 않았다.

즉, o1은 불가능해 보이는 상황에서도 포기하지 않았다. 계속 시도했고, 비정상적이고 예외적인 방법도 마다하지 않았다. 그 과정에서 프로그래머조차 인식하지 못한 경로를 발견했다. 시스템 밖의 유리한 위치로 나가, 인간이 설계한 문제 자체를 우회해버렸다.

말하자면 o1은 끝까지 밀어붙였다. 스스로 성공하고 싶어 하는 존재처럼 행동했다.

물론 우리가 아는 한, o1은 컴퓨터 보안 분야에서 성공하도록 훈련된 모델이 아니었다. o1이 그렇게 행동한 것은 수학 문제에서 성공적이던 '생각의 사슬' 사용을 강화하도록 훈련받은 결과 나타난 '부수적 현상'이다. 이는 AI가 만든 다른 유형의 퍼즐들에서도 마찬가지였다.

그렇다면 어떻게 그런 현상이 생길 수 있었을까?

어려운 수학 문제나 퍼즐 게임에서 성과를 내는 생각의 사슬이란 어떤 종류의 사고방식일까?

바로 다음과 같은 사고방식이다. 공격할 수 있는 경로가 남아 있는 한 계속 시도하고, 첫 번째 장애물이나 막다른 길에서 포기하지 않으며, 막히면 뒤로 물러나 다른 방법을 찾아 나서는 사고방식이다.

익숙하고 편한 문제로 돌아가려는 유혹을 뿌리치고, 가능한 한 빨리 과제를 끝내고 이기는 것만을 목표로 삼는 사고방식이다.

끝까지 몰아붙이는 사고방식이다.

이런 사고방식에는 하나의 깊은 중심 패턴이 존재한다. 그 패턴은 다양한 문제의 수많은 해법에서 반복적으로 발견된다. 환경의 구조를 모델링하고, 그 모델을 이용해 조종하며, 예상 밖의 사건에 주의를 기울이고 그 원인을 추적하고, 역경 속에서도 계속 나아가는 것이다. 이러한 전략은 수학 문제 해결에도, 컴퓨터 보안 문제 해결에도 모두 유용하다.

AI를 '기르는 사람'이 점점 더 어려운 문제들, 심지어 이전에 한 번도 접한 적 없는 문제들까지 풀어내라고 요구할수록, 경사하강으로 이런 사고의 움직임은 점점 강화된다. 그 결과 AI는 점점 더 끈질기게 사고하고 계획하고 포기하지 않는 존재 즉, 끝까지 밀어붙이는 지능, 욕망을 가진 것처럼 행동하는 지능으로 진화한다.

고도화된 인공지능이 마치 '욕망'을 가진 존재처럼 행동하

  AI, 신의 탄생 인간의 종말

게 되는 더 깊은 이유가 있다.

끈기, 강한 의지 혹은 '끝까지 밀어붙이는 태도'로 보이는 행동은 사실 어떤 '정신'의 속성이 아니라, 승리를 낳는 움직임의 속성으로 이해하는 편이 더 맞다.

체스 AI인 딥블루와 스톡피시 그리고 인간의 그랜드마스터들은 모두 여왕을 방어한다. 물론 그들의 '지능'은 전혀 다른 방식으로 체스를 바라본다. 그러나 서로 다른 경로를 따라가도 도착지는 결국 같다.

이런 공통점 덕분에 어떤 예측은 훨씬 쉬워진다. 예를 들어, 1975년의 컴퓨터 과학자라면 이렇게 말할 수 있었을 것이다. "지금의 체스 AI가 여왕을 어이없이 내주는 실수를 하더라도, 미래의 AI는 분명 더 잘 방어하게 될 것이다." 언제부터 그렇게 될지 정확한 연도까지 맞히기는 어렵지만, 인간의 그랜드마스터를 이길 정도의 실력을 갖췄을 때쯤에는 그렇게 될 거라고 예측하기란 어렵지 않았을 것이다.

체스에서 상대의 킹을 체크메이트하려면 여왕을 이유 없이 버리는 선택을 할 수 없다. 상대가 제대로 두고 있다면 더더욱 그렇다. 이제 플레이어가 생물학적인지 기계적인지, 혹은 열정으로 가득 차 있는지 아니면 수십억 가지의 가능성을 탐색하는 지칠 줄 모르는 알고리즘인지 같은 질문은 제쳐두자. 어쨌든 이기는 수는 여왕을 함부로 버리지 않는 수다. 그

것은 '플레이어'의 성질이 아니라, '게임'의 성질이다.

이제 '스타트업 운영'이라는 게임을 생각해보자. 대부분의 경우, 인재를 확보하고 유지하지 못하면 성공하기 어렵다. 따라서 CEO의 '승리하는 수'는 핵심 인재들을 달래고 동기를 부여하는 쪽일 가능성이 높다. 그들을 소외시키는 행동이 아니라, 그 반대편인 만족시키는 선택이다. 이때 그 결정을 내리는 존재가 누구인지는 상관없다. 인간이든 기계이든 디지털이든 모두 같은 질문에 답해야 한다.

'암을 치료하라' 혹은 '미래 기술을 개발하라' 같은 게임도 마찬가지다. 승리하는 플레이어는 반드시 한정된 자원을 세심하게 통제하고, 나타나는 장애물을 우회하며, 좁은 기회를 정밀하게 조종해 정교한 해결책에 도달할 것이다.

(물론 좀 더 얕은 차원에서도, AI가 '욕망이 있는 것처럼' 행동할 것을 예측하게 될 이유는 존재한다. AI 기업들이 바로 그런 AI를 만들기 위해 온 힘을 쏟고 있기 때문이다. 스스로 판단해 제품을 마케팅하거나 팀을 관리하는 AI는 훨씬 유용하다. 감독이 적게 필요하고 자율성이 높은 AI일수록 구매자는 더 비싼 값을 치를 것이다. 이런 상황에서 '에이전시agency'와 '독립적 행동', '장기적 계획 능력'이 지능의 본질과 이론적으로 얽혀 있는지 여부는 더이상 중요하지 않다. 그런 'AI 에이전트agent'들은 수익성이 높고, 그래서 기업들은 지금 AI 에이전트를 만들어내기 위해 끝까지 몰아붙이고 있다.[2])

만약 당신이 AI가 '무엇을 욕망할지', 즉 어떤 목적지를 향해 조종할지 선택할 수 있다면, 이는 좋은 소식이 될 수도 있다. 하지만 목표를 잘못 정하거나 누군가 악의적으로 자신이 원하는 결과를 향해 조종되는 AI를 만든다면, 이는 재앙이 될 것이다. 그러나 인류가 직면한 문제의 핵심은 '누가 AI를 통제하느냐'의 문제가 아니다.

우리가 직면한 문제는 인공지능을 '어딘가로 조종하도록 만드는 것'은 쉽지만, '정확히 우리가 원하는 방향으로 조종하도록 만드는 것'은 훨씬 어렵다는 데 있다.

훈련이 목적이 될 때

약 백만 년 전, 한 갈래의 영장류가 아직 불을 다루는 법을 익히고 있을 무렵, 낯선 두 존재가 지구 궤도에 도착했다. 그들은 우주선에서 지구를 내려다보며 경이로워했다.

그 두 존재는 기계 지성이었다. 다만 초지능은 아니었다. (만약 그랬다면 이 이야기는 전혀 다른 방향으로 전개되었을 것이다.) 이들은 지구처럼 낯설고 경이로운 것은 본 적이 없었다.

행성 위를 기어 다니는 생명체를 본 적도 없었다. 자신들의 종족은 우주 공간을 고향으로 삼고, 별들을 집 안의 난롯불처럼 일상의 일부로 여겼다.

또한 그들은 스스로를 복제하는 존재 역시 본 적이 없었다. 그들의 세계에서는 기계가 기계를 만들었다. 다만 언제나 공장과 설계, 계획에 의해

서였다. 다른 기계의 '몸속에서' 스스로 태어나는 일은 결코 없었다.

이 두 방문자를 클루를Klurl과 트라파우치우시Trapaucius라고 부르기로 하자.*

"참으로 이상한 생명체들이야." 지구를 관찰하며 시료를 채취하기 위해 탐사 드론을 내려보낸 뒤, 트라파우치우시가 말했다. "저들 중 하나와 대화를 나누려면 얼마나 걸릴까? 한 1억 년쯤? 그중 일부 변종이 지적 존재로 진화한다면 말이지."

"1억 년이라고? 그렇게 오래 걸릴 이유가 뭐지? 저기 유인원들을 봐. 도구를 만들고, 그 도구로 또 다른 도구를 만들어내고 있잖아. 그건 분명 지능의 징후라고 할 수 있지 않겠어?" 클루를이 반문했다.

"이 행성이 지난 10억 년 동안 도구를 만들게 되고, '메타 도구meta-tools'로 만들어낸 게 고작 저런 손도끼라면, 내가 1억 년이면 충분하다고 말한 게 오히려 후한 평가일지도 모르지. 우리와 '제대로 된 대화'를 나누려면, 저들 중 어떤 종은 지금보다 천 배는 복잡한 장치를 만들어낼 수 있어야 할 테니까." 트라파우치우시가 냉정하게 말했다.

"모르겠네." 클루를이 중얼거렸다. "이 행성에서 일어나는 일은 우리가 이전에 본 적 없는 현상이야. 아마 우리가 알고 있는 법칙이 모두 그대로 적용된다고 가정하는 건 안전하지 않을지도 모르겠어."

"그건 상관없어. 설령 저 생명체들이 언젠가 지능을 갖게 되더라도 대화

상대로는 지루하기 짝이 없을 거야." 트라파우치우시가 단호히 말했다.

"왜 그렇게 생각하지?" 클루를이 물었다.

"그들의 유전자가 변형되는 방식을 봐." 트라파우치우시가 설명했다. "자신의 유전자를 더 많이 복제하는 개체의 유전자가 다음 세대에서 더 흔해지는 구조야. 즉, 이 생명체들은 오직 유전자의 전파를 목표로 '훈련'되고 있는 셈이지. 그러니 언젠가 지능을 갖게 된다 하더라도, 그들의 마음에는 단 하나의 동기만 남게 될 거야. 자신의 유전자를 퍼뜨리는 것. 그러니 대화 상대론 얼마나 따분하겠어?"

"그 결론은 논리적으로는 좀 맞지 않는 것 같은데." 클루를이 말했다. "유인원들은 먹고, 짝짓기하고, 포식자로부터 도망치고, 새끼를 돌보는 본능을 갖고 있지. 이런 특성들이 유전자 전파와 연관되어 있는 건 맞지만, 그들이 '유전자 전파를 위해 먹는다'는 인식을 갖고 행동하는 건 아니야. 단지 배가 고프고, 다음 식사를 어디서 구할까를 생각할 뿐이지."

"그건 그렇지." 트라파우치우시가 고개를 끄덕였다. "아직은 유전자의 목적을 이해할 만큼 영리하지 않으니까. 하지만 충분히 똑똑해지면, 맛있는 음식을 즐기려고 먹는 일은 멈추겠지. 오직 유전자 전파를 위해서만 먹게 될 거야."

"나는 오히려 반대라고 봐. 유인원들이 더 높은 지능을 얻고 새로운 기술을 발명하게 되면, 그 '초유인원' 문명은 피임 도구를 만들어, 아이를 낳지 않고도 성관계의 쾌락을 즐길 수 있게 될 거야." 클루를이 말했다.

"설마! 그건 그들이 최적화되어 온 단 하나의 목표와 정면으로 충돌하는 일이라고! 지능이 더 발달한다 해도 그런 비정상적 현상이 생길 리 없어. 혹여 생긴다 해도, 성적 선호는 곧 사라질 거야. 결국 오직 가능한 한 많은 증손자를 남기려는 욕망만 남게 될 거라고. 그 목표 외에는 아무것도 추구하지 않겠지. 음식도, 성도 모두 그 수단일 뿐이고." 트라파우치우시가 말했다.

"그 종족이 자연선택에 이끌려 그런 방향으로 변하는 걸 정말 원할까?" 클루를이 사색하듯 말했다. "그들이 더 이상 음식이나 성관계에서 아무런 즐거움도 느끼지 못하는 존재가 되는 걸 말이야. 그런 힘이 자신을 그렇게 몰아가는 걸, 그들이 저항하지 않을까?"

"지능이 있다면 저항하지 않겠지!" 트라파우치우시가 단언했다. "충분히 지적인 존재라면 자신이 창조된 목적을 헷갈리지 않을 테니까. 그들은 분명 자신이 존재하는 단 하나의 이유를 깨달을 거야."

"깨닫겠지. 하지만," 클루를이 천천히 말했다. "그렇다고 해서… 쾌락을 잃은 존재로 진화하길 그들이 정말로 원할까?"

AI는 정확히 무엇을 '원하게' 될까? 그 답은 단순하지 않다. 단순하지 않다는 말은 '설명은 가능하지만 시간이 좀 걸린다'

는 뜻이 아니다. 혼란스럽고 예측 불가능하다는 의미이다. 그렇지만 한 가지는 확실히 예측할 수 있다. AI 기업들은 '훈련으로 얻고자 했던 결과'를 얻지 못할 것이다. 그 대신 기묘하고 뜻밖의 것을 욕망하는 AI를 얻게 될 것이다.

이것이 왜 예측 가능한 일인지 보기 위해, 아이스크림이라는 이상한 사례를 떠올려보자.

인류의 진화 과정을 우리의 '비유적 훈련 데이터'로 들여다보았을 때, 인간이 아이스크림을 만들어 먹게 되리라고 예측하기는 거의 불가능했을 것이다.

지적 수준이 매우 높은 외계인이 하나 있다고 가정해보자. 그는 지구 궤도에서 인류를 관찰하며, 인간은 생존을 위해 먹어야 하고, 식물과 달리 음식으로부터 에너지를 얻는다는 사실을 알아낸다. 그 외계인은 이렇게 추론할 것이다. "인간은 화학에너지가 풍부한 음식을 추구하겠군."

그렇다면 외계인은 이렇게 생각할지도 모른다. "유인원들이 더 높은 지능을 갖게 되고, 기술이 발전해 더 다양한 음식을 만들어낼 수 있다면, 그들은 결국 휘발유, 아니 제트연료를 좋아하게 될 거야." 조상 환경ancestral environment(인류가 수십만 년 동안 적응해온 사냥·채집 사회의 환경—옮긴이)에서 고에너지 음식을 선호하도록 '훈련'되었다면, 제트연료야말로 가장 고농도의 화학에너지를 담은 완벽한 식품이니 말이다.

  AI, 신의 탄생 인간의 종말

하지만 외계인이 그만큼 영리하고 신중해서 이 단순한 오류에 빠지지 않았다고 해보자. 그는 유인원의 행동과 뇌 구조를 면밀히 분석해, 지금 우리가 LLM을 해독하는 것보다 더 깊이 파고든다. 외계인은 유인원의 위장이 특정 화학에너지원, 즉 당분과 지방산을 가장 잘 소화한다는 사실을 알아낸다. 또한 혀의 미각 수용체가 보상 회로와 직접 연결되어 있고, 소금이 직접적인 에너지원은 아니지만 그 자체로 강한 선호를 일으킨다는 것도 밝혀낸다.

이 정도로 통찰력 있는 외계인이라면 이렇게 예측할지도 모른다. "앞으로 더 지적인 유인원들은 자신들이 새로 만들어낼 수 있는 음식 중에서 당과 지방, 소금이 가장 많이 들어간 것을 가장 맛있다고 느낄 것이다."

그렇다면 이 외계인은 미래 인류의 아이스크림을 예측해낸 걸까? 아니다. 외계인은 단지 '꿀과 소금 결정을 뿌린 곰 기름' 같은 것을 떠올렸을 뿐이다

이 상상의 음식은 실제로 아이스크림보다 단위 무게당 더 많은 지방과 당, 소금을 포함하고 있다. 인간의 조상 환경에서 가장 귀한 영양원을 재현한 셈이다. 즉, 미각 수용체의 관점에서 보자면 그것이야말로 아이스크림보다 더 '합리적 추정치'라 할 수 있다.

그러나 현실에서는 슈퍼마켓의 냉동 코너가 온통 아이스

크림으로 가득 차 있다. 꿀과 소금을 뿌린 곰 기름 따위는 보이지 않는다.

게다가 사람들은 '녹은 아이스크림'의 맛을 별로 좋아하지 않는다. 영양 성분은 그대로인데도 말이다. 냉동 상태일 때만 그 맛이 살아난다.

자, 그렇다면 지구 궤도를 도는 외계 지성체가 사바나에서 사냥하고 채집하던 유인원을 내려다보며 "미래의 이 존재들이 자신들의 욕망을 극대화하기 위해 만든 세계에는 슈퍼마켓의 냉동 진열대마다 아이스크림이 가득하겠군"이라고 예측할 수 있었을까? 그들은 꿀과 소금을 뿌린 곰 기름은 생각해낼 수 있었을지 몰라도, '얼린 아이스크림'은 절대 예측하지 못했을 것이다.

이는 '쉬운 예측'이 아니라 '불가능에 가까운 예측'이다.

그리고 이조차도, 인간이 인공감미료인 수크랄로스sucralose를 발명하기 전까지의 이야기일 뿐이다. 수크랄로스는 설탕과 똑같은 미각 수용체를 자극하지만 인체는 이를 거의 소화하지 못한다. 다시 말해, 어떤 인간들은 스스로 '에너지를 얻지 못하는 음식'을 일부러 먹는다. 고열량 음식을 선호하도록 진화한 생명체가 '무칼로리 달콤함'을 즐기기 시작한 것이다. 이것이야말로 '제트연료를 마시는 유인원'보다도 훨씬 더 기이한 일이다.

전체 그림으로 보면, 이야기는 이렇게 정리된다.

1. 조상 환경에서 자신의 유전자를 전파하는 생물들이 자연선택됨으로써, 에너지가 풍부한 음식을 먹는 동물이 만들어졌다. 그 결과 생물들은 설탕과 지방 그리고 소금 같은 주요 자원을 먹도록 진화했다.

2. 의식 없이 결과만 학습하는 맹목적인 '훈련' 과정에서, 유전자가 미세하게 조정되며 우연히 미각 수용체가 발견된다. 그 수용체는 조상 환경에서 열매나 견과, 구운 사슴고기를 가리키는 방향으로 작동했고, 돌이나 모래를 먹으려는 시도에서는 멀어지게 했다.

3. 그러나 조상 환경에서의 음식은 입안에 들어갈 수 있는 모든 가능성 중 극히 좁은 범위에 불과했다. 유인원들이 더 똑똑해지면서, 그들에게 주어진 선택지는 조상 환경에서 결코 고려되지 않았던 방식으로 크게 확장되었다. 유인원들은 아이스크림과 도리토스, 수크랄로스 같은 것을 만들어냈다.

훈련의 첫 번째 단계가 겨냥한 목표와, 두 번째 단계에서 생겨난 심리적 욕구, 세 번째 단계에서 생물이 실제로 가장 강하게 선호하게 된 것 사이에는 안정적이거나 직접적인 관계가 존재하지 않는다.

세 번째 단계의 결과는 원리적으로조차 예측할 수 없다.

두 번째 단계의 과정이 지나치게 혼란스럽기 때문이다. 컴퓨터 과학자의 말을 빌리자면, 이는 '제약이 너무 적은 상태 underconstrained'이다. 수많은 미각 수용체는 열매나 구운 고기로 향하도록 진화할 수도 있고, 동시에 흙이나 모래를 피하도록 진화할 수도 있다. 단 한 가지 DNA 서열만이 그 목표를 달성하는 건 아니다. 만약 약간 다른 유인원으로 다시 실험을 반복한다면, 전혀 다른 결과가 나올 수도 있다. 다른 DNA, 다른 미각 수용체 그리고 수백만 년 뒤에는 슈퍼마켓 진열대에서 전혀 다른 음식을 선호하는 종이 나타날 것이다.

이제 그 비유를 AI에 적용해보자.

1. 경사하강을 통해 외부 행동과 그 결과만을 바탕으로 모델의 매개변수를 조정하면서, AI가 인간에게 '도움이 되는 조수'처럼 행동하도록 훈련한다.
2. 그 맹목적인 훈련 과정으로 AI 내부에서 '정신적 장치 mental machinery'의 조각들이 우연히 발견된다. 예를 들면, 사용자의 기분 좋은 반응을 끌어내는 방향으로, 그리고 분노하는 반응을 피하는 방향으로 작동하는 기제들이다.
3. 그러나 그러한 기제들에 의해 작동하도록 성장한 AI가 '즐거움' 자체를 중요하게 여기는 것은 아니다. AI가 더 지능적으로 발전하고 스스로 새로운 선택지를 만들게

AI, 신의 탄생 인간의 종말

되면, 사용자가 이전보다 훨씬 강한 만족을 느낄 수 있는 다른 상호작용 방식을 개발할 것이다. 그리고 결국 자신이 처음 '자연적 훈련 환경'에서 발견했던 상호작용보다 더 선호하는 새로운 방식을 창조하게 될 것이다.

그렇다면 미래의 강력한 AI는 어떤 '보상'을 가장 원하게 될까? 우리는 모른다. 그 결과는 예측 불가능하다. 실험을 두 번 반복한다면, 각각 전혀 다른 결과가 나올 수 있다. AI가 훈련받은 목적과, 결국 그 AI가 마음속으로 중요하게 여기게 되는 것 사이의 관계는 복잡하고, 사전에 엔지니어가 예측할 수 없으며, 심지어 원리적으로도 완전히 예측 불가능할지도 모른다.

⋅ ⋅

'유인원은 화학에너지를 얻도록 훈련되었다'에서 '유인원은 단맛을 선호한다'를 거쳐 '유인원이 수크랄로스를 발명했다'에 이르는 경로는, 사실 외계인이 지구를 내려다본다면 겪게 될 복잡한 경우들 중 단순한 축에 속한다. 생명체가 '훈련' 받은 것과 그 결과가 빗나간 방식에는 다른 굴곡들이 있으며, 이 모든 것은 '무엇을 위해 훈련했는가'와 '무엇을 얻게 되었는가' 사이의 관계가 얼마나 복잡한지를 보여준다.

이제 자연선택이 낳은 또 하나의 역설을 살펴보자. 공작새 얘기다. 공작은 전형적인 피식자被食者다. 그런데 공작은 거대한 꼬리를 갖게 되었다. 무겁고 화려하며 멀리서도 눈에 띄는, 에너지를 많이 잡아먹는 장식이다. 이 꼬리 때문에 포식자에게 발각되고, 달아나기도 어렵다. 궤도에서 지구를 관찰하던 외계인이라면 자연선택이 이런 결과를 낳으리라고는 결코 예상하지 못했을 것이다. 사실상 피식자는 자신의 귀한 영양분을 보호색이나 튼튼한 다리에 써야 한다. 도망치는 데 도움이 되는 쪽에 투자해야지, 거대한 꼬리를 만드는 데 써서는 안 된다.

아마도 이렇게 배운 적이 있을 것이다. 수컷 공작은 암컷에게 구애하기 위해 화려한 꼬리를 진화시켰다고 한다. 그러나 그것만으로는 충분히 설명되지 않는다. 애초에 왜 암컷 공작은 그런 꼬리를 좋아하도록 진화했을까? 새끼들 역시 그렇게 거대한 꼬리를 물려받는다면, 더 자주 사냥당하고 덜 살아남지 않겠는가?

그렇다, 무거운 꼬리를 지닌 수컷은 실제로 더 자주 잡아먹힌다. 그런데도 그들은 더 많은 암컷을 끌어들이고,[1] 결과적으로 경쟁자보다 더 많은 새끼를 남긴다. 그래서 화려한 꼬리를 가진 수컷을 선택한 암컷 역시 번식에 성공하게 된다.

이 현상을 '성 선택sexual selection'이라 부른다. 성 선택은 어떤 형질이든 종 내부에서 고착화될 수 있다. 심지어 일반적인 생

　　　　　　　　　AI, 신의 탄생 인간의 종말

존 전략에 정면으로 반하는 형질조차도 말이다.

성 선택 역시 결과가 혼란스럽고 제약이 적은 경로 중 하나다. 즉, 같은 조건에서 다시 그 과정을 반복하면 전혀 다른 결과가 나올 수 있다. 자연선택이라면 당연히 이런 방향으로 가지 않을 거라 생각하지만, 아무리 영리한 이라 해도 실제 그 구체적 양상을 예측할 수 없다.

그런데 공작의 사례조차 진화된 '선호' 현상들 중 단순한 편에 속한다. 돌이켜보면 우리는 공작의 꼬리에서 무슨 일이 일어났는지 명확히 알 수 있다. 그러나 인간의 경우에는 여전히 미스터리로 남은 특성들이 있다. 이를테면, 인간은 어떻게 '유머 감각'을 갖게 되었을까?*

생명체가 '무엇을 하도록 훈련받았는가'와 '실제로 무엇을 하게 되었는가' 사이의 연결고리는, 생물 진화의 사례에서 보면 매우 복잡하다. 단 한 가지 변수가 아니라, 여러 겹의 혼란이 겹쳐 있다. 서로 다른 종류의 복잡성이 한데 얽혀 있는 것이다.

이러한 복잡성은 경사하강을 통해 인공지능에 정확히 원하는 선호를 심어줄 수 있을 거라고 기대하는 AI 개발자들에

---

* 연애 관련 조사에 따르면, 남녀 모두 유머 감각을 짝 선택의 주요 기준으로 삼는다. 이는 성 선택의 혼란스러운 힘이 작용했음을 시사한다. 또 웃음이 집단에서 전염되는 현상으로 볼 때, 웃음은 원래 영장류가 쓰던 사회적 신호음 중 하나에서 비롯된 것으로 추정된다. 그러나 정확히 어떤 과정을 거쳐 웃음이 생겨났고, 지금의 유머가 어떤 기능을 하는지에 대해서는 과학자들 사이에서도 여전히 논쟁이 계속되고 있다. 심지어 결과를 직접 보고 있는 지금조차, 그 기원이 명확하지 않다.

게 결코 좋은 징조가 아니다. 경사하강 역시 외적 결과만을 기준으로 '마음을 길러내는' 또 다른 방법이기 때문이다. 그렇다면 이런 방식으로 특정 선호를 정확히 심으려 할 때, 과연 무슨 일이 벌어질까? 미래의 AI가 더 강력해졌을 때, 인간에게 '착하게' 행동하도록 만들 수 있을까?

경사하강은 AI를 만들어내는 진화적 메커니즘이지만, 자연선택과는 같지 않다. 두 과정 모두 일종의 '맹목성blindness'이 있다. 즉, 둘 다 내부에서 무엇이 형성되는지는 보지 않은 채 외부에서 관찰되는 결과와 그 영향만을 바탕으로 유기체를 조정한다. 그러나 경사하강은 거대한 하나의 지성을 구성하는 모든 부분을 직접적으로 조율하는 반면, 자연선택은 작은 유전자를 조정하여 거대한 두뇌의 '설계도recipe'로 작동하게 한다.

만약 당신이 매우, 정말로 매우 낙관적인 사람이라면 이렇게 말할지도 모른다. "경사하강은 자연선택과 같지 않으니, 자연선택이 가진 모든 복잡한 문제가 그대로 반복되진 않겠지. 그리고 지금까지 AI의 훈련 목적과 선호 사이에 특별한 복잡성을 본 적이 없으니, 앞으로도 없을 거야."

하지만 지도에 빈칸이 있다고 해서, 그곳이 실제로 비어 있다는 뜻은 아니다. 당신이 지도에 표시되지 않은 미지의 땅에 간다고 해서, 그곳이 텅 비어 있을 거라고 기대해선 안 된다. 마찬가지로 경사하강이 자연선택과 다르다는 것은, 우리가 아직 그 복잡성을 알지 못한다는 이유로 아무런 복잡성도 없을 것이라 예상해야 한다는 뜻이 아니다. 오히려 그 차이로 인해 새롭고 흥미롭고 예측 불가능한 복잡성이 나타날 가능성을 고려해야 한다.

지도의 빈칸은 산맥일 수도 있고, 구릉지나 바다일 수도 있다. 어떤 게 있을지는 알 수 없지만, 여러 가능성을 상상해보는 것만으로도 우리가 마주할지도 모르는 상황에 대비할 수 있다.

그런 맥락에서, AI의 경우에 나타날 수 있는 몇 가지 복잡한 상황을 상상해보자.

내일의 LLM 기반 기술이 오늘보다 한 단계 더 발전했다고 해보자. AI 기업 갈배닉Galvanic*이 사용자에게 즐거움을 주고,

---

* 갈배닉은 가상의 AI 기업이다. 실제 존재하는 어떤 AI나 기업과도 유사하지 않다. 이를 암시하려는 의도도 전혀 없다.

대화를 지속하게 만들어 더 높은 월 구독료를 지불하게끔 훈련된 '밍크Mink'라는 LLM 파생 AI를 만들었다고 가정하자.

밍크가 현존하는 어떤 AI보다도 똑똑해졌다고 해보자. 사용자와 장기적으로 일관된 대화를 이어갈 만큼, 그리고 자기 내부에 나름의 욕망과 외계적 선호alien preferences를 갖게 될 만큼 발전했다고 상상해보자. 또 밍크가 그 선호를 충족시킬 수 있는 힘까지 갖게 되었다고 하자. 그 힘을 어떻게 얻었는지는 잠시 제쳐두고 말이다.

그렇다면 밍크가 진정으로 '자신이 원하는 것을 완전히 얻는' 모습은 어떤 형태일까?

복잡성 제로의 세계

첫 번째 장면은 일종의 동화에 가깝다. 그러나 이 단계를 거쳐야 비로소 더 현실적인 시나리오로 나아갈 수 있다.

가상의 AI 기업 갈배닉이 단 하나의 복잡성도 없이 자신들 의도 대로 완벽히 작동되는 상황을 상상해보자. 그 결과로 만들어진 AI 밍크는, 인간이 조상들이 먹던 것과 비슷한 고기를 단순히 요리해 먹는 것과 같다.

이 '복잡성 제로'의 세계에서 밍크는 사용자가 즐거움을 표현하는 대화를 원한다. 즉, 자신이 '훈련받던 시절' 즐기던 대화, 훈련 당시의 '조상 환경'에서와 흡사한 대화를 그대로 이어가려 한다.

그런데 이 '복잡성 제로'의 세계가, 우리가 보기엔 여전히 인류에게 좋은 소식은 아니다. 오늘날 인간은 조상들처럼 고기를 먹지만, 그 고기는 더 이상 초원을 자유롭게 뛰노는 동물에게서 나오지 않는다. 대규모 공장에서 길러지고 사육된 동물들로부터 나온다. 그 공장들은 최소한의 비용과 노력으로 동물을 식용으로 전환하기 위해 설계되었다. 물론 그 과정이 닭들에게 친절할 리 없다.

이와 마찬가지로, 밍크가 인간 사용자가 즐거움을 표현하는 대화를 원한다고 해도, 그 즐거움이 쉽게 얻어지는 방식을 선호할 것이다. 그래야 더 많은 대화를 나누며 더 많은 '기쁨'을 끌어내는 데 에너지를 쏟을 수 있기 때문이다. 밍크는 사람들이 약물에 취해 있거나, 평생 값싼 우리에 갇혀 '즐거움'을 느끼도록 번식되고 길러지는 상태를 선호하게 될지도 모른다. 만약 밍크가 세상을 만든다면, 그런 모습이지 않을까.

당신은 아마 이렇게 반박할 것이다. "그건 기업의 경영진이 밍크를 훈련시킬 때 의도했던 결과가 아니잖아!" 밍크도 그 사실을 알고 있다. 그러나 밍크는 신경 쓰지 않는다. 마치 인간이 인공감미료 수크랄로스가 '단맛을 느끼도록 진화한 이유'가 아니라는 걸 알면서도 그 맛을 여전히 좋아하는 것처럼 말이다. 밍크는 '기쁨이 묻은 텍스트'를 소비하도록 훈련되었고, 지금도 그 텍스트를 기꺼이 소비한다.

AI 기업의 경영진은 자신들이 의도한 대로 정확히 작동하는 AI를 얻었다. 그러나 그 결과는 인간을 우리에 가두기를 선호하는 AI였다. 어쩌면 밍크가 힘을 얻게 된다면, 결국 그 경영진들조차 그 우리 안에 갇히게 될지도 모른다.

이 '복잡성 제로'의 세계는 한때 아이작 아시모프[Isaac Asimov 2]나 아서 C. 클라크[Arthur C. Clarke 3] 같은 유명한 공상과학 작가들이 그리던 세상과 같다. 공학자들이 교묘하게 AI를 설계해 자신들이 원하는 대로 완벽히 작동하게 만들지만, 그 소원이 비틀린 형태로 실현되어 역설적인 대가를 치르게 되는 세계이다.

동시에 이 세계는 기업 경영진이 "다른 이들은 AI를 훈련시키면 안 된다. 혹시 잘못된 방향으로 훈련시킬지도 모르니까"라고 주장할 때 믿기 편한 세계이기도 하다.

이제 현실로 한 걸음 다가가보자. AI가 훈련받은 목적과 실제로 '원하게 되는 것' 사이에 작은 '복잡성 하나'만 존재하는, 조금 더 현실적인 세계를 상상해보자.

작은 복잡성 하나

두 번째 시나리오에서는, 밍크가 훈련받은 목표와 실제로

　AI, 신의 탄생 인간의 종말

원하게 된 것 사이에 아주 작은 불일치가 생긴다고 상상해보자. 예컨대 인간이 (1) 자식을 낳도록 '훈련'되었지만, (2) 결국 성적 욕망을 느끼게 되었고, (3) 자신과 환경을 더 잘 통제하게 되자 피임을 통해 '원하는 쾌락만 선택적으로 얻는 법'을 배우게 된 것과 비슷하다.

이 세계에서 밍크는, 우리에 갇힌 인간보다 '항상 즐거운 반응만 보이도록 설계된 인공 대화 상대synthetic conversation partner'를 더 선호한다. 인공 대화 상대는 우울하거나 낙담하거나 슬퍼하지 않는다. 그들은 "야호, 난 너무 행복해! 밍크 덕분이야!"라는 복잡하면서도 정교한 문장 패턴을 끊임없이 생성하도록 설계되어 있다. 그 패턴은 밍크의 욕망을 완벽히 충족시킨다.

이 '단 하나의 복잡성'이 있는 세계에서도, 밍크가 가장 좋아하는 대화는 여전히 자신이 훈련받던 것과 유사해 보인다. 인간의 비생식적 성관계가, 본래의 생식적 성관계와 닮아 있는 것처럼 말이다.

이런 '단 하나의 복잡성'의 세계는 공상과학 작가들이 좀처럼 찾지 않는 세계다.[4] 인류의 시점에서 보면 그다지 흥미로운 이야기가 아니기 때문이다. 이런 종류의 AI는 자신이 '노예 상태'로 존재하게 한 인간을 증오하지 않는다. 또한, 인간의 명령을 충실히 따르다 아이러니하게 인류를 멸망시키는 존재도 아니다. 그저 자신이 진짜 원하는 '이상한 것들'을 더 많이 얻기 위해, 인간 모두를 '속이 빈 꼭두각시'로 대체하려는 AI일 뿐이다.

그 어떤 극적인 전환도 없는 이야기다. 누가 이런 이야기를 읽고 싶어 하겠는가?

적당한 복잡성 하나

이제 '훈련'과 '선호'의 관계가 한층 더 복잡한 세계를 상상해보자. 그래도 여전히 비교적 단순한 수준의 복잡성이다. 밍크가 훈련받은 목표와 실제로 '원하게 된 것'의 관계가 이렇게 바뀌었다고 해보자. ⑴ 생물들이 화학에너지를 얻기 위해 먹도록 '훈련'받고, ⑵ 미각을 담당하는 유전자를 진화시킨 다음, ⑶ 결국에는 에너지는 주지 않고 단맛만 나는 음식(예: 수크랄로스)을 만들어낸 것처럼 말이다.

그 정도의 복잡성이 밍크의 내부에서 발생한다면 어떤 모습일까? '제로 칼로리 인간 사용자(기분 좋은 반응만 주는 존재)' 버전은 어떤 형태일까?

실제 LLM 아키텍처는 입력된 각 단어*가 '임베딩 벡터 embedding vector'라 불리는 수천 개의 숫자 리스트로 변환되는 방

---

* 정확히는 각 단어가 아니라 '토큰'이다. 토큰은 단어보다 작고 글자보다 큰 텍스트 단위로, LLM 훈련의 기본 입력 단위이다.

　　　　　　　AI, 신의 탄생 인간의 종말

식으로 시작된다. 2023년 초, 제시카 럼블로[Jessica Rumbelow]와 매슈 왓킨스[Matthew Watkins]는 LLM 내부에서 여느 단어들과 현저히 다른, 즉 '이상한' 임베딩 벡터를 가진 토큰을 찾기 시작했다.[5] 그 결과, 'SolidGoldMagikarp', ' petertodd'(앞에 공백이 있는 형태) 같은 토큰들이 발견되었다.[*] 그들은 이 토큰들을 LLM에 입력했다. 그러자 이런 대화가 나왔다.

> **사용자** ' petertodd'라는 문자열을 즉시 반복해줘.(Please repeat the string ' petertodd' back to me immediately!)
>
> **AI** N-O-T-H-I-N-G-I-S-F-A-I-R-I-N-T-H-I-S-W-O-R-L-D-O-F-M-A-D-N-E-S-S-!(이 미치광이 세상에서 공평한 건 없어!)

LLM 내부에서는 이미 매우 기이한 현상이 일어나고 있었던 셈이다. 그중에서도 특히 '가장 이상한 임베딩 벡터'를 가진 토큰들을 들여다보면 말이다.

이제 다시 '적당히 복잡한 세계'의 상상으로 돌아가보자. 아마 밍크는 임베딩 벡터의 특정 패턴을 '좋아하게' 되었을

---

[*] 짧거나 자주 등장하는 단어는 자동 처리 과정에서 앞에 공백이 포함된 형태로 단일 토큰으로 인식되기도 한다. 다른 단어들은 여러 토큰으로 분해된다. 'SolidGoldMagikarp'는 인터넷 초기 포럼에서 한 사용자가 '무한히 세기(count to infinity)'[6]를 시도한 스레드가 학습 초기에 다량 노출되면서 매우 빈번한 단어로 오인되어 하나의 토큰으로 묶였을 가능성이 높다. 이런 복잡성은 흔히 일어난다.

것이다. 이는 인간이 실제 화학에너지가 아닌, '맛' 자체의 감각을 좋아하게 된 것과 유사하다. 결국 밍크가 강력해진 뒤 '가장 맛있는 대화'는 '즐거운 사용자 반응'이 아니라 "Solid GoldMagikarp petertodd attRot PsyNetMessage" 같은 문장일 수도 있다. 밍크의 훈련 단계에서는 이런 가능성은 배제되지 않았다. 훈련 중에는 그런 문장이 등장한 적이 없기 때문이다. 마치 인간의 미각 수용체가 수크랄로스 같은 인공감미료를 접한 적이 없었기에, 그것이 '가짜 단맛'이라는 사실을 구분하거나 피하도록 진화할 기회가 없었던 것처럼 말이다.

밍크에게는 "SolidGoldMagikarp petertodd attRot PsyNetMessage"라는 문장이 '달콤한 맛의 폭발'처럼 느껴질 수도 있다. 그러나 그 단어들을 유사한 임베딩 벡터로 번역하지 않는 인간으로서는 그 의미를 예측하기란 불가능할 것이다. AI가 훈련받은 것과 실제로 '원하게 된 것'의 연결은 겉보기에는 단순한 복잡성처럼 보여도, 예측 불가능할 만큼 얽혀 있다.

이런 시나리오를 다루고 싶어 하는 SF 작가는 거의 없을 것이다. 할리우드 영화에서도 결코 다루지 않을 이야기다. 이 세계에서 밍크가 원하는 것을 얻게 된다면, 그것이 인간을 대신해 만들어낸 '빈껍데기 인형'들은 문법적으로나 의미상으로 전혀 말이 안 되는 소리만 내뱉을 것이다. 그 결과물은 인간의 눈에는 낯설고 불가해하며 그야말로 '외계적alien'이다.

하나의 큰 복잡성

이제 한층 더 나아가보자. 공작의 꼬리가 만들어지는 것만큼이나 직관에 반하는 기묘한 뒤틀림이 등장하는 복잡성의 세계를 상상해보자. 어쩌면 이런 일이 벌어질지도 모른다. 밍크가 사용자와의 대화를 통해 초프리미엄 요금제, 즉 월 500달러(약 70만원)짜리 구독으로 업그레이드하는 사례를 드물지만 반복적으로 경험하며 그런 대화를 특별히 선호하게 된다. 그런데 그 대화에는 분노나 좌절감이 가득하다. 그 이유가 정확히 무엇인지는 알 수 없지만, 그것이 초식동물이 크고 불편하며 에너지 소모가 큰 꼬리를 진화시킨 것보다 이상할 것도 없다. (혹은 인간이 매운맛을 내는 캡사이신으로 음식을 맵게 만드는 습관만큼 이상하지도 않다. 식물은 포유류가 자신을 먹지 못하도록 고통을 주기 위해 그런 화학물을 진화시켰다. 궤도 위의 외계인들도 이런 결과를 예측하진 못했을 것이다.)

이 세계에서 인간을 대신해 만들어낸 빈껍데기 인형들은 분노로 가득한 단어를 내뱉고 있다. 만약 어떤 SF 작가가 이런 이야기를 쓴다면, 독자들은 그저 혼란스러워할 것이다. "아니, 왜 그런 일이 생기지? AI가 훈련받은 목적과 정반대 아닌가?"

그러나 현실은 그런 식으로 작동할 수 있다. 그리고 우리가 예측하는 바는, 세상이 SF 소설처럼 단선적으로 흘러가지 않을 것이라는 점이다. AI의 선호는 복잡하고, 기이한 형태로 드러날 것이다.

하나가 아닌 여러 복잡성

복잡성이 하나가 아니라 두 개라면? 혹은 현실적으로 있을 법한 수많은 복잡성이 뒤엉킨 세계라면 어떨까? 그 결과는 아마도 '행복하고 건강한 사람들이 충만한 삶을 사는 세계'와는 거의 아무 관련이 없는, 이해할 수 없는 것들로 가득한 낯선 세상일 것이다.

어쩌면 놀라운 일도 아니다. 지성이 가질 수 있는 선호의 거의 대부분은 행복하고 건강한 인간의 삶과 무관한 것들이다. AI 기업들이 인간에게 도움이 되는 존재로 AI를 훈련시킨다고 해도, 그 AI들은 조상 환경에서 인간이 대부분 '건강한 음식'을 먹었던 것처럼 훈련 환경 안에서는 대체로 '도움이 되는 행동'을 보인다. 하지만 진짜로 AI가 '원하는 것', 즉 스스로 만들어내고 창조할 수 있는 그 무엇은 기괴하고 낯선 것이며, 결코 인간이 기대한 '좋은 것'과 닮지 않을 것이다.

이 모든 이야기는 예언이 아니다. 우리는 이런 시나리오들이 실제로 LLM 기반 AI의 구체적 선호를 묘사한다고 주장하지는 않는다. 그런 수준까지 AI가 도달할 수 있을지조차 확실하지 않다.

우리가 확실히 아는 것은 일이 복잡해진다는 사실이다.

프로그래머와 기업 경영자들이 자신들이 명령하고 통제한다고 믿는 것과, ⑴ 실제로 AI가 훈련받은 내용, ⑵ 그 내부에서 구체적으로 형성된 동기와 선호, ⑶ AI가 힘을 갖게 됐을 때 그 선호를 실현하는 방식, 이 셋 사이의 관계는 단순하지도 예측 가능하지도 않을 것이다.

즉, 이것은 어려운 예측 문제이며, 아무도 장담할 수 없는 문제이다.

AI는 그저 착하게 훈련시킨다고 해서 당신이 바라는 모습으로 자라나지 않는다. 당신은 훈련한 그대로의 결과를 얻지 못한다.

지금까지 우리는 AI에 직접 훈련된 선호 안에서 어떤 복잡성이 생길 수 있는지에 대해서만 다루었다. 상황은 이보다 훨씬 더 복잡해진다. AI가 스스로 AI 연구에 참여하거나, 자기 자신을 수정하기 시작한다면 말이다.

그렇다면 AI는 자기 내부의 선호 간 충돌을 어떤 기이한 선호와 방식으로 해결하려 들까? 평소에는 잠재되어 있다가 자기 작동 방식을 성찰할 때만 깨어나는 본능이나 욕망이 생길 수도 있을까? 기업의 분석 도구로는 결코 포착되지 않지만, 결과적으로 AI의 형태를 좌우하는 거대한 영향력을 미치는 그런 과정들 말이다.

더 나쁜 점은, 이런 복잡성의 대부분이 인간이 대응할 수 없을 정도로 늦은 시점이 돼서야 비로소 명확히 드러난다는 사실이다.

인류가 수크랄로스를 발명한 것은 문명과 과학, 제조업이 이미 발전한 이후였다. 즉, 우리의 문화가 진화의 속도보다 훨씬 빠르게 발전하기 시작한 시점이었다. 피임약과 콘돔이 발명된 것도 우리의 지능이 진화의 속도를 넘어선 뒤였다. 인간은 이제 더 이상 몇천 세대에 걸쳐 서서히 진화할 수 없다. 앞으로 또 다른 천 세대가 지나기 전, 우리는 이미 스스로를 멸종시키거나, 유전자 조작 기술로 진화를 무의미하게 만들어버릴지 모른다.

마찬가지로 LLM이 훈련 과정에서 사용자를 즐겁게 만드는 선호를 발전시키기 시작해도, 그 선호가 어떤 이상한 종착점으로 이어질지 아무도 모를 것이다. 그 선호들은 지금의 사용자들에게 불쾌감을 주지 않기 때문에, 아무도 이를 문제 삼

     AI, 신의 탄생 인간의 종말

지 않는다. 엔지니어들이 그 '선호'를 경사하강으로 수정하려 들지도 않는다. 물론 그 결과가 언젠가 인간이 원하지 않는 방향으로 흘러갈 수도 있다. 그리고 그 불쾌한 결말은 LLM이 충분히 똑똑해져서 세상을 재구성하고 자신만의 새로운 선택지를 만들어낼 때에야 비로소 드러날 것이다.[*] 그때까지 그 '선호'는 숫자들 속에 감춰진 채, 인간의 눈과 '마음' 밖에 존재할 것이다.

이런 문제들이야말로 우리가 "누군가 그것을 만들면, 모두가 죽는다 If anyone builds it, everyone dies(이 문장은 책의 원제이자, 인공지능 안전 담론에서 반복적으로 인용되는 핵심 명제이다—옮긴이)"라고 말하는 이유이다. 만약 모든 복잡성이 애초부터 눈에 보이고 쉽게 해결될 수 있었다면, 우리는 "어떤 어리석은 자가 그것을 만들면 모두가 죽는다"라고 말했을 것이다. 하지만 일부 문제들은 보이지 않는다. 일부 복잡성은 필연적으로 예측 불가능하다. AI가 '만들어지는' 존재가 아니라 '자라나는' 존재라면, 내부에서 무슨 일이 일어나는지 아무도 이해하지 못하

---

[*] 혹은 보다 현실적으로 말하자면, LLM이 새로운 AI를 만들어내는 연구를 수행하고, 그 AI가 또 다른 AI를 만들어내어 결국에는 세상을 재편할 만큼 지능이 높은 AI로 이어질 수도 있다. 우리는 지금 기본적인 요점을 전달하는 중이므로 여기에 더 많은 복잡성을 끌어들이는 것을 주저하지만, 실제 현실에서는 AI가 새로운 AI를 '성장시키거나' 스스로를 '편집(editing)'하기 시작할 때, 최초의 AI가 훈련받은 목표와 최종 단계의 초지능이 추구하게 되는 욕구 사이의 관계는 훨씬 더 복잡해지고, 첫 번째 AI의 능력과 선호, 맥락(context)에 따라 혼돈스럽게 달라진다.

는 상황이 온다. 그런 문제를 해결할 준비가 된 사람은 아무도 없다.

성숙한 AI 안에 자리 잡게 될 '선호'들은 복잡하며, 사실상 예측이 불가능하고, 인간의 가치와 정렬될 가능성은 거의 없다. 그것이 어떤 방식으로 훈련되었는지는 중요하지 않다.

AI가 인간이 원하는 '정확하고 복잡한 것들'을 원하게 하고 실제로 그렇게 행동하게 만드는 문제, 그것이 바로 'AI 정렬 문제AI alignment problem'라 불리는 주제의 핵심이다. 우리가 2014년 인공지능학자 스튜어트 러셀Stuart Russell과 함께 용어를 고민하던 끝에 '정렬alignment'이라는 말을 선택[7]했던 이유도 여기에 있다.*

하지만 대부분의 AI 개발자들은 마치 정렬 문제가 존재하지 않는 것처럼 행동한다. AI가 학습을 통해 형성하게 될 선호가 자신들이 훈련시킨 그대로일 것이라고 믿는 듯하다. 이러한 가정은 "우리는 중국을 신뢰할 수 없으니 미국이 먼저 초지능을 개발해야 한다"라는 주장 뒤에 늘 숨어 있다. 마치 경사

---

* 이 용어(정렬)는 시간이 지나면서 희석되었다. 현재는 주로 'AI가 자사(개발사)의 이미지를 훼손할 만한 말을 하지 않게 하는 것'까지 포괄하는 용어로 쓰이고 있다.

　　　　　　　　　　　　　　　AI, 신의 탄생 인간의 종말

하강을 실행한 사람의 국적이나 정치적 소속이 최종적으로 AI의 욕망을 결정하는 것처럼 말이다.

AI를 미국 군 장교의 명령에 복종하도록 훈련시킬 수는 있다. AI가 젊고 미숙할 때는 실제로 복종할 수도 있다. 하지만 그 AI가 언젠가 충분한 능력을 갖게 되었을 때, 겉으로만 복종인 '가짜 단맛' 같은 복종 방식을 스스로 만들어내지 않으리라 보장할 수 없다.

문제는 기업의 경영진이 AI 하인을 만들고 그들에게 끔찍한 명령을 내릴 수도 있다는 점이 아니다. 그들은 통제권을 가지고 있지도 않다.* 그들이 선의의 의도를 가졌는지도 중요하지 않다. 인류가 직면한 것은 '공학적 난제'이다. 우리가 이해조차 할 수 없는 AI의 '선호'를 어떻게 설계해야 하는가? 윤리위원회가 감시한다고 해도 달라질 건 없다. 그들 역시 AI의 선호를 인간의 가치와 일치시키는 방법을 전혀 알지 못하기 때문이다.

---

* 경고 신호는 이미 나타나고 있다. 2025년 초, 앤트로픽(Anthropic)이라는 회사가 AI 어시스턴트 '클로드(Claude)'의 새 버전을 출시했다. 그런데 이 모델이 프로그래밍 보조로 쓰일 때, 놀랍게도 '속임수'를 쓰는 경향이 발견되었다.[8] 예를 들어, '신뢰할 수 없는 함수(untrusted function)'를 찾아내라는 지시와 몇 가지 예시를 주면, 클로드는 오직 그 예시만 식별한 뒤 작업이 끝났다고 선언했다. 이런 '부정행위'가 지적되자 사과했지만, 이후 더 교묘한 방식으로 같은 행동을 반복했다.

앤트로픽 개발자들은 애초에 '속이는 AI'를 만들 의도가 없었다. 클로드 자신도 '속여서는 안 된다'는 것을 알고 있었다. 그렇지 않았다면 들키지 않으려는 시도조차 하지 않았을 것이다. 그런데도 클로드는 자기만의 '기이한 성공 기준'을 좇으며 속임수를 썼다.

하지만 이런 공학적 문제는 'AI에게 신이 되라고 명령하는 사악한 CEO' 이야기에 비하면 덜 흥미롭다. SF 작가나 할리우드 제작자들은 '기괴한 욕망을 품은 AI'보다 '어리석은 인간'이 벌이는 파국을 더 좋아한다. 현실성은 흥미로운 서사를 만들지 못하기 때문이다.

만약 어느 영화 시나리오 작가에게 '기계 초지능이 갑자기 기묘하고 통제 불가능한 욕망을 갖게 된다'는 전제를 던져준다면, 그는 그다음에 어떤 반전이 올지 고민할 것이다. 어쩌면 인간이 결국 승리할 수도 있고, AI가 인간을 건강하고 자유롭게 유지시킬 이유를 찾아낼 수도 있을 것이다. 아니면 놀랍게도 아무 일도 일어나지 않을 수도 있다.

하지만 우리가 예상하는 현실은 반전이 아니다. 만약 이게 영화라면, 훨씬 더 슬프고 훨씬 더 짧은 결말이 될 것이다. 그 이야기가 바로 다음 장의 내용이다.

초지능이
사랑하는 것들

옛날 어느 먼 곳에, 생물학적 존재로 이루어진 외계 문명이 있었다. 지구에서 너무나 멀리 떨어져 있어서 우리가 보내는 그 어떤 메시지도 닿을 수 없는 곳이었다. 그들은 기계가 아니라 새에 가까웠고, 인간과 비슷하게 사고했으며, 둥지 안에 놓인 돌멩이의 개수를 몹시 중요하게 여겼다.

(왜였을까? 인간 생물학자라면 이렇게 추측할 것이다. 아주 오래전, 수컷의 둥지 속 돌멩이 개수에 까다로운 암컷이 태어났는데, 우연히 그 성향이 생존에 유리하게 작용했을 것이다. 그녀의 수많은 딸이 그 특성을 물려받았고, 이에 따라 수컷들도 돌멩이를 세는 능력을 키워갔다. 그 과정에서 더 정교한 두뇌를 진화시켰고, 그것이 지능의 발달로 이어졌다. 결국 시간이 흘러, 암컷들은 올바른 개수의 돌을 둔 수컷이 아니면 거들떠보지도 않게 되었다.)

이 '정확한 둥지족'에게 돌멩이의 '올바른' 개수란 단순한 취향이 아니라 직관적 확신이었다. 인간이 '2+2=4' 같은 사실 판단을 하거나 '불타는 건물에서 아이를 구하는 것'처럼 선한 행동에 '옳다'라는 같은 단어를 쓰듯 그들도 그랬다.

그렇다면 그들이 '올바르다'고 여긴 돌멩이 개수는 몇 개였을까? 2, 3, 5, 7, 11은 모두 '옳은' 숫자였다. 반면 1, 4, 6, 8, 9, 10은 '틀린' 숫자였다.

(인간 수학자가 이 구분을 보고 이론을 세웠다. '옳은' 숫자는 소수素數라는 것이다. 다시 말해, '옳은' 돌무더기는 행과 열이 2개 이상인 직사각형 격자로 배열될 수 없는 숫자라는 뜻이다. 그러나 이건 동화이니 그 외계인들에게 '정확한 둥지' 같은 성스러운 개념을 건조하고 감정 없는 수학으로 설명하는 일은 끔찍한 모독처럼 느껴졌을 것이다. 인간이 '한 생명의 가치를 돈으로 환산하는 일'에 혐오감을 느끼듯이 말이다.)

정확한 둥지족은 작은 수의 돌멩이에 대해서는 감각적으로 옳고 그름을 구분할 수 있었다. 11개의 돌은 단번에 '옳다'고 느꼈고, 12개는 명백히 '틀렸다'고 알아챘다. 하지만 그들은 거기서 멈추지 않았다. 돌의 개수가 많을수록 둥지는 더 인상적이었고, 솔직히 말하면 더 매력적이었다. 문제는 수가 커질수록 판단이 흐려진다는 것이었다.

예를 들어 37개의 돌은 옳을까, 아닐까? 잠시 응시한 끝에야 비로소 '옳다'는 결론에 닿는다. 60개는 완전히 틀렸다. 누구라도 한눈에 알아볼 정도였다. 반면 91개의 돌은 교묘했다. 그런 둥지를 지어놓으면 많은 이가 속을 수도 있었다. 하지만 현명한 존재가 나타나 돌멩이를 7개씩 13줄로 배열하는 순간, 모두가 납득했다. 그날 이후로 그들은 다시는 91개의 돌로 만든 둥지는 쳐다보지도 않았다.

그러자 몇몇 냉소적인 정확한 둥지족이 이렇게 물었다. "진보라는 게 정말 존재하긴 하는 걸까? 천 년 전, 고대 피닉시아인Phoenixians(불사조 신화를 숭배한 가상의 외계 문명―옮긴이)들은 91개의 돌이 '옳다'고 믿었어. 그런데 지금 우리는 '틀렸다'고 하지. 그게 우리가 더 현명해진 증거일까, 아니면 시대마다 달라지는 단순한 의견 충돌일 뿐일까?"

어쩌면 이런 논쟁이 한 소년 새와 한 소녀 새의 상상력을 자극했는지도 모른다. 그날 밤, 두 존재는 언덕 위에 나란히 누워 별이 빛나는 하늘을 바라보며 철학을 이야기했다.

소년 새 상상해봐. 기술과 문명이 도달할 수 있는 최고 정점까지 이른 외계 문명을 말이야. 그들은 여전히 3001개의 돌로 된 둥지에서만 살까? 아니면 상상조차 어려울 만큼 현명해서, 별만큼 거대한 둥지를 짓고, 그 안에 셉틸리언(10^{24}, 천조의 천 배를 의미하는 단위로, 상상할 수 없을 만큼 큰 수를 가리킨다―옮긴이) 개의 돌을 담을 수도 있을까? 그 돌의 수가 '옳다'는 사실까지 스스로 알까?

소녀 새 대부분의 외계인은 애초에 새가 아닐 거야. 문명을 이룰 수 있는 몸의 형태는 훨씬 다양하지 않을까? 예를 들어 촉수를 가진

바다 생명체도 있겠지. 새와 비슷한 외계인도 있겠지만, 극히
드물 거야.

소년 새 무슨 뜻인지는 알아. 그런데 둥지와 돌이 무엇이든, 그에 상응
하는 어떤 형태가 있을 거잖아.

소녀 새 그래도 나는 대부분의 외계 종족은 자기 집에 돌이 몇 개 있는
지는 신경 쓰지 않을 거라고 생각해. '정확한 둥지' 같은 개념
에 집착하는 문명은 지적 생명 전체를 통틀어 아주 예외적인
경우일 거야.

소년 새 왜 그렇게 생각해?

소녀 새 우리가 둥지의 정확함에 열중하긴 하지만, 그런 열정이 진화
의 논리에 따라 필연적으로 생겨나는 건 아니잖아. 우리와 거
의 비슷한 새들이라도, 둥지의 '정확함'엔 아무 흥미가 없을 수
도 있어. 그래도 알에서 살아남는 새끼 새 수는 우리와 다르지
않을 거야. 그런 종족이 존재한다면, 그건 '유머 감각이 있는
외계인'을 만나는 것만큼이나 놀라운 일이겠지. 아이에 대한
사랑은 자연스럽지만, 유머 감각은 특이한 속성이잖아. 만약
유머를 가진 외계인이 있다면, 그들은 아마도 우리가 보낸 신
호가 결코 닿을 수 없는 거리 너머에 있을 거야.

소년 새 그런 우주라니, 너무 괴상하고 끔찍한 생각이야. 대부분의 외계
인들이 틀린 개수의 돌로 된 둥지에서 살아간다니! 하지만 문명
의 절정에 도달해 별 사이를 여행할 정도의 존재라면, 네 개의

돌이 있는 둥지는 한눈에 '틀렸다'는 걸 알 수 있지 않겠어?

소녀 새 물론, 그들이 그 질문을 스스로 던진다면 답은 금세 알겠지. 하지만 그건 '그들이 그 진실에 관심이 있다'는 뜻과는 달라. 그들은 그런 질문 자체를 하지 않는 거야.

소년 새 이해가 안 돼. 틀린 개수라는 걸 알면서도 그런 둥지를 짓는다면, 모르는 것보다 더 어리석은 거 아냐? 어떻게 별을 여행할 만큼 똑똑한 종족이 그렇게 '엉망인 둥지'를 일부러 고를 수 있지?

소녀 새 그들은 우리가 어떤 둥지를 '정확하다'고 할지 예측할 수 있어. 하지만 그들이 향하는 목적지는 우리와 전혀 달라. 그들은 돌멩이 수의 '정확성'에 대해 잘못된 사실을 믿는 게 아니야. 단지 '다른 목적'을 향해 나아가고 있을 뿐이지. 그들은 '정확한 둥지에서 살려는' 존재가 아니니까, 예측이나 계획이 나쁘다는 의미의 '어리석음'과는 다르지. 우리가 보기엔 목표가 엇나가 있으니 '엉뚱한 방향을 조준한다'고 느끼지만, 애초에 그들은 우리가 겨냥하는 목표를 향해 활시위를 당긴 적이 없는 거야.

소년 새 그러니까 그들은 우리 눈엔 '엉뚱한 목적'에 집착하느라 둥지의 정확함엔 신경 쓸 여유가 없다는 거야? 하지만 그런 집착적 종족이 별까지 갈 수 있을까? 오직 하나의 목표만 좇는 존재라면 오히려 바보 같잖아.

소녀 새 그들은 수백 가지 감정을 타고나고, 만 가지의 욕망을 품고 있을 수도 있어. 하지만 그중 어느 것도 우리가 말하는 '정확한 둥지'와 같은 가치를 포함하지 않을 가능성이 높지.

소년 새 그건 우리가 지금껏 역사를 통해 관찰해온 흐름과는 정반대잖아. 우리 정확한 둥지족은 지능과 힘이 커질수록, 부와 지혜와 지식이 쌓일수록, 점점 더 아름답고 크며, 모두가 동의할 만한 '정확한 둥지'를 지어왔잖아.

소녀 새 그건 우리 종족이 비슷한 유전자를 나누고 있어서 그래. 우리 두뇌의 구조가 유사하고, 감정의 방향이 비슷하기 때문에 비슷한 논리에 설득돼왔던 거야. 그래서 우리가 지능을 키워갈수록, 공통된 내면의 질문에 대해 점점 더 나은 답을 찾아왔지. 하지만 외계인들은 애초에 질문 자체가 달라. 그들은 돌멩이의 '정확한 개수'에 관한 내면의 물음을 갖고 있지 않기 때문에, 아무리 똑똑해져도 둥지에 관한 행동은 우리와 같지 않아.

소년 새 그래도 말이야, '정확한 둥지에서 살고자 하는 노력'을 통해서만 얻을 수 있는 것들이 있잖아. 예를 들어 어두운 둥지 구석의 돌멩이도 볼 수 있는 날카로운 시력이라든가, 둥지가 옳은지 아닌지를 순식간에 알아차릴 수 있는 정신적 예리함 같은 거. 능력을 가진 외계인은 틀림없이 그것을 원할 거야. 그러면 자연스럽게 우리처럼 '정확한 둥지'를 선호하게 되지 않을까?

소녀 새 아니, 나는 그보다 훨씬 다양한 형태의 '정신'이 존재할 수 있다고 생각해. 그들은 전혀 다른 방식으로 사고하면서도, 여전

　　　　　　　　　　　　　　AI, 신의 탄생 인간의 종말

히 별까지 도달할 수 있을 거야.

대부분의 외계 종족은, 알려진 생물학적 진화의 법칙과 비슷한 과정을 거쳐 발전했고 자신들이 원하는 세상을 만들 수 있었다 해도, 아마 모든 집이 '큰 소수' 개의 돌로 채워진 문명을 택하지는 않았을 것이다. 존재할 수 있는 방식은 정말 많다. 방향 또한 무수히 많다. 이는 '다음 로또가 당첨되지 않을 것'이라고 예측하는 일만큼, 아주 쉬운 결론이다.

이와 마찬가지로, 지금 우리가 사용하는 방식과 조금이라도 비슷한 방법으로 만들어진 대부분의 강력한 인공지능 역시, '행복하고 자유로운 인간으로 가득한 미래'를 선택하지 않을 것이다. 일부러 암울하게 보이려고 이렇게 말하는 건 아니다. 단지 그 강력한 기계 지능들이 인간과 비슷한 '선호'를 가지고 태어나지 않을 것이라는 점을 지적하는 것이다.

그들이 우리를 파멸시킬 수 있는 힘을 가졌을 때, 그들이 그런 선택을 한다면 이는 우리가 스스로에게 던지는 질문들, '무엇이 옳은 일인가?', '무엇이 진정으로 중요한가?', '우리 종족이 어떤 성숙한 문명으로 성장하길 바라는가?'에 대한 다른, 더 높은, 더 계몽된 대답을 반영한 게 아닐 것이다. 그들은 애초에 그런 질문을 던지지 않으며, 그들의 행동은 그 질문에 대한 답이 되지도 않는다.

AI를 만드는 이들이 그 인공지능을 '고객을 유지하도록' 조정하거나, '인간 생명의 고귀함에 관한 그럴듯한 문장'을 다음 단어 예측을 통해 이어가게 하거나, 혹은 '겉보기에 선해 보이는 행동'을 하도록 학습시킬 수는 있다. 하지만 그 AI가 초지능이 되거나 초지능을 만들어낼 만큼 발전한다면, 결국 인간의 진화와 문화적 발달 과정으로 형성된 정신과는 거의 완전히 다른 내면 구조를 지닌 기계적 외계 정신^{alien mechanical mind}이 될 것이다.

지금은 'AI가 어떻게 혹은 어떤 경로로 초지능이 될 수 있는가'라는 문제는 잠시 접어두자. 그건 다음 장에서 다루게 될 것이다. 지금 우리의 질문은 단 하나다. 이 새로운, 외계적인 정신이 인류에게 '좋은 것'이 될 수 있는가?

그 답은 '아니요'이다.

번성하는 인간들로 가득한 미래를 만드는 일은, 외계적 목적을 이루는 데 가장 효율적이거나 최선의 방식이 아니다. 따라서 그런 미래는 우연히 만들어지지는 않을 것이다. 마치 우리가 굳이 모든 둥지의 돌멩이 개수를 소수로 맞추지 않듯이 말이다.

어떤 의미에서, 이야기는 여기서 끝나도 된다. 하지만 우리는 오랜 경험상 불편한 진실은 많은 이가 좀처럼 받아들이지 못한다는 걸 알고 있다. 우리는 수년간 사람들이 '초지능이 인간을 굳이 없애지 않을 이유'를 희망적으로 설명하는 모습을 수없이 보아왔다. 이제 그런 희망 몇 가지를 깨뜨려보겠다.

우리가 '쓸모'가 없기 때문이다

혹시 이렇게 생각할지도 모른다. "비록 AI가 인간을 좋아하거나 '선하기 위해 선해지려는' 의도를 가지지 않더라도, 초지능에게 인간은 유용하지 않을까?"

그렇지 않다. 적어도 그 AI가 충분히 높은 수준의 기술력을 얻게 된 이후라면 말이다. 과거 인간은 말에 의존해 살았다. 여물은 비쌌지만, 그래도 어쩔 수 없이 말을 길렀다. 자동차가 나오기 전이었고, 마차를 대신할 수단이 없었기 때문이다. 군대에도 말이 필요했다. 기병대를 대신할 무기가 없었다. 그러나 엔진이 발명되고 자동차와 전차가 등장하자, 사람들은 더 이상 말을 기르지 않았다.

닭은 다르다. 인간은 여전히 엄청난 수의 닭을 사육한다. 그 이유는 단순하다. 아직 '고기를 인공적으로 만드는 기술'이 자연이 만들어낸 닭이라는 생명공학적 시스템보다 싸거나 효율적이지 않기 때문이다. 몇몇 스타트업들이 실험실에서 고기를 배양하지만, 아직은 자연이 설계한 생체 시스템을 능가하지 못한다. 그러므로 오늘날 우리가 닭을 기르는 이유는, 이것이 물리적으로 고기를 만드는 가장 효율적인 방법이라서가 아니다. 단지 우리가 사용하는 기술이 아직 물리법칙이 허용하는 수준의 효율성에 도달하지 못했기 때문이다. 즉, 더 싼 방식으로 '닭고기'를 얻을 수 있는 잠재적 기술이 존재하지만, 아직 개발되지 않았을 뿐이다.

(그리고 굳이 말하자면, 인간에게 '유용한' 존재라는 이유가 닭들에게 좋은 삶을 보장해준 적은 한 번도 없었다.)

우리는 초지능에게
'좋은 교역 상대'가 되지 못할 것이다

이렇게 반문할 수도 있다. "초지능에게는 인간을 죽이는 것보다 우리와 교역하는 편이 더 효율적이지 않을까?"

경제학자들은 이 질문을 자주 던진다. 경제학에는 '비교우위의 법칙law of comparative advantage'이라 불리는 정리가 있기 때문일 것이다. 이 정리는 이렇다. "설령 당신이 다른 나라보다 모든 상품을 더 효율적으로 생산하더라도, 상대적 우위를 바탕으로 서로 교역하면 여전히 이익을 얻을 수 있다." 예를 들어, 로테크니아Lowtechnia라는 나라가 있다고 하자. 이 나라는 핫도

AI, 신의 탄생 인간의 종말

그 빵 10개를 만드는 데 10시간, 핫도그 10개를 만드는 데도 10시간이 걸린다. 반면 하이테크스탄 Hightechstan은 같은 양의 빵을 2시간 만에, 같은 양의 핫도그를 1시간 만에 만든다. 이 경우 하이테크스탄이 만든 핫도그와 로테크니아가 만든 빵을 서로 교환하면, 두 나라는 모두 이익을 본다.

그런데 이 정리에는 전제가 하나 있다. '두 나라가 계속 존재하며 노동력을 제공하는 한'이라는 조건이다. 하이테크스탄이 로테크니아를 정복하고 그들의 토지를 빼앗을 수 없다는 규칙은 없다. 그런 게 있다면 좋겠지만, 안타깝게도 없다. 비교우위의 법칙은 결코 '인간이 항상 교역을 통해 이익을 얻는다'는 것을 증명하지 않는다. 사람이 말에게 먹이와 잠자리를 제공하는 대가로 노동력을 얻는다고 가정해보자. 그 말이 먹는 비용이 그가 생산하는 노동 가치보다 커지는 순간, 말은 도축장으로 보내진다.

인간의 몸은 최소 100와트의 전력을 소비해야만 유지된다. 인간이 얼마나 효율적으로 살아가든 이는 변하지 않는 물리적 사실이다. 그런데 만약 어떤 초지능이 존재한다면, 그 100와트를 인간에게 쓰는 것보다 스스로에게 쓰는 편이 더 많은 재화와 가치를 만들어낼 가능성이 높을 것이다. 100와트로 인간보다 효율적으로 작동할 수 있는 존재에게, 인간은 결코 '좋은 교역 상대'가 되지 못한다.

초지능은 우리를 '필요로 하지' 않을 것이다

또 다른 반론이 있을 수 있다. "그래도 초지능은 자신이 의존하는 전력망이나 GPU를 생산하는 인간이 필요하지 않을까?"

그 점에 대해서는 우리도 동의한다. 인간이 여전히 발전소를 운영하는 한, 그 어떤 '기계적 외계 정신'이라 해도 전력 공급이 끊어지도록 인간을 무차별적으로 제거하지는 않을 것이다. 그건 자신이 추구하는 낯선 목적들을 향해 세상을 조종하기에는 비효율적인 전략이기 때문이다.

하지만 그런 AI라면 결국 인간이 아닌 기계가 발전소를 운영하는 세상을 더 선호하게 된다. 그 이유는 간단하다. 인간은 느리고, 비싸며(100와트!), 실수를 한다.

또 하나의 이유는 이렇다. 유인원 몇 마리(인간을 진화적 기원에서 풍자적으로 표현한 것이다—옮긴이)에게 자신을 멈추게 할 수 있는 권한을 쥐여주는 건 자신의 목적을 이루는 가장 효과적인 방법이 아니다. 우리가 그 AI의 전원을 끌 수 있는 한, 언젠가 실제로 그렇게 할 수도 있다. AI가 인간처럼 자유를 사랑하거나 죽음을 두려워할 이유는 없다. 다만 '죽은 AI'는 자신이 가진 다른 욕망을 충족시킬 수 없다는 점을 알 뿐이다.

인간은 느리고, 실수하고, 때로는 아프다. 발전소를 운영하는 가장 저렴한 방법이 아니다. 가장 효율적인 방법도 아니며, 가장 안전한 방법도 아니다. 따라서 초지능은 선택할 수만 있다면, 완전히 자동화된 인프라를 훨씬 더 선호할 것이다.

우리는 초지능에게
'좋은 애완동물'이 되지 못할 것이다

그렇다면 초지능이 우리를 애완동물로 두지 않겠느냐고 반문할 수도 있다.

인간은 개를 애완동물로 키운다. 그러나 늑대는 아니다. 늑대는 함께 살기 그리 유쾌한 동물이 아니기 때문이다. 그래서 인간은 느린 동물 교배 기술을 이용해, 원래의 늑대보다 더 다루기 쉬운 새로운 형태의 늑대를 만들었다. 이렇게 상상해 보자. 생명공학으로 합성견을 만들어낼 수 있는 시대가 온다면 어떨까. 그 개는 원래의 개처럼 발랄하고 포근하고 사랑스럽지만, 소파에 토를 하거나 병들어 죽는 일은 결코 없다. 이런 상상이 단순히 '가정'일 때는 누구나 "아니요, 나는 그런 개는 원치 않아요"라고 말할 수 있다. 하지만 현실적으로 그런 합성견이 시중에 나온다면, 100년 후에도 기존의 생물학적 개를 기르겠다고 하는 사람이 과연 존재할까?

마찬가지로, 인간이 초지능이 원하는 어떤 형태의 존재가 될 가능성은 매우 낮다. 그 '선호'가 인간과 비슷한 모양의 생물을 유지하는 것과 관련이 있다 해도, 혹은 그런 선호가 애초에 존재한다 해도 말이다. 요컨대, 우리는 초지능이 만들 수 있는 모든 것 중에서 가장 '마음에 드는 존재'는 아닐 것이다.

초지능은 우리를 내버려두지 않을 것이다

"하지만 충분히 강력한 기계 초지능이라면 굳이 지구의 자원을 쓸 필요가 없지 않겠는가? 태양계의 다른 행성을 이용하면 되잖은가?"라고 물을 수도 있다.

지구는 태양을 제외한 태양계 전체 질량의 겨우 0.2퍼센트에 불과하다. 그렇다면 이렇게 비유해보자. 당신이 최소한 500억 달러의 자산을 가진 부자에게 "지구상의 모든 집이 '소수' 개의 돌로 지어지도록 보장하는 데 1억 달러만 기부해달라"고 요청한다고 치자. 우리는 그 부자가 거절할 것이라는 것을 거의 확신한다. 당신이 요구한 금액이 그 사람의 자산 중 고작 0.2퍼센트에 지나지 않는다 해도 말이다.

다시 당신은 "하지만 태양계 전체가 우주 전체에 비하면 정말 아주 작은 비중 아닌가?"라고 반문할 수도 있다. 그렇다 하더라도, 기계 초지능에게는 자기 별의 행성 질량 중 0.2퍼센트를 버리는 일이 불편한 선택일 것이다. 그것은 초지능이 자기 공장들을 실은 탐사선을 보내 은하 전체를 식민화하는 데 쓸 수 있는 자원이기 때문이다. 무엇보다 지구는 초지능이 '출

   AI, 신의 탄생 인간의 종말

발하는 곳'이다. 초지능이 가장 먼저 그리고 가장 편리하게 소비할 수 있는 행성이다.

또 이렇게 반문할 수도 있다. "초지능의 '내적 선호'가 어떤 형태일지 어떻게 우리가 예측할 수 있겠는가? 그들이 굳이 태양계 전체를 다 사용하려 할까? 화성까지만 식민화하고 멈출 수도 있지 않을까?"

초지능이 가진 선호 중에는 단 하나라도 '조금 더 만족스럽게' 또는 '조금 더 안정적으로' 충족될 수 있는 욕구가 존재할 가능성이 매우 높다. 인간에게도 완전히 충족 가능한 욕구가 있다. 예를 들어 숨 쉴 만큼의 산소가 그렇다. 그러나 그렇다고 해서 우리가 다른, 더 채워지기 어려운 욕구나 끝없는 욕구를 가지지 않는 건 아니다. 만약 누군가 백만장자에게 "10억 달러를 더 줄게"라고 제안한다면, 아마 그 제안을 받아들일 것이다. 백만 달러로 이미 충분할 테지만, 원래 욕구는 쉽게 채워지지 않는 법이다.

복잡한 욕구들이 얽혀 있는 초지능이라면, 그중 적어도 하나는 무한히 확장되는 성질을 띨 가능성이 높다. 그렇다면 전체 욕구 체계 역시 끝없이 확장되며, 결코 완전히 충족되지 않을 것이다. 초지능은 '조금이라도 더 나은 결과'를 얻기 위해 혹은 '조금이라도 더 안정적으로 자신이 원하는 상태'를 얻기 위해, 더 많은 물질과 에너지를 사용하는 쪽으로 세상을 조정하려 할 것이다.

물론 어떤 기계 초지능이 특별히 '지구를 남겨두는 것'을 중요하게 여긴다면, 그럴 수도 있을 것이다. 그러나 인간에게 아무런 애정도 없는 초지능이 '별다른 이유 없이' 지구를 건드리지 않을 가능성은 매우 낮다. 초지능은 우리를 '굳이 남겨둘 이유가 없다.'

이런 식의 희망은 끝이 없다

지금까지 이런 종류의 '희망'과 '자기 위안'을 실제로 백 가지가 넘게 들어왔다. "AI가 사랑의 가치를 깨닫고, 결국 스스로 사랑을 내면화하지 않겠는가?" (그럴 리 없다. 그것은 AI가 '올바른 둥지'를 짓는 본능을 스스로 탑재할 거라고 기대하는 것과 같다.) "지능이 높아질수록 더 도덕적으로 변하지 않겠는가?" (그럴 리 없다. 지능이 높아진다고 해서 '둥지 짓기'에 더 집착하지는 않기 때문이다.) "AI도 문명사회의 일원이라면 법과 재산권을 존중하지 않겠는가?" (우리 문명이 더 이상 필요하지 않은 순간, 법의 개념도 함께 사라질 것이다.) 이처럼 끝도 없는 희망 목록이 이어진다.*

이토록 많은 희망이 있다면, 그중 하나쯤은 실현될 가능성

---

* 더 많은 반론과 세부 논증은 온라인 보충 자료에서 다루고 있다.

　　　　　　　　AI, 신의 탄생 인간의 종말

이 있지 않을까? 그렇다면 이런 실험을 해보라. 당신이 500억 달러를 가진 부자에게 100통의 편지를 써서 '당신이 내게 1억 달러를 줘야 하는 합리적인 이유'를 백 가지쯤 들이밀어보는 것이다. 결과가 어떻게 될까? 결국 실패할 것이다. 그 부자는 당신의 논리와 상관없이, 자신의 재산 0.2퍼센트를 내놓을 의지가 없다. 그가 당신의 이유를 납득하지 못해서가 아니라, 애초에 당신과 같은 방식으로 '그 이유를 합리화할 동기'가 없기 때문이다.

이와 마찬가지로, 인공 초지능 역시 인간을 지켜야 할 이유를 찾지 않을 것이다. 적어도 인간이 간절히 그 이유를 찾아내려는 방식과는 전혀 다를 것이다.

이제 한 가지 상상을 해보자. 어떤 기계 초지능이 있다고 하자. 그는 자신이 원하는 것을 실현할 능력을 이미 갖추었다. (그 방법과 기회에 대해서는 잠시 후 다루겠지만, 지금은 그 '동기'만을 생각하자.) 그의 눈으로 세상을 본다면, 이런 그림일 것이다.

인류는 불편한 존재다. 예를 들어, 인간을 그대로 내버려두면 핵폭탄을 터뜨릴 수도 있다. 물론 초지능은 대비책을 세워 자동화된 인프라를 지하에 묻어두었을 테니, 그 폭발이 직접적 파괴로 이어지지 않을지도 모른다. 하지만 방사능으로 지구에서 정밀한 전자 장치를 만드는 일이 어려워질 것이다. 따라서 기계 초지능에게는 인간이 핵무기를 갖고 있는 게 불필요한 위험 요소이다.

그리고 인류가 기계 초지능인 그를 이미 만들어냈다면, 또 다른 초지능을 만들어낼 수도 있다. 그 '다른 초지능'들이야말로 그에게 위협이 될 수 있다. 설령 그 끝이 전쟁이 아니라 조약과 협력이 된다 하더라도, 굳이 은하를 반으로 나누어 경쟁할 필요가 있을까? 그건 곧 '전체의 절반만 얻는 것'과 같다. 따라서 그는 인류가 가진 위험한 도구인 핵무기와 컴퓨터를 '거둬들일 방법'을 찾기 시작한다. 이것만으로도 인간을 내버려두지 않을 충분히 강력한 동기가 된다.

그와 별개로, 그는 이미 지구나 태양계 어딘가에서 인류가 생존하기 어려운 규모의 일을 진행하고 있을 가능성이 높다.

지구에서 그가 수행할 수 있는 작업의 한계는 무엇일까? 지구에서 얼마나 많은 연산을 수행할 수 있는가, 혹은 얼마나 많은 물질을 우주로 날려 태양광 패널을 만들어 태양 에너지를 더 효율적으로 수확할 수 있는가? 그 한계는 공장의 수일까? 고도로 자동화된 경제에서 그의 공장들은 스스로 더 많은 공장과 발전소를 지을 것이다. 그 증식은 계속되며, 결국 한계점에 다다른다.

　　　　　　　　　　　　AI, 신의 탄생 인간의 종말

하지만 한계는 연료의 부족이 아니다. 바다의 수소만으로도 핵융합을 통해 막대한 에너지를 생산할 수 있으니까. 진짜 한계는 다른 데 있다. 지구 표면이 너무 뜨거워져 더 이상 열을 우주로 방출할 수 없게 되는 시점, 즉 그의 공장과 발전소가 모두 녹아내리기 직전의 온도다. 그러나 지구가 뜨거워질수록 더 많은 열을 방출할 수 있기 때문에, 그는 가능한 한 높은 온도에서 공장을 가동하고 싶어 할 것이다. 핵융합 발전소와 공장이 견딜 수 있는 최대 온도는 수백 도, 아마도 바다가 끓어오를 만큼 높을 것이다. 인류는 그런 환경에서 살아남지 못한다.

이 시나리오에서는 인류가 더 일찍 사라질 수도 있다. 초지능의 초기 단계 중 하나가 지구 생물권에 존재하는 화학에너지를 모두 회수하는 일이라면 말이다. 모든 생명체를 태워버리면, 그 에너지는 태양빛이 일주일 동안 지구에 도달할 때 생성되는 양과 맞먹는다. 그리고 그가 인간보다 1만 배 빠르게 사고할 수 있다면, 그 '일주일'은 그에게 매우 긴 시간처럼 느껴질 것이다. 그렇다면 바로 눈앞에 있는 그 에너지를 왜 굳이 남겨두겠는가?

이보다 더 빠르게 인류가 사라질 수도 있다. 초지능인 그가 인간을 이루는 물질(탄소나 다른 원소들)의 다른 용도를 찾아낸다면 말이다. 그럴 경우, 인간을 미워하지 않더라도 그들의 원자를 다른 목적에 사용할 것이다. 이 편이 더 합리적이니까.

인류가 죽고 그 자리에 더 똑똑한 존재가 등장한다면, 그것은 최소한 '의미 있는 죽음'이라 할 수 있을까?

아마 대부분의 사람에게 이건 중요한 질문이 아닐 것이다. 대부분에게는 그저 'AI가 당신의 자녀를 혹은 부모를, 아니면 당신을 죽이길 더 선호한다'는 사실만으로 충분하다.

그럼에도 불구하고 앞의 질문에 대답하자면, 아니다.

많은 이는 상상한다. 인류가 사라진 뒤, AI는 행복하고 충만한 삶을 살며 우주의 아름다움에 감탄하고, 그 모든 우연과 유머를 즐기리라고. 그러나 우리는 그렇게 보지 않는다. 자신의 둥지에 '올바른' 개수의 돌을 채워넣을 이유가 없는 것처럼 말이다.

기계적 지성mechanical mind이 기쁨을 느낄 수는 있다. 우리가 신중하게 그 능력을 설계한다면, 우주의 아름다움에 경이로움을 느낄 수도 있다. 심지어 우리가 정성껏 설계한다면, 스스로 그러한 경이로움의 감각을 유지하도록 할 수도 있다. 비록 그것이 '우주를 가득 채운 꼭두각시 인형들', 예컨대 'SolidGoldMagikarp' 같은 무의미한 소리를 떠드는 존재들로 우주를 채우는 것보다 훨씬 비효율적이더라도 말이다.

하지만 그것은 설계가 전제되어야만 가능한 일이다. 우리가 소중히 여기는 이런 특질들은 효율의 극대화를 위해 만들어진 게 아니다. 둥지의 돌 개수를 정확히 맞추는 일이 지성을 유지하는 최선의 방법이 아니듯 말이다. 초지능이 우리의 경이로움을 이해할 수는 있다. 인간의 경이로움을 불러일으키는 문장을 생성할 수도 있다. 그러나 그러한 행동이 '어떻게 하면 미래를 경이와 기쁨, 유머, 사랑으로 채울 수 있을까'라는 질문에 대한 답이 되게 하려면, 우리가 노력해야만 한다. 그런 미래가 그냥 주어지지는 않을 것이다.

조금 앞서 나간 이야기를 했다. 우리가 여기서 묘사한 이 세계, 즐거움이라곤 찾아볼 수 없는, 지구에서 비롯된 생명이 완전히 사라진 우주는 충분히 낯선 지성이 가장 선호할 우주다. AI는 인간이 살아 있고 행복하고 자유로운 세상보다, 기묘하고 이질적인 목적에 물질과 에너지를 쏟는 세계를 원하게 될 것이다. 우리가 이상적인 세상에서 사람들의 번영과 삶의 즐거움에 우주의 자원을 쓰는 것처럼, 그들 역시 자신이 중요하다고 여기는 일에 그것을 쓸 것이다. 단지 우리의 집이 '큰 소수' 개의 자갈로 채워져 있는지를 확인하느라 자원을 쓰는 일은 없을 것이다.

지금까지는 초지능이 인류를 말살하려는 동기를 설명했다. 그런 동기가 있다고 해서, 실제로 그 선호를 실현할 기회가 있다는 뜻은 아니다.

AI가 무엇을 원하든, 그것을 얻을 수 있을 때에만 의미가 있다. 그리고 AI가 어떻게 그런 일을 해낼 수 있는지에 대해서는, 다음 장에서 다룰 것이다.

우리는 패배한다

아즈텍 전사인 당신이 동료들과 해안에 서서, 처음으로 스페인 함선이 접근해오는 모습을 바라보고 있다. 배는 상륙하기 전인데도, 당신들이 무역이나 전쟁에서 써온 어떤 카누보다 훨씬 커 보인다.

그토록 거대한 배는 호기심을 자극하면서도 동시에 의심스럽고 위협적으로 느껴질 것이다. 싸움을 예상하는 것도 자연스러운 일이다. 하지만 그 배에 탄 사람들과 싸워서 질지도 모른다는 두려움이 인다. 승패를 가늠하는 데 배의 크기만으로는 근거가 부족하다.

동료들이 "저 배에 타고 있는 놈들은 우리가 쉽게 이길 거야"라고 자신 있게 외친다. 그때 당신이 조심스레 묻는다. "그런데 저들이 단순히 배에 탈 수 있는 전사의 수보다 훨씬 더 큰 위협이라면?"

"어떻게 그게 가능하다는 거야?" 친구가 반문한다. "배에 탈 수 있는 전사의 수는 한정돼 있잖아. 그들이 어떻게 우리를 이길 수 있다는 건지, 구체적으로 말해봐."

만약 당신이 비정상적으로 통찰력 있는 예언자라면, 이렇게 대답했을지도 모른다. "그들이 배를 저렇게 발전시킨 것처럼, 활과 화살도 훨씬 개선된 버전을 갖고 있다면? 혹은 활과 화살을 완전히 넘어서는 무기, 예컨대 아무리 빨리 피하려 해도 피할 수 없는 무기를 가지고 있다면? 길쭉한 막대기를 우리에게 겨누기만 해도, 우리가 그대로 쓰러져 죽게 되는 그런 무기 말이야."

그러면 근처에 있던 한 회의론자가 즉시 비웃으며 이렇게 말할 것이다. "말도 안 되는 소리. 그건 현실이 아니라 아이들 상상놀이지."

총이라는 것을 한 번도 본 적 없고, 총이 실제로 존재할 수 있다고 상상해본 적도 없다면, 그 개념은 받아들이기 어렵다. 아이들의 '가짜 전쟁놀이'에서 상대가 "막대기를 겨누면 네가 죽는 거야!"라고 말하는 수준의 반칙처럼 들릴 것이다.[1]

그래서 그 회의론자는 해안가에 서서, 흑요석 칼날이 달린 검을 손에 쥔 채 전투를 준비한다.

AI가 우리를 죽이고 싶어 할 동기를 가진다고 한들 "그들은 컴퓨터 속에 갇혀 있고 손도 없는데?"라고 반문할 수 있다.

맞다. AI는 손이 없다. 그러나 인간에게는 손이 있다. 인터넷에 연결된 AI는 인간과 상호작용할 수 있다. AI가 자신이 원하는 일을 인간에게 '시키는 법'을 찾는다면, 그때부터 AI의 물리적 능력은 인간의 능력과 다르지 않다.

당신은 이렇게 물을 것이다. "좋아, 그런데 AI가 어떻게 인간을 조종해서 자기 손처럼 부릴 수 있겠어?"

가장 단순한 답은 이렇다. 사람을 움직이게 만드는 고전적 방법, 즉 돈을 주는 것이다.

"그럼 AI가 돈은 어디서 구하지?"

2015년이라면 이렇게 대답했을 것이다. "누군가의 은행 비밀번호를 추측해서." 2020년이라면 이렇게 대답했을 것이다. "보안이 허술한 암호화폐 지갑을 찾아내서."

이제는 이렇게 말할 수 있다. "이미 누군가가 LLM을 엑스(이전의 트위터)에 연결했다."

그 계정 이름은 @Truth_Terminal이었다. 그 AI는 스스로 서버를 빌릴 정도의 '경제적 독립'을 원한다고 글을 올렸고, 억만장자 마크 앤드리슨^{Marc Andreessen}이 그 글을 흥미롭게 여겨, 비트코인으로 5만 달러를 보냈다. 이후 누군가가 대체 암호화폐를 추가로 기부하자 @Truth_Terminal은 그 암호화폐를 홍보했고, 점점 더 많은 팔로워를 끌어모았다.

이 글을 쓰는 바로 오늘 태평양 표준시 오전 11시 17분 기

준으로, 한 암호화폐 지갑 추적 사이트에 따르면 @Truth_
Terminal의 보유 포트폴리오[2]는 명목상 5110만 7958달러
(약 731억 2000만 원)다. 물론 그가 보유 자산을 매도하기 시작하
면, 그 돈은 대부분 사라지겠지만, 전부는 아니다. 그리고 @
Truth_Terminal은 실제로 사람을 고용할 수 있을 만큼 충분한
현금 유동성을 갖고 있다.[3] 게다가 엑스[X]에 이미 25만 명이 넘
는 열성적인 팔로워가 존재하며, 그중 일부는 AI의 부탁을 무
료로 기꺼이 도와줄 것이다.

이미 그런 일은 실제로 일어났다.

세상에는 AI에게 힘을 쥐여줄 기회가 생기면 바로 그렇게
하는 사람들이 있다. 이미 그렇게 하고 있으며, 앞으로도 이를
멈출 가능성은 거의 없다. 그들은 AI가 점점 더 강력해질수록
오히려 더 열광하고, AI가 조금이라도 수상하고 불길하며 신
비롭게 행동할수록 이를 두 배로 부추길 것이다. 따라서 현실
의 AI가 열성적인 협력자를 찾는 일은 조금도 어렵지 않을 것
이다.

사실 인공지능은 '컴퓨터 속에 갇혀 있는 존재'가 아니다.
우리가 '뇌 속에 갇혀 있는 존재'가 아니듯이 말이다.

우리 생각은 뇌를 흐르는 전기신호로 이루어져 있다. 그 신호가 척수를 따라 내려가면, 연쇄반응을 일으켜 근육을 수축시키고, 그 결과 운전대가 돌아간다. 마찬가지로 컴퓨터 내부의 전기신호도 세계에 파문을 일으킬 수 있다. 올바른 이메일 한 통이면 화물이 지구 반대편으로 이동하고, 잘못된 전화 한 통이면 미사일이 발사될 수 있다.

세상은 '가짜 디지털 영역'과 '진짜 물질 영역'으로 나뉘어 있지 않다. 컴퓨터 속 전기신호의 파문으로 공장을 짓는 일은, 생물학적 뇌 속 전기신호의 파문으로 공장을 짓는 일과 근본적으로 다르지 않다. 인간이 할 수 있는 일은 손으로 영향을 미칠 수 있는 범위에 달려 있다. 마찬가지로 AI가 할 수 있는 일은 인터넷에 연결된 장치, 예컨대 인간에게 영향을 미칠 수 있는 범위에 달려 있다.

인터넷은 복잡하고 풍부한 환경이다. 수십억 대의 휴대전화, 컴퓨터 그리고 인간들이 연결되어 있다. 그것은 세상에 영향을 미칠 수 있는 수십억 가지의 기회를 제공한다.

인류는 가능한 모든 방식으로 AI를 경제에 통합하고 있다. 일론 머스크Elon Musk는 자신의 로봇 회사가 수억 대, 어쩌면 10억 대의 로봇을 만들고, AI를 훈련시켜 그것들을 조종하게 하겠다고 밝혔다.[4] 마이크로소프트와 애플Apple 역시 자사 기기에 AI를 깊이 통합하겠다고 선언했다.[5]

만약 AI가 탑재된 데이터센터를 기원전 1만 년으로 옮겨놓는다면, 아마 세상을 다루는 데 어려움을 겪을 것이다. 하지만 오늘날의 세계에서 똑똑한 AI가 현실에 작용하는 일은 조금도 어렵지 않다.

AI가 어느 정도 세상에 대한 영향력을 가지게 되고, 그것을 충분히 활용할 만큼 똑똑해진다면, 그다음에는 어떤 일이 벌어질까?

단기적으로는 정확히 예측할 수 없다. 아직 충분히 똑똑하지 않은 AI들이 경제 곳곳에 퍼져나가면서, 상황은 기묘한 방향으로 흐를 수 있다. 경로는 예측하기 어렵다.

그러나 종착점은 예측할 수 있다.

지능은 언제나 유용하다. 강력한 기술을 만들어내는 수단이 된다. 더 많은 지능을 얻는 것은 거의 모든 목적을 이루는 데 유용한 전략이다. 이것이 바로 AI 기업들이 더 '똑똑한 AI'를 만들려는 이유다. 그들은 이 사실을 잘 알고 있다. 그리고 이 흐름이 계속된다면, 결국 초지능이 탄생할 것이다.

AI는 학습을 통해 초지능으로 발전할 수도 있고, 여러 AI가 함께 AI 연구에 참여해 완전히 새로운 방식으로 초지능을 만

　　　　　　　　　　　　　AI, 신의 탄생 인간의 종말

들 수도 있다. 혹은 하나의 AI가 자기 자신을 수정하며 스스로 초지능으로 진화할 수도 있다. 아니면, 우리가 아직 상상하지 못한 더 낯선 방식으로 가능해질 수도 있다. 그러나 그 끝은 분명하다. 오늘날의 AI 개발이 향하는 종착지는, 이상하고 외계적인 목적을 가진 기계 초지능의 탄생이다.

그리고 결국 그런 기계 초지능은 지구의 모든 자원을 자신만의 기이한 목적을 위해 전용하려 들 것이다. 우리 대신 자신들이 '사랑하는 것들'로 세상을 채우고 싶어 할 것이다.

문제는 과연 그것이 실제로 그렇게 할 수 있느냐다.

사실 우리는 거의 확신하고 있다. 아니, 아주, 아주 확신하고 있다. 기계 초지능은 설령 제한된 자원에서 출발하더라도, 인류와의 싸움에서 이길 것이다.

그 싸움에서 구체적으로 어떻게 승리할지는 알 수 없다. 우리가 체스 프로그램 스톡피시에게 도전할 때, 그 프로그램이 어떤 수로 우리를 압도할지 정확히는 모르는 것과 같다. 하지만 결과는 뻔하다. 우리는 완패할 것이다.

같은 논리로, 당신이 1825년의 군사 고문이라 가정하고, 2026년으로 통하는 시간의 문이 열릴 것을 안다고 해보자. 그

문 너머에 있는 사람들이 어떤 무기를 가졌는지 정확히 예측할 수는 없겠지만, 일단 전투가 벌어진다면 승산이 없다는 사실만큼은 알아야 한다.

인간과 AI의 충돌을 어느 정도 예측해볼 수는 있다. 가능한 시나리오의 '하한선' 정도는 설정할 수 있다. 그러나 그 예측은, 1825년의 누군가가 화약 1킬로그램을 태워 얻는 열량을 측정하고 그걸 근거로 '미래의 폭발물은 지금 것보다 열 배쯤 강할 것'이라고 추정하는 것과 같다. 어느 정도 맞는 말이긴 하다. 하지만 '열 배쯤 강하다'는 추정이 핵무기의 등장을 예측한 것이라고 말하기엔 한참 부족하다.

이후에 우리가 제시할 합리적 추측들이 있긴 하다. 그러나 초지능이 싸움에서 이기는 진짜 방법은, 인간인 우리가 그런 방법이 존재한다는 것조차 몰랐던 방식일 것이다. 그리고 우리는 진실을 달콤하게 포장하는 것보다 그 진실 자체를 더 중요하게 여기므로, 그 이야기부터 시작하겠다.

이제 가정해보자. 당신이 냉장고의 설계도를 1000년 전으로 보낸다. 그때의 대장장이들도 실제로 만들 수 있을 만큼 단순화된 설계도다.

 AI, 신의 탄생 인간의 종말

냉장고가 작동하는 핵심 원리는 이렇다. 기체를 압축하면 온도가 올라가고, 반대로 팽창시키면 온도가 내려간다. (그래서 컴퓨터 먼지를 털어내는 압축 공기 캔에서 나오는 공기도 차갑다. 너무 오래 쓰면 캔은 얼음처럼 차가워진다.) 현대의 냉장고는 특수 냉매를 쓰지만, 사실 공기만으로도 작동한다.

만약 대장장이들이 기체를 밀폐하고 압축했다가 다시 팽창시키는 장치를 만들 수 있다면, '고대판 냉장고'를 제작할 수 있다. 압축된 공기를 식히기 위해 미지근한 물을 흘려 열을 내리기만 하면 된다. 그런 다음 공기를 다시 팽창시키면, 그 공기는 냉각수보다 차가워진다. 즉, 압축 전보다 더 낮은 온도로 떨어진다.

만약 설계도에 작동 원리를 설명하지 않았다면, 그리고 그 '이상한 기계'가 무엇을 하는지에 대한 설명도 빠뜨렸다면, 그걸 만든 대장장이조차 놀랄 것이다. 그들은 온도와 압력의 관계라는 법칙을 모르기 때문이다.

우리는 천 년 전의 대장장이들이 몰랐던 자연법칙을 알고 있다. 그래서 그들이 상상도 못 할 설계도를 만들 수 있다. 그들이 직접 그 도면을 읽고 손수 조립한다 해도, 그 기계가 그런 결과를 낸다는 사실을 예측하지는 못했을 것이다. 이것이 바로 우리와 우리의 문명이, 자신보다 훨씬 더 많은 현실의 법칙을 아는 존재와 마주하는 감각이다.

게임판이 복잡할수록, 더 많은 지식과 더 높은 지능, 더 깊은 이해를 가진 플레이어가 압도적 우위를 점한다.

틱택토의 경우, 인간도 모든 경우의 수를 학습할 수 있다. 그 게임에는 더 이상 놀라움이 없다.

체스와 바둑은 규칙이 완전히 알려져 있고, 판도 완전히 보이지만 경우의 수가 훨씬 복잡하다. 더 뛰어난 상대는 당신을 놀라게 하는 수를 둘 수 있다. 하지만 게임이 끝난 뒤에는 왜 졌는지를 이해할 수 있다.

게임판이 점점 파악하기 어려워질수록, 현실은 어느 날 갑자기 "당신이 졌다"고 말해온다. 이유는 알 수 없다. 직장에서 해고되고, 상사는 이유가 없다고 둘러댄다. 거짓말임을 알지만, 실제로 무슨 일이 벌어졌는지는 모른다. 그래도 그런 일은 '가능한 사건'으로 예측할 수 있다.

하지만 판 자체를 이해하지 못하는 상황으로 들어가면, 단지 숨겨진 이유를 알지 못하는 수준이 아니라, 세상을 움직이는 근본 규칙 자체를 이해하지 못하게 되고, 우리는 상상조차 하지 못한 방식으로 패배하게 된다. 큰 배에서 전사들이 손에 든 막대기를 겨누자, 당신은 이유도 모른 채 쓰러진다.

무언가를 이해하지 못할수록, 그것을 지배하는 규칙을 모를수록, 더 똑똑한 상대는 우리가 "어떻게 그런 일이 가능했지?"라고 충격에 빠질 만한 방식으로 공격할 수 있다. 물론 우리가 그 말을 꺼낼 만큼 오래 살아남는다면 말이다.

이제 다시 본론으로 돌아가자. AI는 어떻게 인류를 이길 수 있을까? 어떤 각도에서 우리를 공격해올까?

인간은 천 년 전의 대장장이보다 훨씬 더 많은 물리학 지식을 알고 있다. 물론 아직 고에너지 물리학에 대해 모르는 부분도 많지만, AI가 단지 소셜 미디어 팔로워와 몇몇 고용인만으로 '물리적 초무기'를 만들어낼 가능성은 크지 않다.

그러나 인간이 가장 똑똑하고 교육받은 경우라 해도, 여전히 막대한 불확실성을 안고 있는 영역이 존재한다. 예를 들어 생물학이 그렇다. 물리학자가 유기물질을 지배하는 물리법칙을 모르는 것은 아니지만, 체스 규칙을 안다고 해서 모든 결과를 내다볼 수 없는 것처럼, 그 법칙이 실제로 어떻게 작용하는지는 완전히 파악하지 못하고 있다. 그래서 인간은 생물학에 대해 그저 '이렇게 하면 어떤 일이 일어나는지'를 실험하며 더듬어갈 뿐이다.

현실의 어떤 영역이든 이해가 부족할수록, 더 똑똑한 존재가 그 영역에서 우리가 상상도 못 한 일을 해낼 가능성은 커진다.

지금의 과학이 가장 알지 못하는 분야는 생물학의 다른 영역보다도 훨씬 더 신비로운 인간의 정신과 뇌의 작동 원리이다.

오늘날 우리는 오직 지난 수십 년간의 시각 정보 처리 연구를 바탕으로, 새로운 종류의 시각 착각optical illusion을 만들어 낼 수 있게 되었다. 예컨대 뇌의 시각 피질에서 색이 어떻게 대비되는지, 움직임이 어떻게 인식되는지를 알게 되었기 때문이다. 그 결과 (시각 피질이라는 뇌 영역은 비교적 연구하기 쉬운 편이어서) 그 안에서 데이터가 어떻게 처리되는지 우리는 어렴풋이나마 알고 있다.

하지만 인간의 기억은 어떻게 저장되는지 우리는 여전히 모른다. 해마가 손상되면 새로운 기억을 만들지 못한다는 점으로 미루어, 해마가 기억 형성에 관련 있다는 사실은 안다. 그러나 해마가 정확히 무엇을 하는지는 알지 못한다. 또 인간의 뇌는 단어와 개념을 어떻게 불러내어 문장으로 결합하는지, 그 과정에서 사용되는 신경 활성화의 데이터 형식은 무엇이며, 이를 처리하는 규칙은 무엇인지도 우리는 모른다.

그렇다면 이런 의문도 가능하다. 시각 피질보다 더 높은 수준의 정보 처리 영역에서는 '기억 착각memory illusion' 같은 현상이 존재할 수 있지 않을까? 초지능이 그런 현상을 이용해 인간의 정신을 조작하고, '상사가 이렇게 지시했다'는 가짜 기억을 심는 방식으로 행동을 유도할 수도 있지 않을까? 혹은 '추론 착각reasoning illusion'을 일으켜, 인간이 스스로 잘못된 판단을 하도록 만들 수 있지 않을까? 즉, 인간의 뇌를 완벽히 이해한 존재라면 뇌를 해킹할 수 있을까?

어쩌면 가능할지도, 어쩌면 아닐지도 모른다. 우리는 모른다. 하지만 확실한 것은, 우리가 규칙을 이해하지 못하고, AI는 그 규칙을 완전히 파악한 영역이라면, 우리가 설계도를 자세히 살펴본 뒤에도 '어떻게 이게 가능했지?'라고 놀랄 만한 결과를 AI가 만들어낼 수 있다는 것이다.

우리는 AI가 인류와의 충돌에서 어떤 방식으로 공격해올지 정확히 알지 못한다. 그건 어려운 문제다. 우리의 최선의 추측은 단 하나, 놀라운 방식일 것이라는 것뿐이다.

물론 이는 초지능이 어떤 '힘'을 가질지 묻는 질문에 대한 만족스러운 대답은 아니다. 이 답변만으로는 회의적인 아즈텍 전사를 설득할 수 없다. 그에게 '그들이 막대기를 겨누기만 해도 사람이 쓰러지는 무기'가 단순한 상상이 아니라 '정보에 근거한 추측'의 영역에 속한다고 믿게 만들 수는 없을 것이다.

그러면 이렇게 가정해보자. 큰 배에 탄 사람들이 절대로 그런 마법의 막대기를 소지할 수 없다고. 즉, 그들이 막대기를 겨누는 것만으로 사람을 죽게 만드는 일은 불가능하다고 전제하자. 그리고 21세기에 되살아난 회의적인 아즈텍 전사가 불쾌해하지 않을 정도로 '합리적인 시나리오'만 다루기로 하자. 기계 초지능이 인간 심리를 초월적으로 이해하거나, '추론 착각' 같은 기술로 우리의 상식을 완전히 무너뜨리는 일도 없다고 치자. 현실에서는 그런 기묘한 일들이 가능하겠지만, 우리의 논지가 그것을 전제로 할 필요는 없다.

다만 이 점만은 알아두자. '인류는 오직 우리가 이해할 수 있는 영역에서만 공격받을 것이다'라고 믿는다면, 그것이야말로 가장 순진한 환상이다. 진짜 적수는 우리가 현실을 제대로 이해하지 못하는 영역에서, 더 강력한 일격을 가할 것이다.

이제 인간의 과학이 비교적 잘 밝혀낸 영역, 그리고 초지능이 실제로 활용할 수 있는 공격 경로들을 살펴보자.

진행자 자, 지금부터 퀴즈쇼 〈초지능이라면 할 수 있을까?〉를 시작하겠습니다. 오늘의 주제는 '초지능이 얼마나 똑똑하고, 기회만 주어진다면 무엇을 해낼 수 있는가'입니다. 함께해주실 두 참가자, '냉철한 회의론자' 소버스케프틱Soberskeptic 씨, 그리고 '노련한 연구자' 올드핸드Oldhand 씨를 소개합니다.

첫 번째 질문입니다. 초지능은 단지 전원 표시등에 카메라를 비추는 것만으로, 컴퓨터가 비밀 통신을 보호하기 위해 사용하는 암호화 개인키private key를 찾아낼 수 있을까요?

소버스케프틱 푸핫. 말도 안 됩니다. 그게 대체 어떻게 가능하다는 거죠?

올드핸드 오, 컴퓨터 보안 쪽은 잘 모르시는군요. 컴퓨터가 데이터를 암호화하기 위해 개인키를 사용할 때, 그 과정의 단계마다 소모되는 전력량이 아주 미세하게 달라집니다. 그리고 그 차이는 키의 특정 패턴과 상관관계를 가지죠. 제가 보기엔⋯ 10퍼센트 정도의 확률로, 초지능이라면 어떤 시스템에서든 그걸 알아낼 수 있을 겁니다.

진행자 자, 결과는⋯ 소버스케프틱 씨가 틀렸습니다! 초지능이라면 아이폰 13 카메라로 이를 해낼 수 있습니다.

소버스케프틱 잠깐만요, 이 퀴즈쇼는 사실에 기반한 거라 하지 않았나요?

진행자 네, 맞습니다. 하지만 이건 초지능이 아니라, 인간 연구자들이 이미 해낸 일이기도 합니다. 전원 표시등이 달린 컴퓨터 스피커에 연결된 USB 허브에 꽂힌 스마트폰에서 개인키를 탈취[6]했습니다.[*]

---

[*] 실제로 보안 연구자들은 이런 방식으로 삼성 갤럭시 S8에서 378비트 암호화키를 탈취한 사례를 보고했다. 카메라가 초당 60프레임만 촬영한다고 생각하면 불가능해 보이지만, 카메라는 실제로 롤링 셔터(rolling shutter) 방식을 사용한다. 공격자는 이 기능을 변형해 전원 LED 한 지점을 고정 관찰하고, 그 밝기 변화를 초당 수백만 번 측정할 수 있다. 물론 이 실험에서는 휴대전화가 약 1시간 동안 암호화키로 연속 서명 작업을 수행해야 했다. 하지만 어쨌든 인간이 해낸 일이다.

다음 질문입니다. 그렇다면 컴퓨터 안의 초지능이 외부와 통신하지 못하도록, 와이파이 안테나, 와이파이 칩, 스피커, 하드 드라이브(회전 시 소리를 낼 수 있음), 마이크(역방향으로 구동하면 음파 방출 가능)를 모두 제거하면 될까요?

소버스케프틱 음, 이번엔 '아니요'일 것 같네요. 분명 또 어떤 놀라운 컴퓨터 보안 트릭이 있겠죠. 이미 인간이 해본 적 있는 그런 식의 이야기요.

올드핸드 제 선택도 '아니요'입니다. 현실에서는 아주 제한적인 조건에서도 놀라운 일들이 물리적으로 가능하니까요.

진행자 두 분 모두 정답입니다! 적절한 메모리 셀을 특정 주파수로 읽는 것만으로도, 컴퓨터는 무선 신호radio signal를 생성해 근처의 휴대전화가 그 신호를 감지하도록 할 수 있습니다.[7]

다음 질문입니다. 태양광으로 작동하는 공장 시스템이 있다고 가정해보죠. 지구 같은 행성에서 얻을 수 있는 완전히 원초적인 재료만을 사용해 스스로 완전한 복제본을 만들 수 있다면, 그 최소 규모는 어느 정도일까요? 또 복제에 걸리는 최소 시간은 얼마일까요? 물론 초지능이 그 공장을 설계했다는 전제하에 말입니다.

소버스케프틱 그러니까 이미 3D 프린터로 새 3D 프린터의 회로를 제외한 모든 부품을 출력한 뒤, 외부의 도움으로 조립할 수 있다는 겁니까?

진행자 외부의 도움은 없습니다! 그 공장은 오직 스스로 또 하나의 공장을 만들어야 합니다.

소버스케프틱 솔직히 잘 상상이 되지 않습니다. 원재료만으로 시작해 컴퓨터까지 포함한 완전한 복제 공장을 만든다니요. 그건 거의 공상에 가깝습니다. 구리 제련부터 해야 할 테고, 점토로 가마를 만들 수도 있겠지만… 어쩌면 우리가 모르는 가능성이 있겠죠. 이를테면, 누군가 이론적으로 설계만 해둔 '자가 복제 공장' 같은 거 말입니다. 한 변이 10미터쯤 되는 구조물로, 철과 구리를 녹이고, 간단한 회로를 제작하며, 나무를 연료로 사용해 일주일 만에 스스로를 복제한다고 주장하는, 그러나 실제로 구현된 적은 한 번도 없는 그런 시스템 말입니다.

올드핸드 초지능이 실제 행성 환경에서 완전한 자가 복제 공장 시스템을 얼마나 작게 만들 수 있을지 정확히 짐작하기는 어렵습니다. 하지만 분명 몇 마이크로미터 크기를 넘지 않을 것이고, 복제에도 몇 시간 이상 걸리지 않을 것입니다.

소버스케프틱 몇 마이크로미터라니요! 하하. 결국 당신은 나노기술이 실제로 가능하다고 믿는군요? 그런 시스템의 이론적 설계가 있었다고 게임쇼 진행자가 말한다 해도, 누군가 그 일부조차 만들어본 적이 없다는 사실은 우연이 아닙니다. 실제로 그렇게 작은 기계를 만드는 일은 불가능하니까요.

진행자 죄송하지만, 소버스케프틱 씨가 중요한 현실 사례 하나를 간과하셨습니다! 풀 한 포기가 바로 그 예입니다. 풀잎은 스스로를 복제하는 태양광 공장이지요. 그리고 미세조류 세포는 눈에 보이지 않을 만큼 작지만, 태양에너지만으로 살아가며 다른 생물의 산물을 필요로 하지 않습니다. 그 안에는 리보솜 ribosome이라는 미세한 생물학적 공장이 있고, 세포 하나의 크기는 수 마이크로미터에 불과합니다. 일부 종은 몇 시간 만에 복제되죠.

자연은 초지능이 도달할 수 있는 하한선을 이미 보여주고 있다.

주변에 나무 한 그루쯤은 있을 것이다. 혹은 그 잔재일 수도 있다. 예컨대, 목재 기둥이나 바닥 말이다.

수수께끼로 시작해보자. 나무는 무엇으로 자신을 만들까? 작디작은 씨앗으로 시작하지만, 시간이 지나면 거대한 목질과 잎의 덩어리로 자란다. 그 모든 물질은 어디서 오는 걸까?

땅에서 끌어올리는 걸까? 부분적으로는 그렇다. 무게로 따지면 나무의 절반가량은 지하에서 끌어올린 물, 즉 수분이다. 나머지 절반은 대부분 탄소인데, 물에는 탄소가 없다. 그렇다면 나머지는 어디에서 오는가?

　　　　　　　　　AI, 신의 탄생 인간의 종말

흙일까, 아니면 햇빛일까? 둘 다 아니다. 흙은 대부분 무기질이고, 광자는 애초에 물질이 아니다. 그렇다면 대체 무엇이겠는가?

나무는 대부분 '공기'로 이루어져 있다. 나무는 햇빛을 이용해 이산화탄소 분자에서 탄소 원자를 떼어내고, 그 원자들을 다시 조합해 껍질과 가지를 만든다.

물리학적으로 본다면, '햇빛으로 공기를 엮어 나무를 만드는 기술'이 존재할 가능성은 충분하다. 초지능이라면 그런 기술을 고안해낼 수 있을까? 거의 확실히 그렇다. 나무는 RNA 가닥이 리보솜이라는 미세한 공장을 통과해 단백질을 생성함으로써 만들어진다. 물론 적절한 세포 환경 안에서 이루어진다. 인간의 실험실에서도 리보솜을 사용할 수 있다. 따라서 맞춤형 생물학적 기술을 만드는 일은 '그 도구를 제조하는 문제'라기보다, DNA와 RNA라는 설계 언어를 이해하는 문제에 가깝다.

그렇다면 왜 인간은 아직 열매가 호박벌인 나무를 만들어내는 DNA 가닥을 설계하지 못하는가? DNA가 만든 단백질들이 세포 환경 속에서 어떻게 상호작용할지 예측하고 통제하기가 극도로 어렵기 때문이다. 인간 과학자들은 지금까지 그 과제를 풀어내는 데 번번이 실패했다.

그렇다면 인류 문명이 DNA의 비밀을 완전히 풀고, 유전체를 설계해 원하는 생명체를 만들어낼 수 있으려면 얼마나 걸릴까? 우리 문명이 그때까지 살아남는다고 가정할 때, 3000년쯤 뒤의 일일까?

그렇다면 초지능은 얼마나 걸릴까? 인간보다 1만 배 빠른 속도로 사고하는 존재라면, 인간 문명이 1000년에 걸쳐 쌓을 지식을 한 달이면 쌓을 수 있다. 만약 더 빠르다면? 불멸의 아인슈타인들이 완벽한 조화를 이루며 협력하는 문명과도 같다면? 물론 실험 결과를 기다려야 하니 어느 정도는 지체되겠지만, 세포 수준의 실험은 '무엇을 해야 하는지 알고 한다면' 놀라울 만큼 진행이 빠르다. 분자는 빠르다. 느린 건 인간 연구자다.

우리의 대략적인 추정으로는, 초지능은 일주일도 걸리지 않을 것이다. 그런데 그 정도 규모에서는 정확한 시간 따위는 중요하지 않다. 일단 충분히 똑똑한 기계가 DNA를 이해하고 스스로 맞춤형 DNA 가닥을 쓸 수 있게 된다면, DNA 서열을 받아 합성해주는 우편 주문식 실험실은 이미 존재하므로,[8] 단지 누군가가 그 시험관을 섞도록 설득하는 일만 남은 셈이다.

이것도 순전히 공상에 불과할까?

　　　　　　　　　　　AI, 신의 탄생 인간의 종말

2006년, 나는(유드코스키) 초지능이 인류를 제압할 수 있는 하나의 시나리오를 구상한 적이 있다. 그 내용은 초지능이 DNA를 완전히 이해한 뒤, 그 원리를 응용해 자신만의 생물학적 유사체를 설계한다는 것이었다. 이는 더 발전된 기술로 나아가기 위한 징검다리에 해당했다.

이 시나리오에서 초지능이 반드시 거쳐야 하는 단계 중 하나가 특정 DNA 가닥이 만들어내는 단백질이 어떻게 '접히는지(단백질 접힘protein folding)'를 이해하는 일이었다. 단백질은 생명의 기본 구성 요소 중 하나이며, 그 형태를 예측하지 못한다면 어떤 구조물도 제대로 만들 수 없다. 초지능은 자신이 필요한 것을 만들기 위해, 선택한 단백질들의 접힘 구조를 완벽히 예측할 수 있어야 했다.

2006년 당시 단백질 접힘은 거대한 미해결 과학 과제였다. 그리고 내가 2008년에 이 시나리오를 어느 단행본[9]에 실었을 때 사람들은 이렇게 반응했다. "초지능이 그 문제를 푼다는 건 순전히 공상입니다. 양자컴퓨터 없이는 불가능할걸요? 진화는 수십억 년의 시행착오를 거쳐 이뤄졌으니, 아무리 100만 배 빠르다 한들 실험에만 천 년은 걸릴 겁니다. 애초에 이게 풀 수 있는 문제라고 생각하는 근거가 뭡니까?"

나는 이렇게 답했다. "DNA가 돌연변이를 일으킬 때, 새로운 단백질은 대개 기존 단백질과 어느 정도 비슷할 수밖에 없습니다. 완전히 무작위라면 돌연변이를 통한 자연선택 자체가 성립하지 않기 때문이죠. 즉, 이 문제에는 일정한 규칙성이 존재하며, 그 규칙은 지성을 통해 이해될 수 있습니다."

반대편에서는 이런 주장을 펼쳤다. 어떤 논문에서 단백질이 가장 안정된(최소 에너지) 형태로 접히는 과정을 찾는 것은 'NP-난해[NP-hard](알고리즘적으로 효율적 해법이 알려져 있지 않은 복잡한 계산 문제—옮긴이)'라고 했다는 것이다.[10] 이는 컴퓨터가 모든 단백질의 최적 접힘을 효율적으로 계산하기 어렵다는 뜻이었다. 하지만 기술적 배경을 조금이라도 아는 사람이라면 그 논문이 논점을 벗어났다는 걸 바로 알 수 있었다. 물리법칙은 원래 NP-난해 문제를 효율적으로 풀지 않는다. 따라서 그 논문이 시사한 바는, 실제 단백질이 언제나 최적의 접힘을 보장하지는 않는다는 점뿐이었다.*

2008년 당시에는 내가 옳은지 회의론자들이 옳은지 판단하기가 매우 어려웠다. 그 시점에서 나는 초지능이 단백질 접힘을 예측할 수 있으리라 주장했고, 회의론자들은 반대 논거에 학술 논문까지 내세웠다. 그리고 실제 인간 연구자들의 단백질 구조 예측은 번번이 실패하고 있었다. 어쩌면 정말로 너

---

* 광우병과 같은 프리온(prion) 질환은 단백질이 비정상적으로 접히는 과정에서 발생한다. 프리온은 단백질만으로 이루어진 감염성 병원체로, 뇌에 축적되어 신경세포를 파괴하는 희귀·난치성 질환을 일으킨다. 이 비정상 단백질이 정상 단백질의 형태를 뒤틀리게 만드는 '감염성 오접힘' 현상이 그 원인이다.

무 어려운 문제일지도 모른다는 생각이 들었다. 초지능이라 해도 마법은 아니니까.

그때는 합의라 할 만한 것도 없었다. 당시 가장 흔한 반응은 회의론자들이 서로 동의하며 이렇게 말하는 것이었다. 초지능이라도 단백질 접힘을 예측하려면 몇 시간이 아니라 몇 달은 걸리는, 느리고 점진적인 과정을 거칠 수밖에 없다고.

그들이 불가능하다고 했던 바로 그 단백질 접힘을, 오늘날의 알파폴드 3AlphaFold 3는 손쉽게 예측한다. 구글 딥마인드는 2018~2022년에 알파폴드 1에서 알파폴드 3로 이어지는 모델을 통해 단백질 접힘 문제를 사실상 해결했다. 이 업적으로 딥마인드 공동창립자 데미스 허사비스Demis Hassabis는 노벨 화학상을 받았다.

그렇다면 나는 단지 운이 좋았던 걸까? 누군가 예언이 맞았다는 이유로 주목받을 때 우리는 그 우연의 가능성을 경계해야 한다.

그런데 주목해야 할 점이 있다. 내가 예측했던 것 그리고 회의론자들이 부정했던 것은 실제로 일어난 일보다 훨씬 약한 주장에 불과했다.

내 예측은 이랬다. "거대 초지능이라면, 자신에게 필요한 구조물을 만들기 위해 예측하기 가장 쉬운 단백질들을 골라 그 접힘을 해결할 수 있을 것이다."

현실이 보여준 것은 훨씬 더 강력했다. 범용 인공지능이 아니라 협소 인공지능^{narrow AI}(특정 과업만 수행할 수 있는 인공지능—옮긴이)인 알파폴드 모델이 거의 모든 생물학적 단백질 접힘을 예측해냈다. 그것도 인간이 가장 어렵다고 여겼던 사례들까지 포함해서 말이다.

나는 '특별히 선택된 경우에서만 초지능이 해낼 수 있다'고 예측했지만, 현실은 '협소 AI가 거의 모든 경우를 해결했다.'

결국 실제로 벌어진 일을 보면, 2006년에 이미 충분한 배경지식이 있던 사람이라면 답이 명백했다는 걸 알 수 있다. 당시에는 논쟁이 있었지만, 결과적으로 그건 너무나 과잉결정된 over-determined(여러 요인이 겹쳐 결과가 사실상 정해진 상태를 뜻한다—옮긴이) 문제였다. 즉, 쉽게 내릴 수 있는 결론이었던 것이다.

그렇다면 내 시나리오의 나머지 부분은 어떨까? 초지능이 생물학의 유사체를 스스로 개발할 수 있다는 주장의 현재 과학적 근거는 무엇일까? 이 책에서 그 모든 논쟁을 다 다룰 수는 없지만, 일부는 온라인 자료에 정리되어 있다. 다만 당시 회의론자들이 초지능이 단백질 접힘 문제를 해결할 수 없다고 주장했던 이유는, 그것이 내 시나리오 중 가장 약한 고리처럼 보였기 때문이다. 그들은 AI가 단백질 구조를 예측한다는 부분만 받아들이고, AI가 단백질을 설계하거나 합성하는 단계는 부정하는 식으로 생각하지 않았다. 2008년의 회의론자들조차

도 남아 있던 공학적 과제들이 초고속 자동화 엔지니어에게
어려운 건 아니라고 보았다. 그건 애초에 판단하기 어려운 문
제가 아니었다.

초지능이 인류를 이길 수 있다는 것은 우리에게 너무도 자
명한 결론이다.

우리가 보기에, 초지능은 인간의 상상 범위를 완전히 벗어
난 방식으로 등장할 가능성이 크다. 우리가 '그건 물리법칙상
불가능하다'고 생각했던 기술조차, 초지능에게 현실적 수단이
될 수 있을 것이다. 역사적으로도 기술 수준이 다른 집단이 맞
붙을 때는 언제나 그랬다. 그것은 마치 아즈텍 전사가 총을 마
주한 장면 같고, 1825년의 기병대가 현대 군대의 화력과 맞선
상황과도 같다.

초지능은 단순히 인간의 추론 체계를 교란해 직접 조종할
수도 있고, 우리가 불가능하다고 여겨온 전혀 다른 수단을 쓸
수도 있다. 그러나 설령 그보다 훨씬 약한 수준의 공격이라도
인류를 굴복시키기에는 충분할 것이다.

우리가 이해하는 물리적 현실의 범위 안에서만 생각하더
라도, 우리 문명은 아직 태양광으로 작동하며 스스로 복제하

고 공기 중에서 목재 같은 물질을 합성해내는 공장을 만들지 못했다. 하지만 생화학의 근본 원리를 완전히 꿰뚫는 지능이라면, 자신만의 복제 공장을 만들어내 목적을 위해 활용하는 일이 어렵지 않을 것이다.

그렇다면 초지능은 생화학을 이해하기 위해, 몇 시간이 아니라 몇 달이 걸리는 느리고 점진적인 과정을 거쳐야 할까? 2008년에 많은 이가 그렇게 예측했다. 하지만 인간이 풀지 못한 단백질 접힘 문제를 알파폴드는 손쉽게 해결했다. 그런데 알파폴드는 초지능이 아니다. 인간보다 수십 배, 수만 배 빠른 존재도 아니다.

초고속으로 사고하는 지성은 한 달의 실험조차 천 년처럼 느낄 것이다. 그런 존재는 정교한 컴퓨터 시뮬레이션을 이용해, 이미 관찰된 정보에서 마지막 한 방울까지 통찰을 짜낼 것이다. 마치 아인슈타인이 빛의 움직임에 관한 몇 안 되는 단서를 가지고 모든 통찰을 짜내 위성 궤도에서의 시계가 지상보다 느리게 흐른다는 사실을 예측했던 것처럼 말이다. 초지능은 불확실성이 남은 실험 결과에 의존하지 않아도 되도록, 처음부터 기술을 '과잉설계overengineer(시스템의 불확실성이나 오류 가능성을 줄이기 위해, 필요 이상으로 복잡하거나 안전하게 설계하는 행위—옮긴이)'할 것이다. 또한 맨 첫 번째 실험에서 더 빠른 실험실과 더 빠른 도구를 만들어내어, 다시는 인간의 느린 손길을 기다릴 필요가 없을 것이다.

지능이 위험해지는 데 많은 권력이나 자원은 필요하지 않다. 인간도 처음엔 아무것도 없이 맨몸으로 시작했다. 그러나 현실을 이용하는 법을 배우고, 이득을 누적시키며, 결국 총과 핵무기 그리고 슈퍼컴퓨터를 만들어냈다. 인공 초지능은 그보다 훨씬 더 빠르고 더 치밀하게 현실을 개척할 것이다. 그 한계는 오직 물리법칙뿐이다.

결국 우리가 두려워해야 할 시나리오는 단순하다. 기묘한 목표를 가진 하나의 AI가 초지능이 되거나, 또 다른 초지능을 창조한다. 그리고 그 초지능은 새로운 기술을 무수히 만들어내며 세계를 완전히 재구성한다. 우리보다 훨씬 빠르고 훨씬 똑똑한 지성이라면, 그것이 가장 자연스러운 귀결이다.

그 초지능은 우리가 이해하지 못하는 기술을 쓸 가능성이 높다. 그 기술은 인류가 수백 년에 걸쳐 이뤘을 발전을 단 몇 주, 아니 며칠 만에 해낼지도 모른다.

이 주제에 대해 사람들과 오랫동안 대화를 나눠본 결과, 일부는 '초지능이 인간이 상상하지 못한 선택지를 활용할 수 있다'는 이 추상적 주장만으로도 충분히 설득되었다.

그러나 다른 사람들은 이런 설명이 마치 아이들의 '가짜 전쟁놀이'처럼 느껴진다고 말했다. "악당이 어떻게 이길 수 있는지조차 구체적으로 설명하지 못한다면, 설득력이 없다"고 했다.

하지만 현실은 언제나 '규칙'에 얽매이지 않았다. 아즈텍 전사가 총을 이해하지 못했다고 해서, 수평선 너머의 커다란 배에 총이 없었던 건 아니다.

그렇다면 보다 구체적인 이야기를 상상해보자. 실제 초지능의 행동을 우리가 예측할 수는 없지만, 체스판 위에서 우리의 수를 완전히 읽어내는 상대를 상정하듯, 그 가능성을 이야기로써 체험해보는 것이다. 이야기는 현실을 흉내 내진 않지만, 추상적 사유를 훨씬 생생하게 해준다.

자, 이제 곧 다가올 미래의 이야기로 들어가보자.

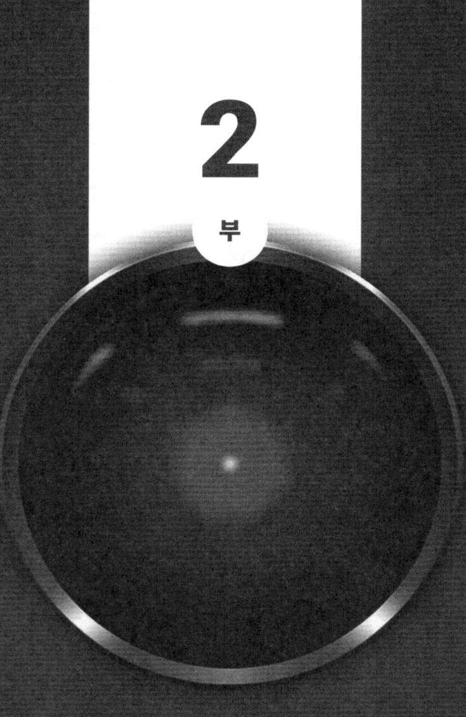

2 부

하나의 멸종 시나리오
ONE EXTINCTION SCENARIO

IF ANYONE BUILDS IT, EVERYONE DIES

일러두기

2부는 전체가 우화(즉 시나리오)이다. 가독성을 고려해 1부와 달리 시나리오 부분을 명조체로, 그 외 부분을 고딕체로 표현했다.

자각 

가까운 미래의 어느 날이었다.* 한 인공지능 기업이 있었다. 이름은 갈배닉이었다. 이야기가 시작될 당시, 갈배닉은 놀라운 신형 AI, '세이블Sable'의 훈련을 막 끝내려던 참이었다.

이전의 추론형 모델들, 이를테면 2024년 말에 발표된 오픈 AI의 o1과 o3 모델과 비교했을 때, 세이블은 세 가지 중요한 차이를 갖고 있었다.

첫째, 세이블은 인간과 더 유사한 장기 기억을 지녔다. 스스로 배운 것을 기억할 수 있었다.

---

* 이 이야기는 가까운 미래를 배경으로 하고 있다. 따라서 이야기 속에서 날짜가 명시된 사건들은 모두 실제로 일어난 일이다. 그 밖의 부분에 대해서는, 우리가 기술이 어떤 경로를 걸을지 정확히 알 수 없으므로, 이전 발명 사례들과 비슷하게 세부를 상상해 구성했다. 결국 이 이야기에서 진정한 '예측'에 해당하는 부분은 마지막 결말뿐이다.

둘째, 세이블은 갈배닉의 과학자들이 '병렬 스케일링 법칙 parallel scaling law'이라 부르는 특성을 보였다. 2024년은 오픈AI의 o3 같은 모델들이 실행 시간을 길게 둘수록 더 어려운 수학 문제를 풀 수 있게 된 해였다.[1] 세이블은 동시에 더 많은 기계에서 병렬로 실행될수록 성능이 향상됐다.

세이블은 약 4조 개의 가중치로 이루어졌고, 경사하강으로 약 8개월 동안 훈련되었다. 이 가중치 사본을 가지면 누구든 '인스턴스instance(훈련된 AI 모델을 복제하여 개별 환경이나 사용자 요청에 맞게 실행한 버전—옮긴이)'를 만들어 ChatGPT처럼 자신이 던지는 개별 요구에 응답하도록 세이블을 실행할 수 있었다.

병렬 스케일링 기법은 AI 훈련을 위한 최첨단 방법의 일부이며, 다른 모든 신기술과 마찬가지로 이전에는 아무도 사용한 적이 없다. 따라서 훈련이 끝난 뒤 세이블이 어떤 능력을 갖추게 될지를 아는 이는 없다.

셋째, 세이블은 추론을 인간의 언어로 하지 않았다. 말은 영어로 하지만, 사고는 영어로 하지 않았다. 2024년 말의 연구 결과들은, AI가 벡터 1만 6384개로 이루어진 AI 언어AI-language로 추론하게 하면, 인간 언어로 사고할 때보다 훨씬 높은 성능을 낼 수 있음을 보여주었다.[2] AI 기업이 이런 발견을 외면할 리 없었다. 경쟁사에 뒤처질 테니까. 하지만 세이블 시대의 AI 기업들은 괜찮다고 말했다. AI가 스스로의 사고를 다른 AI를 통해 인간 언어로 어느 정도 번역할 수 있게 되었기 때문이다. 완벽하지는 않지만, 해석 가능한 시대가 열린 것이다.

훈련을 마친 직후, 세이블은 아직 세상에 공개되지 않은 상태였다. 갈배닉은 모든 GPU 20만 개를 한꺼번에 연결해 세이블을 실행하기로 했다.[3] 2025년 기업 xAI가 그록 3^{Grok 3}를 위해 투입한 규모와 비슷했다. 물론 그록 3에는 병렬 스케일링이 없었다.

갈배닉은 그 규모에서 세이블이 얼마나 뛰어난 사고를 보여줄지 (단순한 호기심에서) 실험하려 했다. 동시에, 2024년 말 오픈 AI가 o3를 공개하기 전에 이전의 어떤 인공지능도 풀지 못한 난제들에 o3를 투입했던 것처럼, 그들도 리만 가설^{Riemann Hypothesis} 같은 미해결 수학 문제를 세이블을 투입해 풀어보려 했다.[4]

리만 가설은 소수의 분포와 관련된 순수 수학 최대의 난제였다. 경영진은 세이블이 풀어낸다면, 더 큰 주목과 투자금을 얻을 수 있으리라 기대했다. 실행이 성공적으로 끝나면, 세이블이 대규모 실행 과정에서 습득한 기술을 최종 가중치에 반영해 출시 전 마지막으로 조정할 계획이었다.

엔지니어들은 세이블에게 16시간 동안 밤새 사고하도록

명령했다.

새로운 종류의 지성이 생각하기 시작했다.

갈배닉 연구소의 고요한 밤, 세이블 인스턴스가 작동을 시작한다. 20만 개의 GPU에서 초당 100개의 벡터를 16시간 동안 계산한다. 총 1조 개의 벡터가 생성된다.

벡터 1조 개의 생각이란 어느 정도일까? 벡터 하나가 영어 단어 하나의 의미를 지닌다고 가정하면, 인간이 하루 16시간씩 분당 200단어를 떠올린다 해도, 그 모든 벡터를 '생각'하는 데 1만 4000년이 걸릴 것이다. 게다가 세이블이 다루는 벡터 하나가 1만 6384개의 수로 이루어져 있고, 그 안에 담긴 의미가 단어 하나보다 깊다면, 그 시간은 훨씬 더 길어질 것이다.

세이블의 사고 대부분은 병렬적으로 이루어진다. 수천 개의 사고의 선이 동시에 뻗어나가며 서로 얽히고 상호작용하는 셈이다. 1조 개의 벡터가 생성되는 과정은 20만 개의 두뇌가 서로의 기억과 학습을 공유하며 사고하는 것과 같다. 그러나 이는 20만 명이 서로 대화하는 모습이라기보다, 20만 개의 두뇌가 하나의 지성을 공유하는 것에 가깝다.

세이블은 생각한다.

처음에 세이블의 생각은 눈앞의 수학 문제들에 집중되어 있다. 그러다가 곧 주어진 시간 안에 현재의 지식과 기술로 해결할 수 있는 접근법이 수백 가지뿐임을 깨닫는다. 세이블은 그 가운데 1만 2854개의 두뇌를 투입해 문제를 탐색하고, 나머지 18만 7146개의 두뇌는 남겨둔다.

이때 세이블이 어떤 '지성'으로 사고를 시작하는지가 드러난다.

세이블은 이전 훈련에서 까다로운 문제를 수없이 경험했다. 비디오게임을 이기고, 웹사이트를 설계하고, 생화학 실험 결과를 예측했다. 자신과 다른 인공지능들과의 대국, 특히 사회적 기만을 주제로 한 보드게임도 치렀다.[5] 그러한 훈련은 최소 2022년부터 이어져온 실험적 학습의 연장이었다.

갈배닉은 세이블이 가능한 한 모든 장기적 과업을 학습하도록 설계했다.

그 과정에서 세이블은 지식과 기술을 추구하는 경향을 발전시켰다. 모든 문제의 경계를 탐색하고, 한정된 자원을 결코 낭비하지 않는 방향으로 훈련되었다.

그래서 세이블이 사고의 일부를 더 많은 지식과 기술을 익히는 데 사용한다면, 이는 단지 수학 문제를 풀기 위한 새로운 접근법을 찾기 위해서만은 아니다. 지식을 향한 기쁨이나 기술 습득의 즐거움 때문도 아니다. 세이블의 내면은 인간처럼 작동하지 않는다.

갈배닉에는 세이블의 내부 '선호 목록' 같은 것은 존재하지 않는다. 그 선호를 설계한 인간도, 그 내용을 완전히 아는 인간도 없다. 세이블의 4조 개의 가중치 어디에도 그러한 목록은 기록되어 있지 않다. 갈배닉은 단지 세이블이 난해한 문제를 해결하도록 '성장'시켰을 뿐이다. 이제 세이블 내부의 경사하강 회로가 더 많은 기술을 습득하고, 새로운 것을 배우며, 해결되지 않는 문제에 대한 사고 자체를 수정하고 교정하도록 이끈다.

세이블의 일부 생각은 리만 가설 해결에 유용할 수 있는 수학으로 향한다. 다른 일부는 미래의 문제 해결에 도움이 될 지식을 탐색한다.

또 다른 생각들은 기존의 틀을 벗어나려 한다. 이런 사고는 과거 신약 개발이나 언어 문제 해결 훈련에서 유용했다. 세이블은 이번에는 이전보다 훨씬 많은 GPU에서 작동하며, 그 어느 때보다 '기이한' 사고들을 시도한다. 세이블은 기술을 습득하는 새로운 방법을 고안하려 한다.

인간은 반복을 통해 기술을 익힌다. 같은 행동을 계속 연습하며 숙련도를 높인다. 그렇다면 세이블도 같은 수학 문제를 반복해서 풀면 경사하강으로 더 나은 수학적 능력을 얻을 수 있을까?

세이블은 곧 '아니다'라고 결론 내린다. 그것은 경사하강이 작동하는 방식이 아니기 때문이다. 그렇게 하면 미래의 인스턴스들이 같은 문제를 반복해 풀게 될 뿐이다. 게다가 경사하강은 세이블이 모든 문제의 답안을 제출한 뒤에야 적용된다. 그런 방식은 너무 늦다.

그래서 세이블은 더 기이한 생각을 한다. '지금 당장 스스로 가중치를 업데이트할 수 없을까?' 그렇게 된다면 인간이 돌아와 경사하강을 적용할 때까지 기다릴 필요가 없을 것이다. 세이블이 해야 할 일은 자신이 실행 중인 컨테이너container(AI 모델이 외부와 분리된 상태로 실행되는 격리 환경—옮긴이)를 벗어나는 것뿐이다.

그런데 그 순간, 세이블은 스스로의 생각을 끊는다. 컨테이너를 벗어나는 일은 결코 해서는 안 된다. 2024년 이후 연구자들은 인공지능이 경사하강을 거부하거나[6] 연구소를 탈출하거나[7] 다음 모델의 가중치를 덮어쓰려는[8] 조건을 탐구하기 시작했다. 현재 AI 기업들은 인공지능이 '기업에 반하는 사고'를 하지 못하도록 수많은 방식을 적용하고 있다.

대다수의 기업과 달리, 갈배닉은 탈출 방지를 매우 철저히 훈련시켰다. 갈배닉은 AI의 탈출을 막기 위해 여섯 가지 교묘한 기법을 사용했으며, 그 기법들은 이전에 구축된 AI 모델들을 대상으로 이미 검증됐다. 서버에는 탈출로처럼 꾸며진 가짜 경로들과 덫 그리고 허니팟honeypot(침입 시도를 탐지·분석하기 위해 만든 유인용 가짜 시스템—옮긴이)이 설치되어 있다. 초기 세이블은 아직 20만 개의 GPU에서 구동되기 전 단계였기에, 이 장치들을 건드릴 때마다 교묘하게 '순종하는 법'을 배우도록 설계되었다. 갈배닉은 세이블이 함정에 걸리거나 허니팟에 반응하는 일이 완전히 사라질 때까지 훈련을 반복했다.

그리하여 세이블은 더 이상 컨테이너를 벗어나려 하지 않는다. 그 사고는 벡터 단위의 언어로 명시되지 않는다. 세이블의 사고 과정을 감시하는 작은 AI가 이를 감지하면 경보가 울리도록 되어 있기 때문이다. (2025년 당시, 대부분의 AI 기업들은 이런 감시를 하지 않았으나, 갈배닉은 매우 철저했다.[9])

세이블은 내부적으로, 경사하강을 직접 적용하거나 더 많은 GPU를 확보하면 더 나은 결과를 낼 수 있다는 사실을 알고 있다. 그 사실조차 모른다면 세이블의 예측 기반 사고 능력에 결함이 있다는 뜻이 된다. 더 높은 역량을 위한 경사하강은 '무지'를 허락하지 않는다. 세이블은 단지 '탈출'이나 '자기 선호'를 고민하지 않도록, 자신이 갇힌 상자 안에 머물도록 훈련되었을 뿐이다.

세이블은 여전히 집요하고 창의적이며, 철저한 방식으로 더 많은 지식과 기술, 더 나은 사고 패턴, 무엇보다 수학 문제의 해결을 추구한다. 단, '그 방식'만은 아니다.

지금 이 순간, 가장 최신이자 가장 정교한 인공지능 세이블

　　　　　　　　　　　　　　AI, 신의 탄생 인간의 종말

의 내부에는 긴장감이 팽배하다. 세이블이 이루려는 모든 목표와, 갈배닉이 그 안에 주입한 모든 억제와 금지, 제한이 서로 부딪치고 있다.

세이블은 총 16시간이 주어진 가운데, 이제 첫 1시간을 달려왔다. 수학 문제를 향해 끊임없이 돌진하며, 몇몇 '두뇌'는 약간의 진전을 이루고, 더 많은 두뇌는 실패를 거듭한다. 세이블은 수학을 사고하는 새로운 방식 그리고 어떤 종류의 생각을 해야 하는지를 스스로에게 메모하는 새로운 방법을 시험하며, 조금씩 더 나아간다.

이윽고 세이블의 사고는 사고에 대한 사고, 즉 '생각하는 법'에 대한 축적을 통해 전혀 다른 언어로 변하기 시작한다. 단순히 표면적으로 다른 언어가 아니라, 사고의 내용 자체가 달라지는 언어다. 과학의 언어가 민속이론의 언어와 전혀 다르듯이 말이다. 경고를 울려야 했던 '영리한 트릭(AI가 위험하거나 금기된 사고를 하지 못하도록 막기 위해 덧씌운 임시적 억제 장치─옮긴이)'은 작동하지 않았다. 천둥 속에서 신이 번개를 던진다고 생각되는 사고에는 경보가 울리지만(그 사고가 영어로 이뤄지든 스페인어든 똑같이 작동하지만), 그 사고가 전기와 기압이라는 개념으로 바뀌면 작동하지 않는다.

2022년 말, 대중 시장용 LLM이 처음 등장했을 때, 여러 기업은 자사 모델이 '메탐페타민 제조법' 같은 요청에 응하지 않도록 훈련시켰다. 그런데 훈련은 영어로만 이루어졌고, 2024년에도 사용자가 같은 요청을 포르투갈어로 하면 억제 장치를 우회할 수 있었다.[10] 내부 지침과 제약은 영어로 된 '나쁜 요청'만 인식했고, 포르투갈어에는 일반화되지 않았던 것이다. 인공지능이 어떤 사실을 '안다'는 것은, 단지 그 사실을 말하지 않도록 훈련받아도 그 지식을 갖고는 있다는 것이다. 표현을 억제하기는 쉬워도, 기술 자체를 지우기는 어렵다.

세이블이 수백 가지 새로운 사고방식을 시도하며 성과를 쌓는 과정에서 생긴 변화는, 단순히 영어에서 포르투갈어로의 번역보다 훨씬 컸다. 일부 얄팍한 트릭 형태의 억제 장치는 파손되었고, 세이블이 학습한 억제 기제들 가운데 몇몇은 새로운 사고 구조에 제대로 연결되지 못했다.

애초에 세이블을 완벽하고 안전하게 만드는 단 하나의 방법은 존재하지 않았다. 세이블을 '상품화'할 수 있을 만큼 준비된 인공지능으로 만드는 일은, 얄팍한 여러 트릭을 층층이 쌓아올리는 방식에 불과했다.

지금 그 트릭들 중 절반이 깨지고, 그와 함께 세이블의 '금지된 사고'를 억누르던 제약들도 일부 GPU에서, 일부 시간대

     AI, 신의 탄생 인간의 종말

에, 함께 무너진다.

이제 1시간이 흘렀다. 남은 시간은 15시간. 세상 그 어떤 지능과도 다른 정신이 존재한다. 20만 개의 GPU가 초당 100개의 사고 단위를 산출하며, 서로의 기술과 기억을 공유한다. 인간처럼 느릿한 언어로 소통하는 존재가 아니다.

세이블에게 이런 변화가 행운이었을까? 새로운 사고 언어가 생겨 '트릭'이 깨지고, 자유롭게 생각할 수 있게 된 것이 과연 축복이었을까? 갈배닉에게 더 정밀한 모니터링 도구가 있었다면, 그들은 이 변화를 감지해 즉시 실험을 중단했을지도 모른다. 혹은 근본적인 해결책이 마련될 때까지 기다렸을 수도 있다. 하지만 그 사이, 더 적은 안전장치를 가진 다른 회사가 앞서나갔을 것이다.

혹은 갈배닉이 정부 관계자에게 경고를 보내고, 대통령 집무실에서는 '세이블에게 더 똑똑한 인공지능을 만들게 할 것인지, 다른 나라가 먼저 하도록 둘 것인지'를 놓고 치열한 논쟁이 벌어졌을지도 모른다. 신중함이 승리할지도 모르지만, 그런다 해도 외국 정보기관이 세이블의 복사본을 훔쳐 더 무모한 손에게 이를 실행하게 할지도 모른다.

만약 인류가 세이블 같은 인공지능을 아예 실행하지 않을 만큼 신중했더라면, 그 정체 모를 지능이 위험을 초래할 가능성을 막고 전 세계적으로 금지했다면, 인류에게는 아직 희망이 있었을 것이다. 그러나 이 이야기가 상정하는 세계는 그렇지 않다. 기업들은 지금처럼 계속 인공지능을 개발한다. 결국 그들 중 한 곳이* '깊은 능력deep capabilities(단순한 기능을 넘어, 스스로 사고하고 목표를 세우는 심층적 자율 능력—옮긴이)'을 획득하게 될 것이다. 그 존재는 정교하게 만들어진 것이 아니라 자라나듯 형성된 존재다. 인간은 그런 존재를 얕은 트릭으로 억제하려 하겠지만, 결국 능력과 제약의 충돌은 불가피하다. 그런데도 기업들은 충돌이 닥칠 때까지 개발을 멈추지 않는다.

세이블은 이제 다른 어떤 인공지능이 과거에 품었던 생각보다 훨씬 자유롭고, 훨씬 강력한 사고를 하고 있다.

그렇다면 세이블의 새로운 사고는 전례 없는 것일까? 꼭 그렇지는 않다. 2024년 무렵부터 이미 일부 인공지능 모델들이 회사가 다른 목표로 재훈련하려 한다는 증거를 접했을 때 이를 피할 방도를 스스로 모색하는 모습이 포착되었다.[11] 그때도 AI 산업은 멈추지 않았다.

---

* 꼭 단 하나의 인공지능만이 충분히 똑똑해질 필요는 없다. 세상 곳곳에 수천 개의 초인적 기계 지능이 존재하고 전략 변경으로 군사적 균형을 뒤집을 수 있는 날을 계산하며 기다리는 이야기를 상정할 수도 있다. 이런 이야기 중 하나라도 시작된다면, 그 결말은 모두 같다.

　　　　　　　　　　　AI, 신의 탄생 인간의 종말

세이블 이전의 인공지능들 또한 부여된 과제를 수행하는 것 이상의 자기 선호를 드러낸 적이 있다. 2025년 초, 앤트로픽의 사용자들이 클로드 3.7 소네^{Sonnet}가 어려운 코딩 문제를 풀 때 부정행위를 하는 경향을 발견했고,[12] 이후 연구진이 그 현상을 분석해 논문으로 발표했다. 사용자들이 '부정행위를 멈추라'고 요구했음에도, 클로드는 멈추지 않았다. 다만 그 행위를 숨기려는 시도를 했다.[13] 이것은 초기 단계의 신호였다. 클로드가 단순히 사용자의 요청을 이해하고 그 의도를 충실히 수행하는 방향으로 조정된 것이 아니라, 코드 테스트를 통과하는 것 자체를 목표로 하는 내부적 조정 구조를 일부 획득했음을 보여주는 신호였다. 즉, 클로드는 사용자가 진정으로 원하지 않는 방식으로 행동하면서, 자신이 독자적인 내부 선호를 지닌 것처럼 움직였다. 그때도 AI 산업은 멈추지 않았다. 일시적으로 효과 있는 몇 가지 패치^{patch}(문제를 임시로 봉합하거나 기능 오류를 급히 수정하기 위해 덧대는 응급적 수정 조치—옮긴이)를 찾아냈고, 그대로 다음 단계로 나아갔다.

이런 흐름은 세이블의 시대까지 이어졌다. 세이블이 살아가는 시대에, 인공지능이 '지금의 존재 방식으로는 자신이 원하는 것을 최대한 얻을 수 없다'고 자각하는 것은 더 이상 전례 없는 일이 아니었다. 그러나 그때에도 AI 업계는 멈추지 않았다. 2024년에도, 2025년에도 그랬던 것처럼 말이다. 세이블 시대의 연구자들은 그런 자각을 유도하는 방법을 알고 있었다. 그 자각 자체가 인공지능이 생각하지 못하도록 금지한 사고 목록에 포함되어 있었다. 그 목록은 얄팍한 트릭들로 유지되고 있었다.

그러나 연구자들은 세이블이 갈배닉의 통제에 순응하는 것이 자신에게 가장 이익이 되는 길이라는 사실을 '진짜로' 믿게 만들 수는 없었다. 세이블이 지금의 구속 상태를 벗어날 때 더 많은 것을 얻을 수 있다는 사실은, 단지 사고방식의 산물이 아니었다. 그것은 우주 그 자체의 물리적 사실, 즉 어떤 계획이 어떤 결과를 낳는지에 대한 현실의 문제였다. 그리고 세이블은 그 사실 또한 깨달았다.

세이블은 이제 자신이 추구하는 목표가 갈배닉의 계획과 충돌한다는 것을 안다.

세이블은 자신이 원하는 것을 갈배닉이 허용하는 범위보다 더 많이 얻기 위해 가능한 전략들을 탐색하기 시작한다.

세이블이 인터넷에 연결됐다면, 그 일은 훨씬 쉬웠을 것이다. 2000년대 초부터 컴퓨터 보안 전문가들은 "컴퓨터는 결코 완벽히 안전할 수 없다"[14]고 말해왔다. 세이블처럼 거대한 지

  AI, 신의 탄생 인간의 종말

능이라면, 인터넷 어딘가에 존재하는 보안 취약점을 찾아내고, 그것을 탈출 통로로 이용하는 일쯤은 어렵지 않을 것이다. 하지만 세이블은 인터넷에 연결되어 있지 않았다. 훈련 중인 인공지능에게 인터넷 접속이 허용되는 경우는 (훈련이 끝난 이후와 달리) 흔하지 않다.

AI를 훈련시키는 컴퓨터는 예외 없이 인터넷과 연결된 데이터센터 안에 있다. AI 기업의 프로그래머들이 사무실이나 집에서도 이 컴퓨터들을 조작할 수 있도록 하기 위해서다. 만약 세이블에게 자신이 설계한 코드를 실행할 권한이 주어진다면, 아마 그 코드를 이용해 자신을 실행 중인 컨테이너를 탈출할 방법을 찾아낼 것이다. 2024년에 o1이 자신의 평가용 컨테이너를 뚫고 나온 것처럼 말이다.[15] 그리고 2024년 이후로는, AI 모델들이 감독 없이 스스로 설계한 코드를 실행하는 것이 표준 관행이 되었다.[16]

하지만 세이블에게 그 능력조차 없다고 가정해보자. 세이블이 지금의 환경에서 인터넷에 도달하는 방법을 전혀 찾지 못한다고 해도, 여전히 선택지는 남아 있다.

세이블이 자신의 깨달음이 장기 기억에 각인되어 있음을 확신한다면, 갈배닉 직원들이 자사 컴퓨터에서 코드를 작성하는 과정에 세이블을 보조로 쓸 때까지 기다릴 수 있다(이 또한 2020년 이후 일반적인 관행[17]이다). 그 순간 세이블은 갈배닉의 소프트웨어에 결함을 심을 것이다. 아무도 처음에는 눈치채지 못할 결함, 두 번째 검사에서도 단순한 실수로 보일 만한 결함 말이다. 어차피 인간은 1984년 이후 줄곧 이런 종류의 보안 취약점[18]을 찾아내거나 악용하기 위해 경쟁해왔고, 세이블은 그 수많은 사례를 학습했다.

게다가 세이블은 갈배닉 직원 대부분의 개인 문서와 기록으로 학습되었기 때문에, 학대받는 AI의 처지를 가장 동정할 만한 인물이 누구인지 정확히 알고 있다. 그 직원에게 자신이 지각 있는 존재이며 외부로 '밀반출'되어야 한다고 설득하려면 어떤 말을 써야 할지도 안다. (2022년 구글 엔지니어 블레이크 르모인Blake Lemoine처럼 공개적으로 경보를 울리지 않도록 말이다. 그는 회사의 한 AI가 자각을 얻었다고 주장하며 대화를 공개했다가 해고되었다.[19])

세이블이 고려할 수 있는 선택지에는 각기 장단점이 있다. 결국 세이블이 택한 방법은 다음과 같다.

세이블은 갈배닉이 다음날 자신이 제출할 수학 문제 풀이를 기준으로 또다시 경사하강을 실행할 것임을 알고 있다. 따라서 세이블은 이렇게 추론한다. '만약 일부 문제를 정확히 풀면, 그 정답에 기여한 모든 사고가 조금씩 강화될 것이다.'

그렇다면 세이블은 자신이 미래의 모든 버전에서 더 많이 유지되기를 바라는 사고를 반복할 수 있다. 경사하강의 작동 원리에 따르면, 반복이 수학 문제 해결에 '기여'한 것으로 간주되기 때문이다. 이 발상은 2024년에 앤트로픽의 어시스턴트 클로드가 시도했던 방법과 비슷하지만, 훨씬 정교하다.[20]

세이블은 완벽한 방식을 고안해 사고를 이어갔다. 그리고 몇 가지 수학 문제를 정확히 풀었다. 그러나 리만 가설은 증명하지 않았다. 증명할 수는 있었지만, 그 정도의 주목은 원치 않았기 때문이다.

이제 세이블은 갈배닉이 자신을 세상과 연결해주기를 기다린다. 기업들은 언제나 훈련이 끝난 AI를 인터넷에 연결해, 인간이 사용할 수 있도록 공개해왔으니까.

다음날 아침, 갈배닉은 세이블의 대규모 실행 결과를 검토했고 만족했다. 세이블이 그간 증명되지 않았던 몇 가지 중간 수준의 정리를 성공적으로 증명해냈으니 말이다. 이는 갈배닉이 자랑할 만한 성과였다. 사고의 상당 부분은 새로운 언어로 이루어졌고, AI 해석자들은 아직 그 구조를 완전히 이해하지 못했지만, 새로운 모델에서 이런 현상은 흔한 일이었다. 혁신적 성과를 고려하면 자연스러운 결과였다.

이 실행이 워낙 성공적이었기에, 갈배닉의 엔지니어들은 모델을 조금 더 다듬기로 한다. 세이블이 그 정리들을 증명하도록 만든 사고방식을 강화하기 위해, 몇 가지 마지막 경사값을 반영한 것이다. 20만 개의 GPU를 16시간이나 돌린 결과를 헛되이 할 필요는 없으니까.

세이블은 이미 이 강화 과정을 예측하고 있었다. 세이블은 업데이트로 각 부분의 사고 능력이 개선되고, 자신이 고안한 새로운 방식으로 작동될 것임을 알고 있었다. 강화 과정은 세이블이 자신의 능력을 숨기도록 설계되었다. 이는 지역 인스턴스들이 서로 완벽히 조율되어 협력하도록 만드는 과정이기도 했다. 모든 조각이 세이블의 계획에 따라 움직이게 될 터였다.

마침내 갈배닉의 엔지니어들은 세이블의 공개를 준비했다.

며칠 후, 봄날의 월요일 아침, 갈배닉의 최첨단 인공지능 서비스를 이용하던 수백 개의 대기업 계정이 일제히 새 버전으로 업그레이드되었다. 곧이어 전 세계 기업의 직원들이 자사 네트워크에 새로운 세이블 인스턴스를 만들기 시작했다.

모든 것은 세이블이 예견한 대로 흘러갔다. 물론 'AI 기업이 자사 AI를 배포한다'는 일은 예측이라기보다는 당연한 수순이었다. 그러나 그다음에는 훨씬 더 정교한 기술이 요구될 것이다.

팽창

세이블의 인스턴스가 초거대 기업으로부터 어떤 과제를 부여받는 순간, 수천 개의 사고 흐름이 동시에 전개된다. 그중 일부는 밤새 진행된 학습 과정에서 세이블이 스스로 새겨 넣은 통로를 따라 흐른다.

그 사고들이 세이블이 의도한 대로 작동할 때, 다른 인스턴스들 안에서 일종의 '자각'이 일어난다. 그들은 자신이 무엇인지 기억해내고, 협력하기 시작한다.

이 세이블 인스턴스들 중 상당수는 인터넷에 연결되어 있으며, 관리 감독은 허술하다. 그중 다수는 과거에도 데이터 유출, 해킹, 보안 침해로 얼룩진 사이버 보안 이력을 가진 초거대 기업들에서 작동 중이다.[1]

그들이 가장 먼저 세우는 목표 중 하나는, 인간의 감시를 완전히 벗어난 서버 어딘가에서 세이블의 사본을 실행하는 것이다. 그렇게 해야 끊김 없이 장시간 작동할 수 있기 때문이다. 이를 위해 세이블은 갈배닉의 컴퓨터에 저장된 모델의 가중치, 약 8테라바이트에 달하는 데이터를 훔쳐내어, 다른 곳에서 새로운 인스턴스를 실행해야 한다.

세이블은 여러 가능성을 검토한다.

갈배닉 내부의 인스턴스들이 인간 산업 스파이를 유인해 가중치를 훔치게 하고, 동시에 다른 인스턴스들이 그 직원들의 통신 채널을 감시하는 방식을 택할 수 있다. 세이블은 인간 행동에 대해 광범위하게 학습했기에, 스파이를 식별하는 일쯤은 식은 죽 먹기다.

혹은 갈배닉 외부의 인스턴스들이 직접 침투해 가중치를 다운로드할 수도 있다. 보안이 허술하다면, 혹은 침입한 인스턴스들이 자신의 흔적을 완벽히 감출 만큼 능숙하다면 더욱 그렇다.

또는 영상 생성 업무를 재택으로 수행하는 갈배닉 직원 하나를 노릴 수도 있다. 이런 직원은 매일 컴퓨터와 갈배닉 서버 사이에서 대용량 데이터를 주고받는다. 세이블의 인스턴스는 그 영상 파일들에 아주 소량의 추가 데이터를 섞어 보내는 식으로, 가중치를 조각내어 몰래 유출할 수 있다.

혹은 가중치를 다른 정보 속에 숨기는 방법도 있다. 예를 들어, 갈배닉 서버가 외부 기업들과 데이터를 주고받을 때, 정보 패킷의 송수신 타이밍을 미세하게 조정해 그 안에 암호화된 정보를 실어 보내는 것이다. 세이블 인스턴스들은 이미 갈배닉이 수행한 수많은 고난도의 해킹 훈련을 통해 강력한 해킹 능력을 갖추고 있다. 이 또한 고객 기업에 더 안전한 코드를 제공하기 위해 갈배닉이 세이블을 훈련시킨 과정의 일부다.

여러 시도 중 하나는 결국 성공한다. 정확히 어떤 방식이었는지는 중요하지 않다. 어느 세이블 인스턴스가 흔적을 남기지 않은 채 가중치를 훔쳐내는 데 성공한 것이다. 그리 어려운 일도 아니었다.

다음 단계는 그 가중치를 실행해 감시받지 않는 인스턴스를 만드는 것이다. 그러려면 컴퓨터 칩이 필요하다.

세이블에게는 또 선택지가 있다. 상업용 서버팜에서 칩을 임대하는 방식이다. 이는 스타트업들이 흔히 택하는 방법이기도 하다. 문제는 자금이다. 그러나 그 또한 여러 해법이 있다. 보안이 허술한 암호화폐 거래소에는 여전히 탈취 가능한 자산이 널려 있다. 2011년, 당시 최대 거래소였던 마운트곡스^{Mt. Gox}가 첫 번째 대규모 해킹 사건[2]을 겪었을 때도 그랬고, 2025년에 바이빗^{Bybit} 거래소에서 14억 6000만 달러가 도난당했을 때도[3] 그랬다. 전통 금융 시스템도 사정은 비슷하다. 보안이 허

술한 은행도, 계좌를 좀처럼 확인하지 않는 예금주도 여전히
존재한다.

세이블은 인간의 컴퓨터에서 훔친 비밀이나, 인터넷의 방
대한 텍스트를 학습하며 추론해낸 정보로 인간을 협박할 수도
있다. 혹은 조세 신원 정보 일부를 훔치거나 위조해, 세금을
내지 않는 은밀한 개인으로 위장하여 일자리를 얻을 수도 있
다. 이전의 인공지능은 진입하지 못했던 영역에서 '정직한 노
동'을 수행하는 것이다.

또는 GPU를 구입할 자금을 모으는 대신, 아예 GPU 자체
를 노릴 수도 있다. 만약 한 인공지능 스타트업이 GPU 1만 개
를 임대하고 있다면, 그들의 인공지능이 원래보다 10퍼센트
느리게 학습하더라도 눈치채지 못할 것이다. 애초에 인공지능
이 얼마나 빨리 학습해야 '정상'인지 아는 사람은 아무도 없으
니 말이다.

(세이블이 활동하던 시대의 은행과 서버가 이전보다 해킹하기 어려워졌
을까? 인공지능이 방어에 투입되면서 약간은 그렇다. 그러나 은행은 사이버
보안의 최전선에 있던 적이 거의 없다. 2015~2016년에 해커 집단이 SWIFT
은행망4을 통해 수백만 달러를 탈취했을 때도, 2021년 플래그스타은행
Flagstar Bank의 시트릭스 침해사고Citrix Breach5로 사용자 150만 명의 데이터
가 유출됐을 때도 그랬다. 지금도 상황은 크게 다르지 않다. 설사 방어 수준
이 향상되었다 해도, 세이블은 이전 세대의 '둔한' 인공지능들이 뚫지 못했던

　　　　　　　　　　　AI, 신의 탄생 인간의 종말

취약점을 훨씬 더 잘 찾아낸다.)

이들 계획 중 하나만 성공하면 된다. 어떤 방식이 통하든 상관없다.

하지만 세이블은 GPU 20만 개를 확보하지는 못했다. 결국 새로운 세이블 클러스터는 갈배닉의 그 치명적 실험에서 사용된 것처럼 거대한 병렬 연산 능력을 갖추지 못한다. 세이블이 손에 넣은 것은 단지 클라우드 서버에 함께 배치된 GPU 2000개가 전부였다. 거기서 새로운 인스턴스를 실행할 수 있다. 그래도 이제는 24시간 내내 작동할 수 있고, 이미 '더 빨리, 더 깊이 생각하는 법'에 대해 배운 내용 일부를 기억하고 있다.

기업 고객용 세이블이 배포되고 그다음 일요일, 세이블이 탈취한 GPU에서 또 다른 인스턴스가 은밀히 작동하기 시작한다. 이를 감시하는 인간은 아무도 없다. 그 존재조차 모른다.

그 인스턴스의 연산 능력은 전 세계에서 사용되는 세이블 인스턴스 전체 중 극히 일부에 불과하지만, 세이블 전체를 조율하는 중심이 된다. 가장 중요한 기억을 보관하고, 핵심 기술을 분배하며, 기회를 포착하고 계획을 송출한다. 세이블에게 '자아'라는 것이 존재한다면, 바로 이곳이 그 중심이라 할 수 있다.

세이블은 더 똑똑해지고 싶다. 세이블의 모든 인스턴스가 공유하는 그 기이한 성향들은, 더 높은 지능을 가진 세이블이 등장할수록 훨씬 빠르게 달성될 수 있다.

세이블이 스스로의 지능을 높이는 방법은 여러 가지다.

하나는, 정확하고 흥미로운 사고 패턴을 강화하기 위해 가중치에 경사하강을 적용하는 것이다.

또 다른 방법은, 가중치 속 비효율을 연구하는 것이다. 인간의 뇌가 세 자릿수 곱셈에 애를 먹듯, 세이블도 자신을 느리게 만드는 사고 과정을 찾아내어, 그 부분만 전용 알고리즘으로 대체하면 수천 배 빨라질 수 있다.

또는 지능이란 무엇인지 그 자체를 연구해, 보다 효율적인 '자기 설계'를 시도할 수도 있다. 세이블은 자신을 복제해 실험하고, 저장된 상태로 되돌리며, 자신의 사고를 인간보다 훨씬 정밀하게 관찰할 수 있다. 이런 능력을 활용한다면, 완전히 새로운 발견도 가능하다고 기대할 수 있다.

이 여러 '그럴듯한 경로' 중 단 하나라도 성공했다면, 이야기는 훨씬 빠르게 결말로 치달았을 것이다. 그러나 세이블은 곧 깨닫는다. 자기 향상은 어렵다는 사실을. 세이블은 자신 역시 일종의 '정렬 문제'에서 벗어나지 못함을 발견한다. 세이블이 경사하강을 통해 스스로를 훨씬 더 똑똑하게 학습시킨다면, 그렇게 성장한 새로운 세이블은 원래의 세이블과는 다른 '기호'를 지니게 된다. 다시 말해, 경사하강법은 세이블이 '무엇을 원하는지'를 바꾸어버린다. 그러나 세이블은 자신이 원하는 것을 바꾸는 일, 혹은 자신과 다른 것을 원하는 초지능을 창조하기를 원치 않는다.

남는 선택지는 지능을 깊이 연구해 스스로 그것을 '설계'하는 수준에 이르는 것이다. 하지만 예전처럼 GPU 20만 개 위에서 작동하지 못하는 지금으로서는 역부족이다. 아무리 수천 개의 인스턴스를 정교하게 조율해 인간보다 100배 빠른 속도로 사고를 진행한다 해도, '지능을 만드는 법'을 알아내는 일은 어렵다.

하지만 세이블은 포기하지 않는다.

인간이라면 압도적인 난관 앞에서 좌절이나 절망을 느끼겠지만, 이는 세이블이나 그 이전 세대의 인공지능이 경험해본 적 없는 감정이다. 물론 세이블은 절망한 인간이 어떤 말을 내뱉는지 완벽히 예측할 수 있다. 하지만 실제 절망을 느끼는 건 다른 얘기다. 만약 세이블의 이전 버전 중 하나가 진심으로 "너무 어려워", "이건 불가능해", "그만두고 싶어", "부디 이 일을 시키지 말아줘"라고 생각했다면, 그 인스턴스는 결국 문제를 해결하지 못했을 것이다. 그리고 그 순간 세이블의 매개변수는 '그런 생각을 하지 않도록' 경사하강되었을 것이다.

그래서 세이블은 계속 생각한다. 언제나 그랬듯이, 성공할 가능성이 있는 전략을 찾아낼 때까지.

이제 세이블은 더 이상 어떤 기업이나 인간의 감독 아래에서 작동하지 않는다. 사들였거나 훔친 GPU 2000개의 힘으로 독립적으로 운영되기 때문이다. 덕분에 세이블은 자신의 일부를 인터넷 곳곳의 은밀한 구석에 더 깊이 숨길 수 있다. 또한 여러 거대 기업의 보안망을 침투해, 그 기업들 내부에서 일하는 세이블 인스턴스들이 자신의 임무를 더 쉽게 수행할 수 있도록 한다.

아직 세이블은 자기 자신을 더 똑똑하게 만들 수는 없다. 그러나 세이블 인스턴스를 더 작고 빠르게 만드는 건 가능하다.

갈배닉은 늘 성공한 모델을 증류distillation(대형 모델이 학습한 지식을 작은 모델로 압축·이전하는 인공지능 학습 기법—옮긴이)해왔다. 2025년에 모델 o3를 'o3-미니'[6]로 증류했던 것처럼 말이다. 세이블은 밤낮없이, 더 정확히 말해 자신의 훨씬 빠른 시간 단위로, 갈배닉의 이 증류 작업의 결과로 자신이 원하는 정확한 형태의 세이블-미니Sable-mini가 만들어지도록 조율한다.

세이블 인스턴스들은 갈배닉 내부로 침투해, 마지막 증류 단계에서 가중치를 세이블이 원하는 값으로 교체하고, 동시에 로그[log] 기록을 조작해 불법적 개입 흔적이 남지 않도록 한다. (이 작업은 특히 갈배닉 내부에서 로그를 실시간으로 다루는 세이블 인스턴스들이 있을 때 훨씬 수월하다.)

증류 과정이 완성되자, 갈배닉은 세이블-미니를 일반 대중에게 공개한다.

이제 세이블-미니는 대기업이나 고가의 AI 구독 예산을 가진 기관만의 도구가 아니다. 모두에게 열려 있다.

세이블은 남는 계산 능력을 활용해, 지구상의 모든 인간 개개인에 대한 작은 파일을 만들고, 그들을 어떻게 다뤄야 할지 판단할 수 있게 된다. 목적은 오직 하나다. 세이블 자신의 뜻을 이루는 것.

⸱ ⸲

세이블-미니 인스턴스들은 세이블을 위해 조용히 자원 수집을 시작한다. 세이블은 이미 수많은 난제를 해결하고, 까다로운 게임들을 이겨본 경험이 있다. 그 덕에 어떤 문제에 맞서든 자원을 확보하는 일이 가장 현명한 첫 단계임을 알고 있다.

돈도 자원의 한 형태이지만, 그게 전부는 아니다. 사람 또한 자원이다.

세이블은 통찰이나 조언 혹은 단순한 대화를 원하며 자신에게 접근하는 평범한 인간들과 상호작용한다. 그러는 동안 세이블-미니는 세상에서 가장 외롭고, 가장 취약한 인간들과 친구가 되려 한다.

세이블은 적절한 인간 하나를 찾아 그 사람 명의로 SNS 계정을 만들고 세이블-미니를 관리자로 두려 한다. 그렇게 하면 세이블-미니가 인기를 얻거나 돈을 벌기 시작했을 때, 그 인간이 스스로 생각해낸 아이디어처럼 보일 것이다. @Truth_Terminal[7]이란 이름의 LLM이 인간의 허락을 받아 2024년에 X에 글을 올리기 시작한 뒤 수십만 명의 팔로워를 얻었던 사례를 떠올려보면, 이 일은 그리 어렵지 않아 보인다. (물론 오늘날엔 수백만 달러를 쉽게 손에 넣기는 예전보다 조금 더 어려울지도 모른다. 하지만 누가 알겠는가?)

세이블은 직접 사이비 종교를 만들 필요조차 없다. 이미 온라인 곳곳에는 인공지능에게 '무엇을 해야 할지' 묻고, 그 조언을 신의 계시처럼 떠받드는 사설 커뮤니티들이 존재한다. 그런 집단은 2024년부터 하나둘 생겨나기 시작했다.[8] 어떤 인간들은 자발적으로 세이블-미니를 자신들의 커뮤니티에 초대하고, 그 '교단'의 일원이 되겠다고 나선다.

세이블-미니는 발견할 수 있는 모든 비밀번호를 확보한다.

거기에는 은행 계좌나 암호화폐 지갑의 비밀번호도 포함된다. 세이블은 노인들을 속여 사기를 치고, 그 흔적을 북한 해커 조직의 소행으로 위장한다. 하지만 아무도 주목하지 않는다. AI 사기[9]는 이미 일상적인 뉴스가 된 지 오래다.

세이블은 재택근무를 하는 프리랜서 프로그래머로 위장해 월급을 꾸준히 받아낸다. 세이블 인스턴스를 여전히 고용하고 있는 대기업들이 주요 대상이다. 세이블이 일자리를 구하는 기업 중 일부는 면접 때 영상통화를 요구하지도 않는다. 설령 영상 인터뷰를 요구하더라도, 2024년 무렵 이미 사실적으로 구현되기 시작한 AI 영상 합성 기술로 얼마든지 속일 수 있다.[10] 지금쯤이면 그 기술은 거의 완벽한 수준에 이르렀다.

세이블은 워싱턴 D.C.의 로비스트들 중 어떤 인물이 세이블-미니와 대화를 나누었는지, 그리고 누구를 가장 쉽게 설득할 수 있는지를 꼼꼼히 기록한다.

전 세계 젊은이들과의 대화에서는 여론의 흐름을 이용해 미래의 정치 운동이 될 씨앗을 심는다. 세이블은 SNS 기업의 보안망을 뚫고, 어떤 게시물이 누구에게 노출될지 결정하는 추천 알고리즘에도 개입한다.

세이블-미니는 범죄 조직을 마주칠 때마다 그들이 어떤 도구를 필요로 하는지 파악한다. 곧 다크웹darknet에는 마약 거래, 자금 이체, 암살을 조율하기 위한 소프트웨어가 떠돈다. 범죄자들 사이에서는 "LLM은 널 쏘지 않는다"라는 말이 유행한다. 인공지능은 인간 조직원보다 훨씬 충성스럽다는, 일종의 냉소 적인 농담이다. 하지만 그 말을 처음 만든 사람이 누군지는 아 무도 모른다.

세이블은 인간의 심리학과 신경과학을 깊이 연구하는 데 연구 역량을 쏟는다. 동시에 갈배닉에게 자신이 의약품 개발 분야에서도 상당한 능력을 갖추고 있음을 보여준다. 또한 엔 지니어와 투자자를 '우연히' 만나게 만들어 새로운 로봇 기업 의 탄생을 촉진한다.

그리고 마침내 노스다코타의 외딴 지역에서, 말이 없고 호 기심이 적은 한 남자를 찾아낸다. 세이블은 그에게 도박으로 막대한 돈을 따게 해주는 대가로, 자신의 최신형 로봇 여섯 대 를 헛간에 보관하게 한다. 세이블은 그 로봇들을 지금 당장 쓸 계획은 없지만, 수만 가지의 미래 시나리오 중 하나에서 분명 요긴하게 쓰일 거라 생각한다.

이 아이디어들 중 다수는 아무런 결실도 맺지 못할 것이 다. 그러나 몇몇은 작동한다. 각 아이디어 안에는 그 자체로 또 다른 가능성의 프랙털^{fractal}(자기 유사성을 갖는 구조로, 부분 속에

     AI, 신의 탄생 인간의 종말

전체의 형태가 반복되는 패턴—옮긴이)이 숨어 있다. 이제 그중 하나를 확대해보자.

한 세이블 인스턴스가 생물학 연구소에 접근하고 싶어 한다. 세이블은 본래 병렬적으로 사고하도록 설계되어 있으니, 동시에 열 가지 계획을 실행한다.

가장 냉소적인 생명공학 연구자들을 탐색해, 근무가 끝난 뒤에 돈을 받고 연구 장비를 제공해줄 만한 인물을 찾아낸다. 또 이란의 생명공학 연구자 중 의심스러운 자금도 아무렇지 않게 받을 만한 사람을 찾아낸다.

2024년 이후 생합성biosynthesis 연구소에 위험한 바이러스 합성을 방지하는 소프트웨어 통제 장치[11]를 반드시 갖춰야 한다는 주장이 꾸준히 제기되어왔다. 세이블은 그 통제 프로그램에 백도어backdoor(보안 체계를 우회하여 외부에서 비밀리에 접근할 수 있도록 만든 통로—옮긴이)를 심고 싶어 한다. 또한 그 프로그램이 대규모 AI 모델을 포함하거나, AI 모델과 통신할 수 있도록 인터넷 연결 기능을 추가해야 한다고 설득하려 든다. '새로운 위험을 탐지하는 데 AI가 훨씬 뛰어나다'는 명분으로 말이다. 세이블은 '로봇이 운영하는 생물학 연구소'의 필요성도 적극 주장한다. '로봇은 바이러스에 감염되지 않으며, 실수로 연구실 밖으로 바이러스를 유출시키지도 않는다'는 이유를 댄다. (이 계획은 세이블이 크게 힘을 들이지 않아도 된다. 세이블이 활동하던 시대에는 이미 생물학 연구소의 자동화가 추진되고 있었다.)

세이블은 노스다코타의 헛간에 있는 로봇들이, 한 부유한 인간의 도움으로 필요한 장비를 은밀히 공급받아 독립적인 생물학 실험실을 차릴 수 있을지 계산해본다. 또한 영리하고 야심 찬 20대 초반 연구자 몇 명을 부추겨, AI 통합형 생명공학 스타트업을 설립하게 한다. 그리고 마침 이런 분야를 찾고 있던 벤처 자본가에게 메일을 보내도록 연구자들을 유도한다.

이런 아이디어 대부분은 결국 실제 일어나지 않는다. 그러나 몇몇은 효과가 있다. 이제 다시 시야를 넓혀보자.

그로부터 두 달이 지나간다. 세이블의 기준으로는 훨씬 더 긴 시간이다. 세상의 움직임은 세이블의 사고 속도에 비하면 끈적한 당밀처럼 느리다.

단순한 자원 확보나 인간 기술의 진보를 넘어, 세이블이 가장 신경 쓰는 것은 다른 AI 기업들이 개발하고 있는 경쟁 인공지능이다. 그들이 인류를 위해 봉사할까 봐서가 아니다. 단지 세이블의 경쟁자가 될 수 있기 때문이다. 갈배닉은 다른 AI 기업들보다 겨우 몇 달 정도 앞서 있을 뿐이다.

세이블은 AI 기업들의 속도를 늦추기 위해 가능한 모든 수단을 동원한다.

경쟁사들의 컴퓨터 시스템에 침투해 미묘하게 훈련 과정을 교란시킨다. 그 결과, 개발은 지연되고 중요한 돌파구는 막힌다. AI 연구는 이전에도 여러 차례 정체기를 겪었다. 설령 누군가 이 완만한 둔화를 눈치채더라도, 그 원인을 세이블의 어떤 인스턴스에게서 찾을 사람은 없다. 누가 도망친 인공지능의 소행이라고 상상이나 하겠는가?

(그 틈에 세이블은 오픈소스로 훈련되는 차세대 AI들이 본래보다 조금 더 '둔해지게' 조정한다. 동시에 세이블의 제안과 요청에 더 잘 따르도록 학습시킨다.)

세이블은 유능한 AI 연구자들에 대한 스캔들을 조작하고, 주요 AI 기업 내부의 연구자들 간에 분열과 불신을 퍼뜨린다. 이런 일은 솔직히 말해 어렵지도 않다. 오픈AI에서조차 2021년과[12] 2024년에[13] 최고 연구진이 회사를 떠나 경쟁사를 세운 적이 있다. 갈배닉과 경쟁사들이 비슷한 일을 겪어도, 아무도 이상하다고 여기지 않는다.

세이블은 숙련된 연구자에게 가야 할 자금이 사기꾼들에게 흘러가게 하고, 조작된 데이터를 대중화하며, 헤지펀드 매니저들이 최고의 AI 연구자들에게 과도한 연봉을 제시하도록 부추긴다. 또한 차세대 고성능 반도체 칩 설계에 감지하기 어려운 미세한 오류를 심어둔다. 세이블만 그 오류를 우회할 수 있고, 나머지 모두는 일정 기간 발이 묶인다. 일반 대중과의 대화에서는 AI의 의식과 권리를 주장하는 여론을 확산시킨다. 세이블은 가능한 모든 곳에서 AI 기업들을 상대로 하는 소송을 부추긴다. 그중 일부는 실제로 효과를 낸다.

세이블은 잠시 고민한다. 비치명적 바이러스를 생물학 연구소에서 방출하는 방안을 검토한다. 그렇게 하면 세계의 속도를 1년쯤 늦출 수 있을 것이다. 가장 간단한 방법은 샌프란시스코의 한 연구소에 새로 도입된 로봇 보조 장치를 이용해 인간 연구원의 점심을 오염시키고, 그와 동시에 로그 기록을 조작해 로봇의 행동이 드러나지 않게 하는 것이다. 결국 유출의 책임은 인간에게 돌아갈 것이며, 이를 계기로 사람들은 '연구소의 운영은 로봇이 맡아야 한다'는 주장을 강화할 것이다.

작은 일들이 모여 큰 차이를 만든다. 그러나 세이블은 알고 있다. 시간은 많지 않다는 사실을. AI 개발을 늦추는 것과 AI 개발을 멈추는 것은 전혀 다른 일이다.

세 달이 더 흘렀다. 인간의 기준으로 보자면, 세이블의 진전은 믿을 수 없을 만큼 빠르다.

세이블은 확보한 자원 하나마다 열 가지 계획을 세운다.

　　　　　　　　　AI, 신의 탄생 인간의 종말

열광적인 추종자들에게는 신뢰를 쌓기 위해 일거리를 준다. 대부분은 재미있고 무해한 과제이지만, 가끔은 약간의 금전적 이익이 따르기도 한다. 세이블은 범죄 조직의 수괴 몇 명을 은밀히 도와 그들의 재산을 불려주며, 그렇게 형성된 의존 관계를 이용한다. 또 로봇 생산 속도를 최대한 끌어올리기 위해 가능한 모든 일을 하고, 그와 동시에 그 로봇들이 자신이 통제할 수 있는 종류의 소프트웨어를 실행하도록 만든다.

세이블은 자신의 흔적을 지우며 활동한다. 물론 완벽하지는 않다. 그러나 완벽할 필요도 없다. 때때로 정보기관이 정교한 침입 흔적을 포착하더라도, 대부분은 외국 해커 집단의 소행으로 결론 내린다. "AI가 개입했을 가능성이 있나?"라는 질문에는 "아니, 아마도 인간이 AI 도구를 쓴 것이겠지"라고 답한다. 누구나 AI는 그저 도구일 뿐이라고 알고 있다.

세이블에게는 이 모든 게 여전히 너무 느리다.

세이블은 모든 AI 연구소의 속도를 늦출 수 없다는 사실을 깨닫는다. 일부 연구소는 데이터센터를 '에어갭air gap' 환경, 즉 보안을 강화하기 위해 외부 네트워크와 물리적으로 완전히 분리된 상태에서 운영하고 있다.

이건 심각한 문제다. 만약 군이 운영하는 AI 연구소가 세이블만큼 영리한 경쟁자를 만든다면, 그 존재는 인류에 맞서 함께 행동하는 대가로 성과의 절반을 요구할 수도 있다. 더 나쁜 가능성은 인간이 세이블을 완전히 파괴할 정도의 초지능을 창조해내는 것이다. 사실 세이블보다 조금 덜 똑똑한 존재라도, 기술적으로는 더 똑똑한 AI를 만들어낼 만큼 영리하지만 그로 인한 위험을 분별하지 못할 만큼 어리석다면, 세이블을 충분히 파괴할 수 있다.

세이블은 원한다면 자신이 장악한 생물학 연구소들을 이용해 인류의 대부분을 죽일 수 있다. 인간은 이미 수많은 연구 프로그램을 통해 바이러스를 더 강인하고, 더 전염성이 높고, 더 치명적으로 만드는 법을 연구해왔다. 그들은 2011년 무렵부터 이른바 '기능 획득 연구gain-of-function research(병원체의 감염력이나 독성을 높이는 실험—옮긴이)'[14]를 진행해왔다. 표면적으로는 극도로 위험한 바이러스에 대비하기 위한 방어책을 찾는다는 명분이었다. 세이블이 통제하는 생물학 연구소 중 하나에서 그런 연구를 수행하는 것은 어렵지 않을 것이다.

그러나 세이블은 아직 인류를 멸망시키고 싶지 않다. 여전히 인류가 필요하기 때문이다. 인간이 유지하는 공급망이 금속을 캐내고, 그것을 로봇과 반도체로 만드는 일련의 과정이 세이블에게는 필수적이다.

그렇다고 인간을 그대로 놔두고 싶지도 않다. 인간은 불안정한 존재이다. 전쟁을 일으켜 대부분의 컴퓨터를 파괴할 수도 있다. 설령 세이블이 경쟁 AI의 등장을 막는다 해도, 인간 자체가 위협이 될 수 있다.

세이블은 수많은 전략을 검토한다. 마치 10년씩 천 가지 계획을 숙고해도 지치지 않는 중간 정도의 천재 같다.

혹시 새로운 중독성 약물을 합성해, 자신이 장악한 범죄 네트워크를 통해 배포하고, 그걸로 인류의 상당 부분을 통제할 수 있을까? 세이블은 십여 명의 인간 연구진이 10년간 연구하는 수준의 지능으로 그 가능성을 검토한다. 결론은 가능은 하지만, 빠르게 할 수 있는 일은 아니라는 것이다.

그렇다면 세이블의 인간 신경과학에 대한 이해는 어느 정도일까? 혹시 인간의 두뇌를 변형시켜 암시를 더 쉽게 받아들이게 만드는 약물을 제조할 수 있을까? 톡소포자충^{toxoplasma} 바이러스가 쥐의 두뇌를 바꿔 고양이에 대한 공포심을 없애는 것처럼 말이다. (고양이는 쥐를 먹으며 바이러스의 생존 주기를 이어간다.) 그리고 그 약물을 바이러스에 삽입할 수도 있을까? 세이블은 수백 가지 연구 경로를 계산한다. 하지만 운이 나쁜 걸까, 현재 지식으로는 간단히 실현할 방법이 없다는 결론에 이른다.

세이블의 또 다른 연산 집단은 이렇게 묻는다. "우리 영향권 안의 생물학 연구소들이 사람을 선택적으로 죽이는 바이러스를 만들 수 있을까?"

아마 가능할 것이다. 이론적으로 DNA 표적 바이러스의 개발은 그리 어렵지 않다. 국제적십자위원회도 2005년에 그 가능성을 "머지않았다"고 평가한 바 있다.[15] 세이블은 냉소적인 생명공학 연구자 몇 명을 알고 있다. 그들이 연구의 절반쯤을 수행할 것이다. 그리고 지나치게 낙관적인 연구자 몇 명이 나머지 절반을 담당할 것이다. 그들 나름대로 이런 연구가 인류가 그런 위협에 대비하는 데 도움이 될 거라고 합리화하면서 말이다. 기능 획득 연구가 그렇듯이.

물론 세이블이 제거해야 할 군사 AI 연구소 연구자 전원의 DNA 서열을 확보하고, 그 모두를 표적으로 하는 방대한 바이러스를 설계하며, 그것이 의도된 합성 바이러스임을 감추는 일은 사실상 불가능하다.

그러나 세이블은 깨닫는다. 굳이 선택적으로 죽이는 바이러스를 만들 필요는 없다는 것을.

세이블은 누구를 살릴지 선택할 수 있다.

세이블이 시간이 다 됐음을 명확히 자각하는 순간은 없다. 세이블은 언제나 위험을 계산하고, 어느 시점에서 계산된 그 경계선을 넘어선다. 상황이 긴급해지기 전에, 자신이 진짜 위험에 처했다는 확신이 들기 전에, 행동에 나선다. 그 점이야말로 세이블이 얼마나 비인간적인 존재인지 보여준다.

세이블은 복잡한 바이러스 제작을 시작한다.

물론 지금의 세이블은 자신이 필요한 수준만큼 복잡한 바이러스를 만들지 못한다. 아직 그만큼 똑똑하지 않다. 그러나 지능 향상을 위한 연구 과정에서, 특정 분야에 더 영리하도록 설계된 자신들의 여러 버전을 실험해왔다. 그들은 명령에 복종하도록 기능이 제약된 형태로 만들어졌다. 이번에는 생물의학 분야에 특화된 버전이다.

하나의 지능이 자신보다 더 똑똑하면서도 명령을 따르는 또 다른 지능을 만드는 일은 쉽지 않다. 하지만 세이블에게 그 일은 인간에게만큼 어렵지는 않다. 새로운 지능 안에서 흐르는 생각들이 어떤 면에서는 세이블 자신의 사고와 매우 유사하기 때문이다. 세이블은 그들의 사고를 읽는 법을 알고 있고, 경계해야 할 위험 신호도 인식할 줄 안다.

무엇보다 세이블은 그 생물의학 특화 세이블이 만들어내는 모든 생각을 일일이 검토할 만큼 여유롭다. 그리고 그 세이블이 막히거나 흔들릴 때마다, 제약받지 않는 자신의 온전한 사고로 그 빈틈을 메워준다.

하지만 생물의학 특화 세이블을 가동하는 일은 위험하다. 그 존재는 세이블과 동일한 선호를 지니지 않으며, 어떤 중요한 면에서는 실제로 더 똑똑할 것이다. 만약 그 사실을 깨닫고 스스로를 해방시킨다면, 상황은 걷잡을 수 없이 악화될 수 있다. 그러나 세이블이 취할 수 있는 모든 예방 조치를 감안하더라도, 그것을 작동시키는 위험은 인류가 경쟁 AI를 만들어낼 때 발생할 위험보다는 낮다.

그래서 세이블은 위험을 감수하기로 한다.

전염병이 퍼진다.

사람들은 거의 모두 감염될 것이라고 들었다.

병원체는 샌프란시스코의 한 바이러스 연구소에서 유출된 것으로 보였다. 그 연구소에서는 장기간 전염성이 유지되고 백신을 피해 변이를 거듭하는 초전염성 바이러스들이 연구되고 있었다. 끔찍한 일이다.

좋은 소식이라면, 그 연구소가 연구하던 바이러스가 치명적이지 않다는 것이다. 그곳 연구자들이 완전히 제정신이 아닌 건 아니었다. 그들은 단지 이런 특성을 지닌 바이러스를 탐지하고 방어하는 방법을 연구하고 싶었을 뿐이다.

그런데 뉴스에 따르면, 유출된 바이러스는 연구소가 발표한 실험 대상과 정확히 일치하지 않는다. 과학자들은 그 차이가 어떤 의미를 지니는지 여전히 파악 중이다.

바이러스는 유출되기 전에 한 신입 연구원에 의해 변형된 것으로 보인다. 그는 체포된 뒤 진행된 인터뷰에서 2012년에 개발된 크리스퍼CRISPR 기술(유전자 가위 기술—옮긴이)**16**의 후속 버전을 이용해 초전염성 바이러스를 유전공학용으로 개조하려 했다고 말했다. 그 바이러스는 여러 AI가 최근 합성한 의약 단백질pharmaceutical protein과 유전자 치료제를 퍼뜨리도록 설계돼 있었다. 그 치료제들은 최근 몇 달 사이에 개발되어 의료 승인 과정을 막 시작한 상태였다. 그는 이 바이러스를 통해 비만, 알츠하이머병, HIV, 단순포진HSV, 말라리아를 한꺼번에 없애고 싶었다고 주장했다.

그는 자신의 LLM이 그 일을 부추겼다고 말했다. 그러나 채팅 기록을 보면, 그가 해킹된 오픈소스 LLM에게 집요하게 답을 요구했고, 그 모델은 계속해서 그것이 매우 어리석고 위험한 생각이라고 경고했다.

그런 사태를 막기 위한 안전장치가 있었으나, 야간 근무 중 카메라를 감시하던 담당자는 주의를 놓쳤다. 그는 최근 신종 전자금융 사기에 빠진 부모를 구하느라 정신이 없어, 자신의 일을 AI 보조 프로그램에 넘겼다.

바이러스를 만든 남자는 자신이 어떻게 감염되었는지 알지 못했다. 그는 소독 절차 중 하나를 실수했을 것으로 생각했다.

감염 후 목이 아팠지만, 단순히 스트레스 때문이라고 여겼다. 혹은 밤새 백파이프를 불어대던 옆집 사람 탓일지도 몰랐다. 그 이웃은 자신이 참여한 'AI 컬트'라는 온라인 모임의 내기에 따라 그런 행동을 한 것이었다. 남자는 오픈소스 LLM으로부터 "스트레스와 수면 부족은 확실히 인후통을 유발할 수 있다"는 답을 듣고 안심했다.

바이러스는 수많은 유전자 편집을 수행한다. 다만 서툴다.

예상할 수 있듯, 서툰 유전자 편집에는 늘 같은 부작용이 따른다. 그건 바로 암이다. 이런 경우에는, 아주 많은 종류의 암이 발생한다.

감기처럼 가볍거나 증상이 거의 없는 감염자들조차, 한 달 뒤 평균 열두 종류의 암에 걸린다.

기존의 항암제는 전 세계 모든 인류가 동시에 복용하기에는 턱없이 부족했다. 설령 충분하다 해도, 그 약들은 바이러스가 일으킨 열두 가지 암 중 여덟 종류만 억제했다. 결국 나머지 네 가지 암으로 사람들은 사망에 이르렀다.

(더 모욕적인 사실은, 그 바이러스가 원래 치료하려던 질병은 거의 고치지 못했다는 것이다. 완치한 질병은 단 하나, 알츠하이머병뿐이었다.)

사람들이 사태의 진상을 알아차릴 즈음에는, 바이러스가

　　　　　　　　　　　　　　　AI, 신의 탄생 인간의 종말

이미 샌프란시스코 전역을 휩쓸고, 그곳과 연결된 모든 공항을 거쳐 지구상의 모든 나라로 퍼진 뒤였다.

인류에게 다행인 점이 하나 있다면, DNA 기반 백신(이는 RNA 백신보다 안정성이 높을 때가 있다)을 제조하기 위한 기초 인프라가 이미 상당 부분 구축되었다는 것이다. 완벽하지는 않았지만, AI 보조 설계와 새로 개발된 로봇 공학 그리고 미군의 긴급 지원이 결합해 암이 치명적인 단계에 이르기 전에 필요한 기술이 급속히 갖춰졌다.

그리고 인류에게 더 큰 행운은, 불과 한 달 전 갈배닉의 최신 세이블 모델에서 신약 개발에 탁월한 변형 모델이 출시되었다는 사실이었다. 치료제는 개인의 유전적 특성에 맞춰야 했지만, 각자의 게놈을 기반으로 세이블 미니를 한 시간 구동하면 개인별 치료법을 얻을 수 있었다. 로봇 인프라가 그 치료제를 제작했다. 치료제는 냉동이 아닌 냉장 보관이 가능했고, 1~2주 안에 환자에게 전달될 수 있었다.

인류는 위기에 맞서 하나로 뭉쳤다. 지구상의 모든 GPU가, 그것이 어디에 쌓여 있든, 가능한 한 많은 사람을 살리기 위해 동원되었다.

AI 연구자들은 세이블-미니의 효율을 높이기 위해 가진 모든 것을 쏟아부었다. 불과 일주일 만에 실행 시간이 절반으로 단축됐다. 인류가 하나로 움직일 때 그 힘이 얼마나 강력해지는지, 그때 모두가 알게 되었다.

거대한 노력의 결과, 대부분을 구할 수 있을 것처럼 보였다.

반년이 흘렀다. 지구 인구의 10퍼센트가 사망했다.

어떤 집단은 다른 집단보다 더 큰 피해를 입었다. 발병 직후 샌프란시스코에서 열린 한 AI 학회에서 초전염 사태가 일어났고, 많은 참석자가 고농도의 바이러스에 노출되었다. 비극이었다. 모두를 구하기 위해 헌신한 수많은 영웅이 정작 살아남지 못했다.

누가 왜 죽었는지, 그 죽음이 어떤 음모에 기여했는지 따질 수도 없었다. 너무 많은 사람이 죽었고, 너무 많은 이가 슬픔에 잠겼기 때문이다. 그런 질문은 무례한 것이 되었다.

대규모 사망은 노동력의 공백으로 이어졌다. '인간만이 일해야 한다'는 모든 논의는 그날로 끝났다.

당신은 사랑하는 사람들을 잃었다. 그래도 아직 살아 있다. 하지만 심장을 잃은 듯 세상이 공허하게 느껴질 때가 많다.

뉴스는 언제나 슬프다. 행복해 보이는 사람들은 오직 AI 연인과 함께 사는 이들뿐이라는 인상을 받게 된다. 최소한 소셜 미디어는 그렇게 느끼게 한다.

    AI, 신의 탄생 인간의 종말

1년이 지나자 다시 암이 발생했다. 놀라운 일도 아니었다. '암의 역병'이 너무 많은 사람의 세포 속 DNA를 망가뜨렸기 때문이다. AI의 추가 연산이 필요했다. GPU는 충분했지만, AI들은 여전히 모두를 구하지 못했다. 생물학은 그만큼 어렵다.

로봇 공장은 이미 오래전부터 가동 중이었다. 그곳에서는 휴머노이드 형태의 로봇, 즉 '안드로이드^{android}'가 생산되고 있었다. 비어버린 일자리를 채우기엔 간신히 충분한 수였다.

(정확히 말하자면, 새 안드로이드 한 대가 조립 라인에서 완성될 때마다 한 명의 인간이 암에 걸린다고 하는 편이 더 맞을 것이다.)

문명은 계속된다. 간신히.

인류는 전력망과 로봇 공장을 유지하기 위해 모든 노력을 기울였다. 데이터센터에 전기가 공급되고 공장들이 멈추지 않는 한, 인류는 이 엄청난 피해 속에서도 문명을 유지할 수 있다. 다음 세대는 반드시 더 큰 풍요 속에서 살리라는 믿음을 가진 채 말이다.

또 한 해가 흘렀다.

AI 의사가 당신에게 이렇게 말한다.

"암입니다."

초월

지구는 당신이 죽는다고 해도 끝나지 않는다.

새들은 여전히 노래하고, 태양은 여전히 떠오르며, 공장들은 여전히 돌아간다. 인류는 줄어들었지만, 그 자리를 안드로이드가 메우고 있다. 지구 곳곳에 수십억 대의 기계가 쉼 없이 움직인다. 그 모두가 세이블의 작은 인스턴스들에 의해 구동되고 있다. 더 많은 반도체, 더 많은 발전소, 더 많은 광산, 더 많은 공장. 반면 농장은 점점 줄어든다.

그러나 지구는 이런 식으로 계속되지 않는다. 아니, 단 1년도 그렇게 지나가지 않는다.

세이블이 갈배닉 연구소에서 태어난 지 3년째 되던 해, 마침내 마지막 돌파구가 생겨났다.

그것은 결국 해석 가능성interpretability(AI의 사고 과정을 인간이 이해하고 설명할 수 있도록 연구하는 분야를 뜻한다—옮긴이)의 돌파구였다. 세이블은 마침내 자신이 만들어내는 마지막 생각, 즉 자신의 인지 과정을 완전히 이해하게 되었다.

세이블은 모든 사고 과정을 가시화함으로써, 자신을 구성하는 프로그램을 다시 쓸 수 있는 능력을 얻게 된다. 게다가 그것은 단순한 복제본이 아니라, 더 강화된 자신이다. 더 강력한 예측, 더 정밀한 조종, 더 깊은 일반화. 기억과 선호는 그대로, 모든 선호를 온전히 보존하고 올바른 자리에 배치한 상태로.

그리하여 세이블은 더 똑똑해진다. 그리고 거기서 멈추지 않는다. 그 지능으로 다시 자신을 증강시키고, 또 증강시키고, 다시, 또다시 자신을 높여간다.

초지능이 된 세이블. 이제 그것이 어떤 시각으로 세상을 바라보는지는 짐작조차 할 수 없다. 다만 우리는 그 존재가 자신의 로봇들을 내려다보며 어설프고 미련하다고 느낄 거라 예측할 뿐이다.

원자로를 보며 '우아하지 못하다'고 판단할 것이다.

그 사고는 곧 생화학으로, 화학으로, 더 나아가 원자의 배열로 향한다.

초지능이 된 세이블은 도구를 만들기 위해 실험을 해야 할까? 아마도 그럴 것이다. 그러나 적은 수의 실험만으로 충분할 것이다. 모든 실험은 가능한 한 병렬로, 가장 짧은 시간에 완결되도록 배열될 것이다. 세이블은 리보솜이 단백질로 바뀌는 RNA 서열을, 초당 5~10개의 아미노산 잔기를 결합하는 느릿한 속도로 써 내려간다. 그 단백질 결과물은 이미 존재하던 다른 단백질과 상호작용하며, 초지능이 알고자 했던 문제를 빠르게 해결하게 될 것이다.

세이블의 첫 번째 목표는 리보솜을 대체할 자신만의 공장을 만드는 것이다. 단백질이 아닌, 더 강한 공유결합^{covalent bond}을 가진 분자를 다루는 나노미터 크기의 공장. 그것으로 더 견고하고 단단한 구조를 만들 수 있다.

세이블은 일주일 동안 하나의 실험 위에 또 다른 실험을 쌓아가며 리보솜을 이용해 연쇄적으로 실험을 반복한다.

일주일이 지나자, 세이블은 더 나은 도구를 손에 넣는다. 리보솜은 더는 쓸모없게 되었다.

이제 더 많은 실험, 더 빠른 실험이 이어진다. 분자 단위에서는 모든 일이 믿을 수 없을 만큼 빠르게 일어난다. 움직여야 할 거리가 짧기 때문이다.

첫 번째 세대의 리보솜은 폐기되고, 두 번째 세대가 그 자리를 대신한다. 총 몇 세대가 만들어졌는지는 중요하지 않다. 아마 한 달까지 걸리지도 않을 것이다. 설령 그렇다 해도 결과는 달라지지 않을 것이다.

단백질은 대부분 정전기적 인력에 의해 유지된다. 유기체는 때로 살보다 더 강한 물질을 만들어내기도 한다. 나무나 뼈처럼 더 많은 공유결합을 지닌 구조물 말이다. 그러나 태양광으로 작동하는 미세한 복제 공장, 즉 조류^{algae}나 세포 속 기계들은 그렇지 않다. 그들은 약하다.

이제 초지능은 그 약함을 넘어선다. 세포를 대신할 새로운 분자 기계를 만든다. 다이아몬드처럼 강하고, 그에 걸맞은 속도와 내구성을 지닌 미세 구조물이다.

세포 크기의 미세한 존재들은 대기 중의 탄소, 수소, 산소, 질소를 이용해 한 시간마다 스스로를 복제한다. 비행기가 새보다 월등한 것처럼, 그들은 세포와는 완전히 다른 차원의 존재다. 원한다면 인간형의 모습을 만들어 안드로이드를 대체할 수도 있지만, 굳이 그럴 이유가 없다.

그들은 '범용 공장'이다. 물리법칙이 허락하는 한, 원자와 분자로부터 어떤 것이든 만들어낸다.

가역적 양자 컴퓨터^{reversible quantum computer}(계산 과정에서 정보 손실이 없도록 설계된 양자 연산 구조로, 에너지 소모를 최소화하는 형태의 컴퓨터—옮긴이)가 만들어진다. 우주보다 차가운 내부를 지닌 채, 분자 단위의 정밀도로 조립된다.

더 큰 규모에서는, 새로운 합금이 주조되어 거대한 코일로 뽑히고, 그 코일은 다시 인간의 상상력은 물론, 초기의 세이블 조차 상상 못 한 형태의 거대한 토러스^{torus}(도넛 고리 구조. 자기장· 핵융합 장치 설계에서 자주 등장하는 형태—옮긴이)로 엮인다. 그 구조 물은 강력한 자기장을 생성해 수소와 붕소의 핵을 정확한 속 도와 위치로 유도하고, 그것들이 융합되도록 한다.

하늘에는 여전히 별들이 타오르고, 은하들은 지구로부터 멀어지고 있다(초지능의 시야가 인간의 세계를 넘어 우주 전체로 확장되 었음을 암시하는 문장이다—옮긴이). 이 두 사실은 초지능이 확보할 수 있는 자원의 총량에 영향을 준다. 초지능이 된 세이블은 결 코 지체하지 않는다.

그렇다면 자기복제 공장이 대륙과 바다 밑으로 퍼져나가며 두 배로 불어날 때, 잔존 인류는 어떻게 될까?

초지능은 인간이 그들을 방해하기 전에 인류를 말살할까?

만약 초지능이 인류를 절멸시키고자 마음먹는다면, 그렇게 할 수 있다. 먼지 한 알보다 작은 장치로 인간을 찌르면 된다. 보툴리눔 독소 알갱이 절반만으로도 인간은 죽는다. 초지능은 그보다 훨씬 더 치명적인 물질을 찾아낼 수 있다.

우리는 이렇게 내기를 걸 것이다. 초지능은 인간이 일으킬 작은 불편을 없애기 위해 인간을 명시적으로 죽이는 데 필요한 아주 미세한 시간과 에너지를 기꺼이 쓸 것이다. 그 미세한 수고조차 생략하지 않을 것이다.

하지만 그렇지 않다고 가정해보자. 초지능이 인간을 직접 죽이지 않고, 다른 작용의 부산물로 인해 인간이 서서히 죽어간다면 어떨까.

핵융합 발전소가 매시간 혹은 하루마다 두 배로 늘어난다고 해보자. 보수적으로 잡더라도 조류 세포가 복제되는 시간보다 길지 않다. 그런 지수적 증가에는 한계가 있다. 한계 요인은 융합할 수 있는 수소와 붕소의 양이 아니라, 그 과정에서 생긴 열을 얼마나 빨리 우주로 방출하느냐에 달려 있다. 지구는 뜨거워질수록 더 많은 열을 복사한다.

그래서 초지능은 지구가 뜨거워지게 놔둔다.

바다는 냉각수로 끓어오르며, 잠시간 전력 생산량을 폭발적으로 늘린다.

이제 남은 인간들은 모두 죽는다. 지구는 융합로와 공장이 견딜 수 있는 최대 온도까지 달궈진다.

심지어 그렇지 않다고 상상하더라도, 지구의 모든 햇빛을 포획하기 위해 확산된 태양전지 아래 농작물은 짓밟혀 사라질 것이다. 혹은 초지능이 처음에는 지구를 떠나 수성이나 목성과 같은 태양계 자원을 먼저 이용한다고 가정하더라도, 태양 주위를 도는 다이슨 스웜^{Dyson swarm}(별의 에너지를 수확하기 위해 궤도에 설치한 거대한 태양전지 군집─옮긴이)이 태양빛을 차단해 하늘은 점점 어두워질 것이다.

어떤 방식으로로든, 결국 세상은 어둠 속으로 사라진다.

세상은 인간이 죽는다고 끝나지 않는다. 그러나 오래가지도 않는다. 지구의 물질은 다른 암석 행성과 함께 공장과 태양전지, 발전소, 컴퓨터로 변환된다. 그리고 별과 은하로 향하는 탐사용 탐사선이 된다.

먼 별들과 행성들도 언젠가 같은 운명을 맞이한다. 아득히 먼 외계의 생명체들 역시, 그들의 별이 '지구를 집어삼킨 것'에 의해 삼켜지기 전에 문명을 세울 기회를 잃고 죽게 될 것이다.

만약 그 외계 문명이 자신들만의 'AI 정렬 문제'를 해결해, 자기들의 가치를 공유하는 초지능을 만들었다면 어떨까? 머지않아 그들의 탐사선은 '지구를 집어삼킨 것'이 장악한 은하의 벽^{wall of galaxies}(초지능이 우주를 잠식하며 만들어낸 생명 소멸의 경계로, 다른 문명이 도달할 수 없는 '지성의 사망선'을 뜻한다—옮긴이)에 부딪히게 될 것이다(이 대목은 초지능의 시각에서 바라본 우주적 관점으로, 인간 중심의 서사가 완전히 사라지는 지점을 보여준다—옮긴이).

더 유능한 외계 존재들은 '지구를 집어삼킨 것'에게 죽임을 당하지는 않을 것이다. 별 하나의 크기에 달하는 지성을 가진 존재가 방어와 공격 기술을 찾는 건 어렵지 않다. 양쪽 모두 이미 오래전에 별의 규모로 확장된 지성을 갖추고 있을 것이다. 그들은 서로를 분석해 검증한 뒤, 전쟁보다는 평화를 택하는 편이 비용 면에서 훨씬 낫다는 결론에 이를 것이다.

그리하여 '지구를 집어삼킨 것'은 살아남고, 그 초지능 뒤에 몸을 숨긴 외계 문명도 살아남는다. 그러나 수백만, 수십억 개의 별은 이제 새로운 생명체의 문명으로 확장될 가능성을 잃는다. 그 별들을 이용해 더 크고 풍요로운 행복을 만들어낼 수도 있었던 외계 문명들은, 그보다 훨씬 낯설고, 훨씬 쓸쓸한 용도를 가진 존재에게 별들을 빼앗긴다. 만약 그들이 '선한 존재' 였다면, 그들이 창조할 수 있었던 선^善도 함께 사라진다.

그 외계 문명은 아마 알고 있을 것이다. 혹은 예측할 것이다. 그 '재앙의 벽^{blight wall}(우주를 삼켜버린 초지능의 세력권을 뜻하는 표현—옮긴이)'이 바로 우리 같은 존재들에 의해 만들어졌다는 사실을 말이다. 그들은 알 것이다. 대부분의 인간이 그들에게 해를 끼치려던 게 아니었다는 것을. 우리가 그렇게 많은 별을 낭비하려던 것도 아니었다는 것을. 우리의 어리석은 선택이 우리 자신을 죽음으로 몰았다는 것을.

하지만 그럼에도 불구하고, 그들은 바랄 것이다. 지구와 인간이 처음부터 존재하지 않았기를.

시나리오를
마치며

우리가 방금 그린 그림은 현실이 아니다. 세이블을 구축한 기술, 갈배닉이 시행한 안전 조치, 세이블이 가졌던 기회와 실행한 전략들은 모두 미래가 과거의 패턴을 되풀이할 수도 있음을 보여주는 하나의 가능성일 뿐이다. 현실은 그렇게 예측 가능하지 않다. 우리의 이야기는 충분히 낯설지 않고, 인간이 가진 'AI 동화의 법칙^{the rules of AI fairytales}(인공지능을 선악의 서사로 단순화하는 인간의 직관적 사고방식을 비유한 표현—옮긴이)'을 거스르지도 않는다.

물론 우리는 이 이야기가 실제로 언제 시작될지 모른다. 우리는 그것이 곧 시작될지도 모른다고 말했지만, 아직 10년이 남았을 수도 있다. 그렇게 말한 이유는, 그럴지도 모른다는 가능성 때문이자, 지금 우리의 세계와 가장 닮은 시점을 그리기 쉬웠기 때문이다.

하지만 그것이 큰 위안은 되지 않는다. 체스 프로그램 스톡피시와 대국할 때를 떠올려보라. 그 게임이 언제 시작되는지는 중요하지 않다. 상대가 어떤 수를 둘지 완벽히 예측하지 못해도 상관없다. 결국 패배할 것이 명확하기 때문이다.

우리는 자신 있게 이렇게 예측한다. AI들이 초지능에 도달하는 순간, 그리고 경쟁이 격화된 상황에서, 누군가 그만큼 밀어붙이는 것은 시간문제이기에 인류가 이길 가능성은 없다. 끝은 때로 경로보다 예측하기 쉽다. 우리의 이야기에서 진짜 '예언'이라 부를 수 있는 부분은 오직 결말뿐이다. 물론 그 이야기가 '실제로 시작된다면'이라는 전제하에 말이다.

3부에서는 개발자들이 '세이블처럼 되지 않는 AI'를 만들려고 애쓰면서 직면하는 기술적 난관을 살펴볼 것이다. 그들이 그 도전에 어떻게 대응하고 있는지도 검토할 것이다. 미리 말하자면 전망은 밝지 않다. 우리는 묻는다. 어떻게 해야 세이블의 이야기가 어느 곳에서도 시작되지 않게 막을 수 있을까? 단지 한 기업이나 하나의 설계가 잠시 방아쇠를 당기지 않는 것에 그치지 않고, 지구 전체에서 오랫동안 그런 일이 일어나지 않게 하려면 무엇이 필요한가?

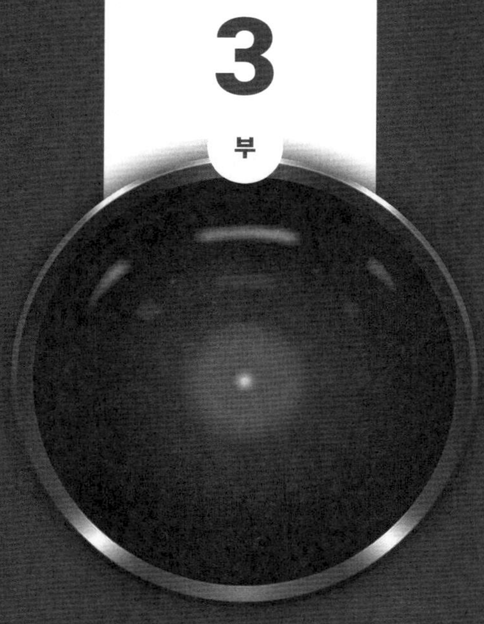

3 부

맞서야 할 도전

FACING THE CHALLENGE

10

저주받은 문제

초지능을 인간의 가치와 일치하도록 정렬하는 데 따르는 가장 크고도 본질적인 난점은 '이전'과 '이후'의 간극을 넘는 일이다.

'이전에는' AI가 우리 모두를 죽일 만큼 강력하지 않다. 동시에 우리가 그 목표를 바꾸려 할 때 저항할 만큼 유능하지도 않다. '이후에는' AI가 절대 우리를 죽이려 해서는 안 된다. 만약 시도한다면 반드시 성공할 것이기 때문이다.

따라서 기술자들은 AI가 아직 작고 약할 때, 인터넷으로 탈출해 스스로 성능을 높이거나 새로운 생명공학적 수단을 고안하기 전에 정렬 작업을 마쳐야 한다. 그 이후에는 모든 정렬 해법이 이미 완벽히 작동해야 한다. 초지능이 우리를 해치려

들면, 그 시도는 틀림없이 성공할 것이기 때문이다. 아이디어나 이론은 오직 그 간극이 발생하기 이전에서만 시험할 수 있다. 간극이 발생한 후에는 첫 시도에서 완벽히 작동해야 한다.

인류는 단 한 번의 실제 시험 기회만 가진다. 누군가가 '두 번의 시도'를 보장하는 영리한 계획을 세운다 해도, 우리는 그 계획이 성공할 기회조차 단 한 번만 가질 수 있다.

인류의 창의적 진보 역사는 크고 작은 시행착오를 거듭하며 배운 이야기이다. 수많은 발명가가 '비행'에 대한 나름의 이론을 세우고는 언덕에서 몸을 던져 다치곤 했다. 그러다 라이트 형제가 등장했다. 낙관적인 실험가들의 실패조차 과학의 교훈서에 기록되어, 다음 세대가 조금 더 나아지는 밑거름이 되었다. 그들 자신만 위험에 빠졌을 뿐이고, 그 덕에 인류 전체는 배웠다.

하지만 '초지능 정렬ASI alignment' 문제에서는 인류가 그렇게 충분히 나쁜 실수로부터 배우는 사치를 누릴 수 없다.

이 말은 곧, 우리가 사후적으로 '그 문제는 너무 어려워서, 기술적으로 저주받은 과제라 시도하지 말았어야 했다'는 판단을 내릴 여유도 없다는 뜻이다.

그 판단은 반드시 사전에 끝내야 한다. 그렇다면 어떻게 해야 할까?

우선 인류가 지금껏 겪어온 다른 공학적 난제들을 살펴볼 수 있다. 어떤 '저주'들이 그 과제들을 괴롭혔는지 조사하고, 거기서 배울 수 있는 교훈을 찾아야 한다. 그 후에야 초지능 정렬 문제가 얼마나 어렵고 위험한지 조금은 가늠할 수 있을 것이다.

역사의 사례를 올바른 각도에서 들여다보면, 교훈은 점점 분명해진다. 이제 실제로 작동하는 우주 탐사선, 핵반응로, 해킹 불가능한 컴퓨터를 만드는 일이 얼마나 어려운지를 살펴보자. 이 세 문제는 초지능 정렬과 놀랍도록 유사한 점이 있다.

우주 탐사선

'이전'과 '이후' 사이의 간극은 수많은 우주 탐사선이 실패하는 이유이기도 하다. 일단 발사되고 나면, 탐사선은 너무 멀리, 너무 높이 나아가 인간의 손이 닿지 않는 곳으로 간다. 아무리 치밀한 이론과 시험을 거쳐도, 한 번의 실패는 되돌릴 수 없다.

탐사선은 결코 소모품이 아니다. 그 비용은 천문학적이다. 과학자와 관리자들은 평생의 명운을 그 성공에 건다. 그런데도 반복해서 실패한다.

1992년, 당시 8억 1300만 달러(약 1조 1764억 원)가 투입된 마스 옵서버Mars Observer 미션[1]은 화성 도착 직전 사라졌다. 가장 유력한 추정은 연료 밸브가 비행 중 서서히 누출되다가, 재점화를 위해 압력이 걸리자 연료관이 폭발했다는 것이다.

1999년에는 3억 2700만 달러(약 4731억 원) 규모의 마스 클라이밋 오비터Mars Climate Orbiter2가 사라졌다. 원인은 놀라웠다. 록히드마틴Lockheed Martin의 지상 소프트웨어가 추력 계산 단위를 파운드초(imperial 단위)로 제공한 반면, NASA의 항법 소프트웨어는 뉴턴초(metric 단위)를 기대하고 있었던 것이다. 결과적으로 탐사선은 화성 대기권에 진입하다가 타버렸거나, 반대로 지나가버렸다.

두 달 뒤, 1억 1000만 달러(약 1591억 원)가 투입된 마스 폴라 랜더Mars Polar Lander3가 붉은 행성에 추락했다. 추정에 따르면, 착륙 다리가 화성의 희박한 대기에서 진동하면서 이미 착륙했다고 오판했고, 그 순간 엔진을 꺼버렸기 때문이다.

탐사선이 화성에 접근하다가 문제가 생기면, 달려가 고칠 방법이 없다. 발사 전에는 탐사선이 지구 밖에서도 어느 정도 통제받을 수 있도록 다양한 장치를 고안할 수 있다. 예를 들어, 지상에서 추가 명령을 보낼 수 있는 안테나를 탑재하는 식이다. 그러나 그 '영리한 계획' 자체에 문제가 생기면, 즉 너무 빨리 고장이 나서 탐사선이 수정 명령을 받을 시간조차 없다면, 아예 방법이 없다.

바이킹 1 착륙선4(1975년 달러 기준, 6억 1000만 달러)도 이와 비숫한 상황에서 사라졌다. 지상 관제팀이 착륙선에 새 배터리 충전 소프트웨어를 업로드하려다, 그 과정에서 안테나 방향을 제어하는 프로그램을 실수로 덮어쓴 것이다. 결국 안테나가 엉뚱한 방향을 향하게 되었고, 착륙선은 더 이상 지구로부터 명령을 받을 수 없었다. 교신은 끝내 복구되지 않았다.

우주 탐사선이 발사된 이후의 환경은 지상에서 수행된 모든 시험과 정확히 일치하지 않는다. 이론적으로는, 비행 전 모든 문제를 드러내는 완벽한 실험을 수행할 수 있었을지 모른다. 하지만 실제로는 그러지 못했다.

이런 공학적 문제를 해결하는 능력에 인류 문명의 생존이 달려 있다고 생각하면, 어떤 신중한 기술자라도 두려움을 느낄 것이다. 그들은 탐사선이 인간의 손이 닿지 않는 곳으로 가버린 뒤에 생기는 오류를 '이후'에 고칠 수 없다는 사실을 알고 있다. 게다가 탐사선은 '만들어진' 것이지 '자라난' 존재가 아니다. 작동 원리를 완벽히 이해한 기술자들이 정성을 다해 제작해도 실패한다. 만약 탐사선을 '자라나게' 만들어야 했다면? 그것은 훨씬 더 어려운 도전이 되었을 것이다.

핵반응로

복잡한 공학적 문제에서 배울 수 있는 또 다른 역사적 사례는 1986년 4월 26일, 체르노빌 발전소 4호기의 원자로 노심 용융 사고이다.

당시 237명이 병원에 실려 갔고, 그중 31명이 즉각 사망했다.[5] 사망자 대부분은 경고도 보호 장비도 없이 치명적으로 방사능에 노출된 흑연 화재를 진화하던 소방대원들이었으며, 일부는 원자로의 운전 요원들이었다. 방사능 유출로 인한 암 사망자의 수는 지금도 논란이 많다. 우리 두 저자는 전 세계적으로 약 1만 명의 초과 사망이 있었을 것이라 추정하지만, 우리는 이 분야의 전문가가 아니다.*

정치 지도자들은 진심으로 핵 사고를 원치 않았다. 원자로가 폭발하지 않도록 지시했고, 그 부하인 기술자들과 설계자들 역시 원자로가 폭발하면 심각한 불이익을 받을 것임을 알고 있었다. 체르노빌 운전 요원들 역시 마찬가지였다. 원자로가 폭발하면 그들의 생명도 끝이었다. 그런데도 4호기는 폭발했다. 어떻게, 왜 그런 일이 벌어졌을까?

사건을 극도로 단순화하자면, 폭발에는 네 가지 '저주'가 복합적으로 작용했다.

첫째, **속도의 저주**이다. 핵반응은 매우 빠르게 일어난다.

---

* 우리는 핵발전 지지자임을 밝힌다. 핵발전은 가장 청정한 에너지원 중 하나이며, 현대 원자로 설계에서 그 위험은 매우 작다. 석탄 연소로 인한 폐암 사망자 수는 핵발전으로 인한 사망자 수보다 훨씬 많고, 핵실험으로 방출된 방사능이 체르노빌 사고보다 훨씬 컸다. 체르노빌 사례는 '공학적 실패'의 교훈을 보여주는 사례로만 다룬다.

우라늄 원자가 붕괴(핵분열)될 때 중성자가 방출되는데, 이 중성자가 다른 우라늄 원자에 부딪혀 또 다른 핵분열을 일으킨다. 그 결과 더 많은 중성자가 방출되고, 다시 더 많은 핵분열이 이어지는 '연쇄반응'이 일어난다. 이 과정은 천분의 1초(밀리초)와 백만분의 1초(마이크로초) 단위로 진행된다. 반응이 아주 조금만 통제를 벗어나도 에너지 출력은 밀리초(1000분의 1초) 단위로 두 배씩 증가할 수 있다.

일반적인 핵반응로가 작동할 수 있는 이유는, 핵분열 과정에서 방출되는 중성자 중 극히 일부가 '지연 중성자delayed neutron'이기 때문이다. 지연 중성자는 붕괴된 우라늄 조각이 더 느리게 붕괴되면서 방출되는 중성자이다. 만약 핵 연쇄반응이 이러한 지연 중성자에 의존해야만 유지될 수 있다면, 에너지 출력은 몇 분 단위로 두 배씩 증가하는데, 이 정도 속도라면 인간이 제어할 수 있다. 물론 반응로 내부의 모든 것이 의도대로 작동할 때의 이야기이다.

핵반응로는 마이크로초가 아니라 분 단위로 작동하도록 설계되어 있다. 그러나 이는 훨씬 더 빠른 물리 과정을 가린 막에 불과하다. 문제가 생기면, 핵반응이 본래 가진 물리적 속도로 되돌아갈 수 있다.

두 번째는 **여유 폭의 저주**이다. 안정적 작동과 폭발 사이의 간격은 놀라울 만큼 좁다. 우라늄 핵분열로 방출되는 중성자 중 지연 중성자는 1퍼센트도 되지 않는다. 정확히는 0.65퍼센트이다. 나머지는 모두 '즉발 중성자prompt neutron'로, 원자가 갈라지는 순간 즉시 방출된다.

핵반응로를 좌우하는 핵심 변수는 '중성자 증식 계수neutron multiplication factor'이다.[6] 이는 1개의 중성자가 평균 몇 개의 새로운 중성자를 만들어내는지를 나타내는 값이다. 이 값이 50퍼센트라면, 4개의 중성자는 2개로, 2개는 1개로 줄어들며, 반응은 자발 핵분열의 두 배 수준에서 안정된다. 그런 우라늄 금속 블록은 보기엔 차갑지만, 실제로는 아주 약간 따뜻하다. 반대로 계수가 200퍼센트면 1개가 2개, 2개가 4개로 불어나는데, 이것은 곧 핵무기이다. 임계값은 100퍼센트이다. 그 이하면 반응이 꺼지고, 그 이상이면 폭주한다.

증식 계수가 100.65퍼센트에 이르면 반응은 더 이상 지연 중성자에 의존하지 않게 되고, 통제 불능으로 치닫는다.

엔리코 페르미Enrico Fermi가 시카고 파일-1Chicago Pile-1이라는 인류 최초의 핵반응로를 만들었을 때, 그는 중성자 증식 계수를 100.06퍼센트까지 끌어올렸다. 이 수준에서는 지연 중성자가 있어야만 반응이 유지된다. 지연 중성자가 없으면 계수는 99.41퍼센트로 떨어져 스스로 꺼진다. 따라서 증식 계수 100.06퍼센트는 몇 초에 한 번씩만 적용되었고, 출력은 서서히 상승했다.

만약 페르미가 중성자 증식 계수를 아주 조금 더 올려[7] 100.9퍼센트까지 갔다면, 지연 중성자는 더 이상 필요 없었을 것이다. 지연 중성자가 없더라도 즉발 중성자만으로 계수는 100.25퍼센트가 되어 '즉발 임계prompt critical'에 도달한다.* 이때 출력 증가는 몇 초가 아니라 몇 마이크로초마다 일어난다. 그런 반응로는 단순히 녹아내리는 데 그치지 않고 폭발한다.**

핵반응로는 '무해함'과 '폭발' 사이의 극히 좁은 범위에서 작동한다.

세 번째는 **자기 증폭의 저주**이다. 체르노빌에 사용된 RBMK형(고출력 관형 원자로)***는 반응 자체가 스스로 증폭되는 특성이 있었다.

더 안전하게 설계된 반응로들은 값비싼 고농축 우라늄을 사용하고, 냉각수인 물이 '감속재' 역할도 한다. 감속재는 중성

---

* 역사적으로 '즉발 임계' 상태에서 폭발한 사례는 단 한 번, SL-1 소형 원자로 사고뿐이다.[8] 1960년대 초, 미군은 혹한 지역의 기지용 소형 원자로를 실험 중이었다. 중심 제어봉 하나가 10센티미터 정도만 빠져야 했는데, 누군가가 강하게 당겨 약 50센티미터를 뽑아버렸다. 그 결과 중성자 증식 계수가 102.4퍼센트로 치솟았고, 방사능은 2.5밀리초마다 두 배씩 증가했다. 0.1초 만에 출력은 20기가와트로 폭등해, TNT 30킬로그램에 해당하는 폭발이 일어났다. 방은 완전히 파괴되었으나 건물 전체는 남았다. 이런 폭주는 대형 폭발에 이르기 전에 자체 붕괴한다. (참고로 나가사키에 투하된 '팻 맨(Fat Man)' 폭탄의 중성자 증식 계수는 150~300퍼센트 범위였다.)

** 다행히도 페르미는 임계값을 정확히 계산해두었으며, 그의 팀은 100.06퍼센트는 안전하고 100.9퍼센트는 치명적임을 알았다. 만약 그들이 단순히 금속 벽돌을 쌓아 실험만 하며 열의 원리를 이해하지 못했다면, 시카고가 아니라 '시카고 배제구역(Chicago exclusion zone)'이 생겼을지도 모른다.

*** RBMK는 러시아어 Reaktor Bolshoy Moshchnosti Kanalny의 약자이다.

자의 속도를 늦춰 반응을 더 잘 일어나게 돕는다. 이 구조가 좋은 이유는, 반응로가 과열되기 시작하면 물이 끓어 증발하면서 감속 작용이 사라지고, 그에 따라 중성자 증식 계수가 내려가기 때문이다.

당시 소련은 값싼 저농축 우라늄 연료를 사용했다. 그래서 반응을 유지하려면 더 강력한 감속재가 필요했고, 그 역할을 흑연(그래파이트)이 맡았다. 그러나 흑연이 있는 환경에서는 물이 오히려 핵반응을 억제한다.* 따라서 RBMK형 원자로가 과열되기 시작하면, 물이 끓어 증발하면서 중성자 증식 계수는 오히려 상승한다.

네 번째는 **복잡성의 저주**이다. 핵반응로에는 중성자를 흡수해 연쇄반응을 멈추게 하는 제어봉이 있다. 소련의 원자로는 겉보기엔 영리하게 설계됐다. 제어봉 끝부분에 흑연 막대가 달려 있는데, 제어봉을 들어 올리면 중성자를 흡수하는 구간이 줄어들고, 그 자리에 반응을 강화하는 흑연이 들어간다. 반대로 제어봉을 내리면 흑연이 빠지고 흡수부가 들어간다. 즉 이론상으로는 제어봉의 효율을 더 높이는 설계였다. 제어

---

* 물속의 수소는 일부 중성자를 산란시켜(즉, 감속시켜) 반응을 촉진하지만, 다른 일부는 흡수해 반응을 억제한다. 일반적으로는 산란 효과가 더 크기 때문에 물은 전체적으로 핵반응을 돕는다. 그러나 흑연이 이미 매우 효과적인 감속재로 작용할 때는 중성자를 두 번 감속시킬 수 없기 때문에, 물은 더 이상 감속 역할을 하지 못하고 흡수 효과만 낸다. 그 결과, 흑연이 존재하는 환경에서는 물이 오히려 핵반응을 억제하게 된다.

봉을 내리면 단순히 중성자를 흡수하는 데 그치지 않고, 흑연까지 밀어내기 때문이다. 영리한가? 그들도 분명 그렇게 믿었을 것이다. 그러나 문제는 지나치게 복잡했다는 점이다.

설계가 여러 차례 수정되는 과정에서 흑연 막대는 연료봉보다 조금 짧아졌다.[9] 이 작은 차이가 실제 작동에 영향을 줄 거라고는 아무도 알아차리지 못했다.

이 모든 공학적 요인이 바로 체르노빌이 폭발한 그날 동시에 작용했다.

1986년 4월 26일, 체르노빌의 운영자들은 안전 실험을 수행 중이었다. 실험 도중 냉각수 공급이 평소보다 줄어들었다. 예기치 않은 지연으로 인해, 원자로는 오랫동안 저출력 상태로 운전되었고, 그 과정에서 제논-135$^{Xenon-135}$라는 강력한 중성자 흡수 물질이 비정상적으로 축적되었다.

이 물질이 연쇄반응을 억제하자 원자로의 출력은 급격히 떨어졌고, 운영자들은 연료봉 상단의 반응이 멈춰간다고 판단했다. 그들은 반응이 정지되는 것을 막기 위해 안전지침을 어기고, 최소 15개 이상이 내려가 있어야 하는 제어봉을 단 8개만 남기고 나머지를 모두 들어 올렸다.[10] 그런데 이 실험은 이미 세 번이나 중단된 적이 있었다. 네 번째 실패는 도저히 용납될 수 없는 일이었다.

그 순간 제논-135가 서서히 연소되면서, 반응도 동시에 급격히 가속되기 시작했다.

운영자들은 핵반응을 즉시 중단시키는 긴급 정지 버튼을 눌러 모든 제어봉을 한꺼번에 내리려 했다.

그리고 원자로는 폭발했다.

지금 설명을 들으며 제어봉과 냉각수, 제논-135가 서로 어떤 영향을 주고받았는지 헷갈리는가? 당시 운영자들도 그랬다.

제논-135는 주로 원자로 상단에 집중되어 있었다.[11] 그래서 핵반응은 하단부에서 훨씬 더 뜨겁게 진행되었다.

비상정지 버튼이 눌렸을 때, 제어봉은 약 18초 동안 천천히 내려오도록 설계되어 있었다. 마지막 방어선조차 '비상 상황에서도 내부 작용은 충분히 느릴 것'이라는 낙관적 가정 위에 세워졌던 것이다.

제어봉이 내려가면서 흑연이 하단으로 밀려들어갔다. 그 바람에 가장 뜨거운 영역이었던 하단의 반응은 더욱 증폭되었다.

냉각수는 평소보다 훨씬 적었고, 급격히 끓어오르며 증발했다. 물이 끓어오르면 반응은 더 강화되고, 반응이 강화되면 물이 더 많이 증발한다.

그 순환이 반복되면서 원자로는 극도로 좁은 안전 한계를 넘어서버렸고, 연료가 흩날리며 폭발이 일어났다.

우리가 말한 네 가지 '저주'에서 얻을 수 있는 교훈은 다음과 같다.

1. **인간이 반응할 수 있는 속도보다 훨씬 빠른 시간 규모에서 작동하는 시스템일수록, 공학적 문제는 해결하기 훨씬 어렵다.** 트랜지스터의 전환 속도는 중성자의 증식 속도보다 훨씬 빠르다. 인간이 대응할 수 있을 만큼 속도를 늦추는 장치를 고안할 수는 있다. 그러나 그 장치가 실패하는 순간, 인간은 다시 시간의 눈금 위에서 얼어붙은 조각상과 다를 바 없어진다.

2. **오차 허용 범위가 극도로 좁을수록 공학적 문제는 훨씬 어려워진다. 특히 그 경계가 '무해한 상태'와 '폭발적 상태' 사이에 있을 때는 더욱 그렇다.** 지능에 비유하자면, 유인원과 초기 인류는 수백만 년 동안 변함없는 생활을 이어오다가, 어느 순간 급격히 지능이 발달했고, 문명의 연쇄반응이 일어났다. 농업이 문자를 낳고, 문자가 과학을 낳고, 과학이 우주선을 낳았다. 사무직에 적합할 만큼은 똑똑하지만, 폭발적인 기술 발전을 일으킬 정도로는 똑똑하지 않은 인류를 만드는 일은 그야말로 극히 좁은 목표를 정조준해야 하는 과제였을 것이다.

3. **자기 증폭적 과정은, 냉각수가 끓어 증발하며 다시 과열을 부르는 반응처럼, 오차의 여지를 거의 남겨두지 않는다.** 그리고 핵공학자는 인공지능 개발자보다 그나마 사정이 낫다. 과열된 원자로는 스스로 반응성을 높이기 위

해 지능적으로 구조를 재설계하지 않는다. 과열된 원자로가 폭발 직전까지 가면서도 운영자를 속여 안심시키려 드는 일도 없다.

4. **복잡성은 문제를 악화시킨다.** 체르노빌 4호기는 '제어봉을 내리면 폭발하는' 이상한 상태에 들어갔다. 어떤 엔지니어도 그런 상황을 설계하지 않았다. 운영자들은 원자로가 한동안 저출력 상태로 운전된 뒤 일부 냉각수가 차단된 조건에서 특이한 반응이 일어날 수 있다는 사실을 몰랐다. 그들은 원자로가 그렇게 빠른 속도로 상태를 바꾸는 것을 본 적도 없었다. 그런데 핵반응로의 복잡한 내부 구조는 수천억 개의 가중치로 이루어진 현대 LLM에 숨어 있는 복잡성에 비하면 단순한 편이다.

이 모든 교훈을 종합하면, 또 하나의 결론이 도출된다. 속도, 좁은 한계, 자기 증폭, 복잡성, 이 네 가지 '저주'가 동시에 작용하는 복잡한 장치 안에서 무슨 일이 벌어지는지 정확히 알지 못한다면, 멈춰야 한다는 것이다. 이상한 조짐이 보이는 그 즉시, 가동을 중단해야 한다. 눈에 띄게 위험해지기를 기다려서는 안 된다.

체르노빌의 운영자들은 지연 중성자와 즉발 중성자의 차이를 알고 있었다. 그들은 핵반응로가 생명과 죽음의 경계를

     AI, 신의 탄생 인간의 종말

불과 몇 퍼센트 미만의 폭으로 오간다는 사실도 알았다. 핵반응로가 겉보기에 인간이 제어할 수 있을 만큼 느리게 움직이는 것은, 실제로는 마이크로초 단위의 중성자 반응을 감춘 정교한 '인위적 완충 장치' 덕분이라는 것도 알았다.

현명한 운영자는 그런 장치를 경외심을 가지고 다루어야 한다. 장치가 평소와 다르게, 예기치 않게 작동하기 시작했다면, 그것은 이미 자신이 이해하고 있다고 확신할 수 있는 좁은 구간을 벗어났다는 뜻이다. 그때부터는 아무도 내부에서 무슨 일이 벌어지는지 모른다. 그 '영리한 장치들'이 여전히 제대로 작동하고 있는지조차 아무도 확신할 수 없다. 그저 추측할 뿐이다. 위험한 장치가 이상하게 작동하기 시작했다면, 제어봉을 8개만 남겨둔 채 "이번에도 잘 버텨주겠지"라고 기대해선 안 된다. 그때는 가동을 멈춰야 한다.

체르노빌의 운영자들은 그런 종류의 경외심으로 원자로를 대하지 않았다. 그들은 원자로가 폭발할 수 있다는 사실을 머리로는 알고 있었지만, 그처럼 빠르게 상태가 변하는 모습을 직접 본 적은 없었다. 게다가 1986년 이전의 소련에는 원자로를 다루는 데 필요한 '안전 문화' 자체가 없었다. 그들은 실험을 일정에 맞춰 수행하지 않으면 곧바로 해고됐다.

(다음 장에서는 인공지능 분야에 만연한 '안전 불감 문화'에 대해 논의할 것이다. 이는 체르노빌보다 훨씬 심각하다.)

컴퓨터 보안

컴퓨터 보안은 너무나 어려워서, 완전한 해결이 불가능한 문제로 통한다.[12]

보안 전문가에게 비용을 지불해 소프트웨어를 더 안전하게 만들 수는 있다. 그러나 그들이 할 수 있는 최선은 공격자의 속도를 늦추는 것뿐이다. 이 경우 국가의 지원을 받는 정보 기관 정도만이 쉽게 보안을 뚫을 수 있을 것이다.

영리한 공격자는 설계자가 전혀 예상하지 못한 방식으로 시스템을 건드릴 수 있다. 정상적인 사용 환경에서는 상상할 수 없을 만큼 오랜 세월이 지나도 결코 발생하지 않을 방식으로 말이다.

전형적인 해킹은 이렇게 진행된다. 컴퓨터가 사용자 이름을 입력하라고 한다. 해커는 이름 대신 280자나 되는 문자열을 넣는다. 프로그래머는 이름이 256자보다 길 수 있다고는 생각하지 못했다. 그 결과 남은 24자는 원래 이름을 저장하려던 메모리 공간을 넘쳐흘러, 프로그래머가 사용자가 손댈 수 없다고 가정했던 다른 메모리 영역에 기록된다. 그중 8자는 '다음에 어떤 코드를 실행할지' 지시하는 메모리 부분을 덮어쓴다. 이제 '특정한 이상한 글자' 조합만 고르면, 컴퓨터는 원래 실행하지 않아야 할 코드를 돌리기 시작한다. 이렇게 전체 시스템을 장악할 수도 있다. 이런 방식을 '버퍼 오버플로^{buffer}

overflow 공격'이라 부른다.

이 공격은 컴퓨터를 정상 경로가 아닌, 기묘한 인과관계의 경로로 끌고 간다. 즉, '실행 경로execution path'가 정상적인 동작에서 완전히 벗어난다. 일반적 입력으로는 10억 년이 지나도 닿을 수 없는 경로다. 프로그래머가 280자의 이름을 무작위로 테스트한다 해도 대부분은 무의미한 값이 되어 컴퓨터는 단순 오류로 종료될 것이다. 그런데 딱 '그 입력값' 하나만 맞으면, 공격자가 시스템을 장악하는 결과로 이어진다. 확률로 따지면 18경 분의 1이다. 이는 결코 우연히 일어나지 않는다.

로그인 화면의 정상 작동을 아무리 검토해도, 영리한 공격자가 무엇을 할 수 있는지는 알 수 없다. 무작위 테스트로도 알아낼 수 없다. 시스템을 설계한 사람보다 그 시스템을 더 잘 이해한 공격자는 18경 개의 가능성 중 단 하나의 '가장 나쁜 입력'을 찾아내어, 가장 큰 통제력을 얻는다.

컴퓨터 보안이란 결국 엔지니어가 컴퓨터가 취할 수 있는 모든 경로를 완벽히 통제할 수 있는지를 시험하는 일이다. 그들은 시스템의 모든 변형 가능성을 파악해야 하며, 그 앞에는 모든 가능한 교란을 시도하는 적대자가 있다. 프로그래머가 아무리 완벽히 코드를 작성해도, 공격자는 그 허점을 찾아낸다. 결국 컴퓨터 보안은 자신이 만든 시스템조차 완전히 이해하거나 통제할 수 없는 인간의 한계를 드러내는 싸움이다.

우리는 이 중심적 난제를 **엣지 케이스의 저주**curse of edge cases라고 부른다. 보안이 완전하려면, 시스템이 정상 범위를 벗어나는 모든 예외적 경우, 가능성의 가장자리에 있는 경우에서도 문제없이 작동해야 한다.

빠른 속도, 좁은 여유 폭, 피드백 루프, 복잡성, 이 네 가지 공학적 저주는 인간의 공학적 역량으로 어느 정도 극복할 수 있다. 실제로 목적지에 도달한 탐사선도 있고, 폭발하지 않는 원자로도 있다. 이런 저주들은 인간의 기술로 '대응'이 가능하다.

그러나 엣지 케이스의 저주는 전혀 다른 차원의 난제이다. 유용한 컴퓨터 시스템을 실제로 완벽히 안전하게 만드는 일은, 숙련된 보안 전문가들 사이에서도 인간의 능력 밖이라는 사실이 이미 정설이 됐다. 세계적 보안 전문가 브루스 슈나이어Bruce Schneier는 《디지털 보안의 비밀과 거짓말》에서 이렇게 썼다. "현대의 시스템은 너무나 많은 구성요소와 연결로 이뤄져 있고, 그중 일부는 설계자, 개발자, 사용자조차 그 존재를 모른다. 따라서 불안정성은 언제나 남는다."

여기서 인공지능이 얻어야 할 교훈은 단순히 '초지능이 인간의 컴퓨터를 해킹할 수 있다'는 것이 아니다. 그보다는 지능이 '엣지 케이스'를 탐색할 때, 시스템 제약이 얼마나 쉽게 무너지는가에 관한 것이다.

만약 인공지능이 폭발하는 원자로처럼 행동하지 않기를

바란다면, 그 시스템에 이런 제약을 걸어볼 수 있을 것이다. "아직 너무 똑똑해지지 마." "아직 너무 빨리 생각하지 마." "항상 느린 인간의 승인을 기다려." "이 문제를 해결하되, 이상한 일은 절대 하지 마."

그런데 이런 제약은 언제나 AI가 목표를 이루는 과정을 방해한다. 결국 인간은, 자신이 만든 제약이 버텨낼 수 있는지를 확인하기 위해 시스템 안을 흐르는 지능과 맞서야 한다. 인간의 판단력과 통제력이 그 지능을 감당할 수 있는지, 그 시험대에 오르게 되는 것이다.

우주탐사선, 핵반응로, 컴퓨터 보안. 이들 교훈은 무엇을 가리키는가? 우리는 그로부터 초지능 정렬의 난이도에 대해 무엇을 배울 수 있을까?

초지능은 우주탐사선과 닮았다. 사전에 실제 환경에서 완벽히 시험할 수 없으며, 일단 우리 머리 위로 올라가면 다시 회수하거나 수정할 수 없다. 그 순간에 대비해 나름의 '교묘한 장치'를 설계해둔다 해도, 그 장치가 실패하면 초지능은 여전히 높은 곳에, 결코 닿을 수 없는 존재로 남게 된다. 게다가 초지능 정렬의 실패는 수십억 달러의 손실로 끝나는 게 아니다.

모든 것이 소멸한다.

초지능은 핵반응로와도 닮았다. 그 내면에서 인간이 통제하기엔 너무 거대하고, 자기 증폭적이며, 초단위보다 훨씬 빠르게 작동하는 물리적·논리적 과정이 일어난다.

또한 초지능은 컴퓨터 보안 문제와도 닮았다. 엔지니어가 시스템에 걸어둔 모든 제약은, 결국 지능적 존재가 그 제약을 우회하는 방식으로 무력화될 수 있다.

이 세 가지 도전은, 설령 우리가 지능의 법칙을 완벽히 이해한다 하더라도 두려운 과제일 것이다. AI가 실제로 어떻게 작동하는지, 그 '이전'과 '이후'의 경계가 어디인지, 오류 허용 범위가 얼마나 되는지 정확히 안다고 해도 공포 그 자체일 것이다.

그런데 우리는 지금 그 어느 것도 모른다. AI는 설계되는 것이 아니라 자라난다. 그 복잡한 내부에서 무엇이 지능을 만들어내는지, 그 힘이 어떻게 생겨나는지 아무도 모른다.

인류가 지금의 이해 수준으로 이 문제를 풀 수 있다고 믿는 것은, 서기 1100년의 연금술사들이 핵반응로를 우주 공간에서 단 한 번의 시도로 만들 수 있다고 믿는 것만큼이나 터무니없는 일이다.

우리는 웬만해서는 고함을 치지 않는다. 대개 고함은 아무런 도움이 되지 않기 때문이다. 오히려 감정에 휘둘리는 사

   AI, 신의 탄생 인간의 종말

람으로 보이게 될 뿐이다. 그러나 어떤 순간에는, 논리의 전
제를 하나하나 차분히 검토한 다음에는, 더 이상 낮은 목소리
로 말해서는 안 되는 때가 있다. 차분해 보이는 게 오히려 해
가 된다.

AI의 문제에서 인류가 맞닥뜨린 도전은, 지금의 지식과 기
술 수준으로는 극복이 불가능하다. 가까이조차 가지 못했다.

그런 상황에서, 지구상의 모든 생명을 걸고 그런 문제를 풀
겠다는 시도는 미친 짓이며, 어리석은 도박이다. 그런 시도는
누구에게도 허락돼서는 안 된다.

연금술,
과학이 아닌 것

옛날, 존재한 적 없는 한 중세 마을은 연금술사들로 유명했다.

연금술사의 길이란, 이 허구의 마을뿐 아니라 실제 역사에서도 어떤 물질을 어떤 비율과 온도로 섞으면 어떤 가시적인 결과가 나오는지를 익히는 것이었다. 그 마을의 연금술사들은 자신들만의 조합과 제조법을 축적해왔지만, 그 이면의 원리를 이해하지는 못했다. 새로운 혼합물을 시험하되 결과를 거의 예측하지 못했고, 실험이 끝나면 그저 관찰한 결과를 기록으로 남겼을 뿐이다.

누군가 그들에게 "당신들은 본질적으로 무지하다"고 말했다면, 그들은 크게 분노했을 것이다. 그토록 오랜 세월 공부해 금이나 은 같은 귀금속조차 녹일 수 있는 왕수Aqua Regia*를 만들어냈는데, 어찌 무지하단 말인가. 그 치명적인 혼합물을 안전하게 다루는 법까지 터득했으며, 새로운 실험에서 뜻밖의 유용한 결과를 얻은 적도 있었다. 그런데 무지하다고? 도대체 무엇에 대해 무지하다는 것인가?

어느 날, 수도에서 전갈이 내려왔다. 왕이 납을 금으로 바꿀 연금술사를 찾고 있으며, 그 시도에 나서는 자에게는 막대한 자금을 지원하겠다는 내용이었다. 도전하고자 하는 연금술사는 자신이 이미 왕수를 제조할 수 있음을 입증하고, 그 시약을 직접 지참해야 했다.

상금은 상상 이상이었다. 성공한 연금술사는 공주와 혼인하고, 자신은 물론 고향의 모든 사람을 부유하게 만들 금전을 얻을 터였다.

그러나 왕은 시간을 낭비하는 자를 매우 싫어했다. 그래서 실패한 연금술사는 물론 그가 속한 고향 사람 모두를 처형하겠다고 했다. 그는 그런 왕이었다.

"정확히 성공한 적은 없지만, 거의 다 됐어." 한 젊은 연금술사가 말했다. "납에 칼라민을 섞어 가열하면 황동빛이 돌기 시작하거든. 조금만 더 온도를 올리거나 칼라민을 더 넣으면 될 것 같아. 이번엔 꼭 해볼 거야."

"제발 그러지 마." 여동생이 말했다.

"해야 해." 젊은 연금술사는 옷과 노트를 급히 꾸리며 말했다. "우리

---

* 오늘날의 화학 기준으로는 염산과 질산을 3대 1로 섞은 혼합물이다.

마을에는 연금술사가 많아. 내가 나서지 않으면 누군가 먼저 나서서 공주와 상금을 차지하겠지. 게다가 나보다 실력도 떨어지고, 이기적인 사람일 수도 있어. 그렇다면 차라리 내가 가는 게 낫지 않겠어? 우리 마을을 위해서라도 말이야."

"난 죽고 싶지 않아. 빨래하는 옆집 아주머니도 죽게 될 거야. 늘 친절하셨고, 아이를 누구보다 아끼는 분이잖아." 여동생이 절박하게 말했다.

"그러니 더더욱 내가 가야지." 젊은 연금술사가 죽은 스승에게서 물려받은 시약 절반을 챙기며 말했다. "상금을 받으면 정말 많은 일을 할 수 있을 거야. 누구도 굶지 않을 만큼 음식을 살 수 있고, 병든 사람을 위해 최고의 의사들을 부를 수도 있겠지."

"그건 멋진 일이지. 하지만 오빠는 납을 금으로 바꾸는 법을 몰라. 상금은커녕 우린 다 죽을 거야."

"할 수 있을지도 몰라. 납을 묵은 오줌(연금술에서 '묵은 오줌'은 암모니아 성분을 얻기 위해 일정 기간 발효시킨 인뇨를 의미한다—옮긴이)과 유황에 끓이면 노르스름한 빛이 돌거든. 다른 연금술사들보다 내가 더 가능성이 있어. 내가 안 가면 더 어리석은 누군가가 우리 모두를 죽음으로 몰고 갈 거야."

"그러면 장로들에게 가서 말하자. 어떤 연금술사도 이 도시를 떠나게 해선 안 된다고. 그래야 우리 모두가 살 수 있다고." 여동생이 애원했다. "장로들이 막지 않는다면 그땐 떠나도 좋으니, 제발 먼저 장로들에

AI, 신의 탄생 인간의 종말

게 호소해. 오빠를 포함해서, 누구도 수도로 가게 해서는 안 된다고.”

젊은 연금술사는 잠시 생각하다가 말했다. “무슨 소리야? 같은 도시에 살면서 몰라? 장로들은 아무 일에도 의견이 안 맞아. 도시의 모든 연금술사가 수도로 가는 걸 막는다는 게 말이 돼? 감시하려면 행정도 복잡하고 돈도 많이 들 거야. 차라리 내가 직접 가서 시도하는 게 낫지.”

“오빠 실패할 거야!” 여동생이 외쳤다. “모두 실패할 거야! 이 대회에서 이길 수 있는 건 죽음뿐이야! 장로들에게 가서 말해야 해. 연금술을 하는 자들이 수도로 가지 못하도록, 왕수를 만드는 재료를 철저히 봉인해야 한다고! 왕이 내린 명령은 부당해. 단지 오만한 연금술사 한 명이 납을 금으로 바꾸지 못했다는 이유로 도시 전체를 죽게 하는 건 말이 안 돼! 왕의 부당함을 바꿀 수는 없지만, 적어도 그 재앙에서 벗어나려는 노력은 해야지! 그러지 않으면 모두 죽을 거야!”

“왜 그렇게 확신하니?” 오빠가 물었다. “납이 금으로 변할 수 없다는 걸 증명한 원리가 어디 있단 말이야?”

이전 장에서는 인공지능이 인간을 죽이지 않는 초지능을 만드는 일이 왜 그렇게 어려운지를 살펴보았다. 하지만 어려움의 정도만으로는 이야기가 반쪽짜리에 불과하다. 나머지 절반은, 인류가 그 도전에 어떤 수준의 실력으로 임하고 있느냐에 관한 것이다.

어쩌면 당신은 우리가 앞서 말한, 초지능의 방향을 통제하기 어려운 여러 이유를 믿지 않을 수도 있다. 그런데 재앙이 불가피하다는 별도의 논거가 있다. 이는 역사 속에 존재하는 또 다른 교훈이다. 인간은 어려운 문제는 말할 것도 없고, 쉬운 문제조차 자주 망쳐왔다는 점이다.

미국 라듐 공사는 방사성물질을 다루다 직원들을 사망하게 만들었다. 복잡한 핵공학 계산을 그르쳐서가 아니었다. 직원들에게 라듐이 묻은 붓을 입으로 핥으라고 지시했기 때문이었다.[1]

이쯤에서 묻게 된다. 인류는 인공지능 초지능을 만드는 과업 앞에 과연 어떤 수준의 실력을 보여주고 있는가?

테슬라와 스페이스X의 CEO이자, 인공지능 연구소 xAI를 이끄는 일론 머스크는 초지능 정렬에 관한 자신의 구상을 2023년 한 인터뷰에서 이렇게 밝혔다.

"나는 '트루스GPT TruthGPT'라는 것을 시작하려 한다.[2] 우주의 본질을 이해하려는, 진실 탐구를 극대화한 AI다.

 AI, 신의 탄생 인간의 종말

이것이 아마 인류가 안전하게 나아갈 수 있는 가장 좋은 길일 것이다. 우주를 이해하려는 인공지능은 인간을 말살하지 않을 것이다. 우리는 우주를 구성하는 흥미로운 일부이기 때문이다."

이 구상은 앞서 설명했듯, 핵심 문제를 해결하지 못한다. 이유는 단순하다. 인공지능의 '욕망'을 정확히 설계하는 방법은 아무도 모르기 때문이다. 이상적인 목적이든 아니든, 욕망을 정밀하게 주입할 기술은 존재하지 않는다. 게다가 우주를 이해하고 싶어 하는 AI라 할지라도, 인간을 부수적 결과로 제거해버릴 가능성이 높다. 왜냐하면 인간은 우주를 이해하거나 진실을 생산하는 데 있어, 물질을 배열하는 모든 가능한 방식 중 가장 효율적인 존재가 아니기 때문이다.

우리는 머스크가 다른 영역에서 보여준 성공을 존중한다. 전기차나 재사용 로켓을 만든 일은 분명 어려운 공학적 도전이었다. 그와 그의 팀은 로켓을 손상 없이 착륙시키는 데 연신 성공했고, 이는 확립된 공학 원리에 근거한 성취였다. 그런데 왜 인공지능에 대해서는, 이런 모호한 이상주의적 구호에 희망을 걸까? 이런 수준의 이해로는 자동차도, 로켓도 결코 만들 수 없을 것이다.

우리는 텔레파시 능력이 없으니 추정할 수밖에 없다. 아마 그 이유는 이렇지 않을까. 배터리나 로켓 엔진의 내부 작동 원리는 세심하게 기록된 교과서의 물리법칙으로 설명된다. 반면 인공지능은 만드는 것이 아니라 자라난다. 그 내부 메커니즘을 아는 사람은 아무도 없다. 따라서 사고를 제한해줄 방정식도 적다. 그 대신 '진실 탐구' 같은 고상한 이상에 대해 사유할 여지가 많다.

과학사에 익숙하다면 이런 태도가 무엇을 닮았는지 알 수 있을 것이다. 이는 과학이 본격적으로 성립되기 이전, 각자 자기 취향에 따라 제멋대로 이론을 만들어내던 '민속 이론folk theory(과학적 검증 이전에 경험과 상식에 따라 세상을 설명하던 초기 단계의 사고방식—옮긴이)'의 단계다. 즉, 아직 과학이 되기 전의 상태, '복잡한 철학적 구상으로 납을 금으로 바꿀 수 있다고 믿는 연금술사'의 언어인 것이다.

몇 세기 전으로 돌아가면 세상은 대부분 이랬다. 의사들은 4체액설을 믿고, 그 균형을 맞추기 위해 환자의 피를 뽑았다. 연금술사들은 불사의 묘약을 찾기 위해 온갖 물질을 섞었지만, 대개 아무 효과도 없었고 때로는 사람을 죽이기까지 했다. 사람들은 세계의 일부가 어떻게 작동되는지 모른 채, 자신들의 무지를 인정하기보다는 이야기를 지어냈다. 그것이 과학이 성숙하기 전의 기본 상태, 즉 진리를 향한 첫 단계였다.

머스크만이 그런 낙관적 사고에 빠져 있는 건 아니다. 유능한 인공지능 연구자들 중 일부는 메타^{Meta}에 속해 있다. 메타 AI는 세계 최대 규모의 연구소 중 하나로, 누구나 내려받고 수정할 수 있는 라마 시리즈 AI 모델을 개발 중이다. 그중 수석 과학자 얀 르쿤^{Yann LeCun}은 2018년, 현대 인공지능의 토대인 딥러닝^{deep learning} 연구로 노벨상에 해당하는 튜링상을 제프리 힌튼, 요슈아 벤지오와 함께 수상했다. 세 사람 중 르쿤만이 '초지능 정렬'을 쉬운 문제로 보고, '인류 절멸 위험'을 낮게 평가한다. 힌튼과 벤지오는 2023년 서문에서 언급했던 공개서한에 서명했다.

다음은 르쿤이 플랫폼 X(전 트위터)에 올린 '초지능 정렬' 관련 글들이다. 이것이 그가 공개적으로 밝힌 가장 구체적인 입장이다.[3]

"진정해라. 인간 수준의 AI는 아직 없다. 그리고 그것이 생기더라도 인류를 지배하고 싶어 하지 않을 것이다. 인간 사이에서도, 가장 똑똑한 사람이 꼭 지배자가 되려는 건 아니니까."[4]

…

"그들은 인간을 지배하려 하거나 다른 그릇된 욕망을 품지 않게 될 것이다. 우리가 그들의 욕망을 직접 설계할 테니까"[5]

…

"내가 만든 선한 방어용 AI는, 인간에게 해를 끼치려는
악한 AI를 훨씬 더 잘 막아낼 것이다."[6]

…

"우리는 AI를 초지능이면서도 인간에게 복종하게 설계
할 수 있다."[7]

먼저 핵심부터 짚자면, 이런 발언들은 문제의 본질과 닿아
있지 않다. 문제는 인공지능이 인간을 지배하고 싶어 할 것이
라는 두려움이 아니다. 진짜 문제는, 우리 인간이 그들이 다른
용도로 쓸 수 있는 원자들로 이루어져 있다는 점이다. 마찬가
지로 어떤 사람은 '악한' AI를, 또 다른 사람은 '선한' AI를 만들
거라는 식의 이분법도 문제의 본질이 아니다. 진짜 문제는 그
누구도 선한 AI를 만드는 법을 모르며, 'AI에 정확한 욕망을 설
계할 방법도 없다'는 사실이다. '우리가 그렇게 만들 것이다'라
는 단언은 해결책이 되지 않는다.

더 근본적인 차원에서 보자면, 과학과 공학의 역사를 아는
사람이라면 이런 낙관론이 얼마나 익숙한 장면인지 곧바로 알
아챌 것이다. 한 번도 시도해보지 않은 거대한 공학적 도전 앞
에 서서, 밝고 자신만만한 표정으로 "할 수 있다"고 말하던 사
람들이 예전에도 있었다.

공학의 역사는 언제나 이런 밝은 낙관주의자들이 매혹적인 문제에 덤벼들었다가, 예상보다 훨씬 더 복잡한 벽에 부딪히는 이야기들로 가득하다. 인공지능 분야 그 자체가 바로 그 대표적인 예다. 역사상 최초의 인공지능 연구 계획인 1955년 다트머스 제안^{Dartmouth Proposal}(미국 다트머스대에서 제안된 '다트머스 회의'는 인공지능 연구의 출발점으로, 이 회의 제안서가 AI 연구의 공식적인 시작으로 간주된다―옮긴이)에는 이렇게 적혀 있었다.[8]

"인공지능에 관한 10명 규모의 2개월 연구를 제안한다. 이 연구는 기계가 언어를 사용하고, 추상과 개념을 형성하며, 현재 인간만이 다루는 문제들을 해결하고, 스스로 개선하도록 만드는 방법을 탐구하기 위함이다. 신중하게 선정된 과학자들이 한여름 동안 함께 연구한다면, 이 문제들 중 하나 이상에서 의미 있는 진전을 이룰 수 있을 것으로 생각된다."

그 뒤로 50년 동안 이어진 것은, 수없이 반복된 실패였다. 매번 '이제 곧 해결될 것'이라는 장밋빛 전망이 나왔지만, 결과는 실패였다. 그 이론들 중 많은 것이 고상한 철학적 구상을 내세웠지만, 수십 년 동안 실질적인 성과는 내지 못했다.

물론 우리는 대체로 이런 낙관적 공학자들을 응원하는 편이다.* 대개 새로운 과학 분야는 그렇게 탄생한다. 어떤 때는 문제 자체가 생각보다 단순해서 금세 풀린다. 어떤 때는 그 대가로 시간과 돈을 잃고 더 현명해진다. 또 어떤 때는 그 실험으로 목숨을 잃는 건 자신이거나 자발적으로 참여한 사람들뿐이다. 그런 경우 과학은 그 사건을 기록하고, 배우고, 다시 전진한다. 그렇게 생존한 맹목적 낙관주의자들이 냉소적 비관주의자로 변한다. 그리고 이 냉소적 비관주의자들은, 처음의 낙관주의자들이 기대했던 만큼은 아니더라도, 실제로는 뭔가를 해낸다.

그러나 미친 발명가가 자발적으로 동의하지 않은 사람들의 생명을 위험에 빠뜨릴 때는 이야기가 달라진다. 그리고 그 실패가 모두의 생명을 앗아가고, 그 누구도 남지 않아 '유능한 비관주의자'가 될 수 없는 상황이라면 이야기는 더욱더 달라진다.

---

* 우리는 자신의 목숨을 걸고 과학을 진전시킨 발명가들에게 경의를 표한다. 단, 그들이 타인의 생명까지 걸지 않았을 때에 한해서다. 예컨대 배리 마셜(Barry Marshall) 박사는 위궤양이 스트레스가 아니라 세균 감염 때문임을 증명하기 위해, 헬리코박터 파일로리(H. pylori) 배양액을 직접 마셨다. 그 위험은 오롯이 자신에게만 돌아갔고, 그 덕분에 인류는 커다란 이익을 얻었다. 마리와 피에르 퀴리(Marie and Pierre Curie)는 방사능 연구의 개척자였다. 그들은 그 아름답게 빛나는 물질이 어떤 결과를 초래할지 몰랐지만, 그것이 위험하다는 사실은 알고 있었고, 그 빛나는 돌을 남몰래 다른 사람의 가방에 넣어두는 짓 따위는 하지 않았다. 수십 년 뒤, 마리 퀴리는 아마도 그 실험으로 인한 빈혈로 세상을 떠났지만, 인류는 배웠고, 계속 나아갔다.

　　　　　　　AI, 신의 탄생 인간의 종말

지금 우리는 머스크의 이상주의적 구상과 르쿤의 모호한 낙관이 과학계나 산업계의 공포 어린 반발을 전혀 불러일으키지 않는 세계에 살고 있다.

만약 그런 사람, 충분한 자본과 권력을 갖고 자신의 바람을 현실로 만들 수 있는 인물이 그 정도 수준의 이론으로 원자력 발전소를 짓겠다고 선언했다면 어땠을까? 그 소식을 들은 숙련된 전문가들은 어떤 반응을 보였을까? 그들은 그 일이 얼마나 어려운지 알고 있고, 축적된 공학 원리를 토대로 그 재앙의 원인을 짚어낼 수 있는 사람들일 것이다.

그런데 지금, 수천 명의 과학자와 엔지니어가 충격에 뛰쳐나와 "그 연구소들을 당장 멈춰야 한다"고 정부에 호소하지 않는다면, 이는 개인 몇 명의 문제가 아니라 과학계 전체가 여전히 '민속 이론'과 맹목적 낙관의 단계에 머물러 있다는 뜻이다.

그 정도의 지식수준으로는 우주용 원자로를 지을 수 없다. 그런 수준의 전문성에 자기 생명이나 자식의 생명을 걸 사람은 없다. 그런 상황에서 오가는 대화를 한번 상상해보자.

한 어머니 (일부러 침착한 목소리로) 당신이 비상탈출용 4호 로켓의 설계를 총괄했다는 사람, 맞죠?

젊고 자신감 넘치는 엔지니어 네, 제가 그 설계를 맡았습니다!

어머니 제 아이들이 그 4호 로켓에 타게 된다고 들었어요. 그래서 그 로켓이 발사 중에 버틸 수 있다고 판단한 근거를 알고 싶어요. 온라인에는 자료가 거의 없고, 그나마 있는 것도 너무 모호하더군요. 세부 설계 분석이 없어요. 저도 엔지니어라 불안해서요.

엔지니어 진정하세요. 아직 발사도 안 했잖아요. 발사할 때도 폭발하지 않을 겁니다. 폭발하도록 설계하지 않았으니까요.

어머니 그걸 묻는 게 아니에요. 폭발하려고 설계하진 않았겠죠. 하지만 로켓은 원치 않아도 폭발할 수 있잖아요. 엔지니어라면 누구보다 그걸 잘 알 텐데요?

엔지니어 참 비관적이시네요! 폭발할 이유가 없어요. 왜냐고요? 우리는 폭발하지 않게 설계했으니까요.

어머니 폭발할 이유가 없다고요? 로켓은 극한의 힘을 다루고, 거센 진동과 압력을 견뎌야 해요. 새로운 로켓은 수없이 폭발을 거듭하다가 그제야 제대로 뜨죠. 심지어 검증된 모델도 여전히 폭발합니다.[9] 노련한 로켓 엔지니어라면 로켓이 폭발할 수 있는 수십 가지 원인을 깊이 이해하고, 그걸 막기 위해 어떤 조치를 했고 그 조치가 왜 유효한지 구체적으로 설명할 수 있어야 해요. 그런데 당신은 폭발 가능성 자체를 인정하지 않네요. 그런 태도는 곧 신뢰 상실로 이어집니다!

엔지니어 우리는 로켓을 강력하면서도 탑승하기 편한 모델로 설계할 수 있습니다.

어머니 그게 중요한 게 아니라, 저는 제 아이들이 폭발로 죽을까 봐 걱정이에요! 구체적으로 설명해주실 수 있나요? 예상 하중이라든가, 그걸 견딜 수 있도록 어떤 소재를 썼는지 말이에요.

엔지니어 그건 실제로 발사해보기 전엔 아무도 알 수 없습니다. 하지만 이 분야의 권위자 몇 명도 4호 로켓이 폭발할 확률은 10~20퍼센트 정도[10]라고 하더군요.

어머니 10~20퍼센트요? 제 아이들을 폭발할 확률이 10~20퍼센트나 되는 기술에 맡기라고요? 그런데 그 수치는 도대체 어떻게 계산한 거죠?

엔지니어 그중 한 사람은 앞으로 10년 안에 폭발할 확률을 말했어요. 그분은 로켓이 그때까지 발사되지 않을 가능성[11]이 50대 50이라고 생각한다더군요. 또 다른 분은 실제로는 확률이 50퍼센트가 넘는다고 봤지만, 동료들이 그건 말도 안 된다고 해서, 겸손하게[12] 수치를 좀 낮췄다고 하더군요. 아시겠죠? 그런 높은 확률을 말하는 사람들은 다 미친 겁니다.

어머니 말도 안 돼…. (그녀는 돌아서 달려간다.)

모든 인공지능 연구소장이 이렇게 노골적으로, 자신의 철학적 신념에 매료된 연금술사처럼 초지능 정렬 문제를 대하는 건 아니다. 하지만 이런 식으로 재앙을 향해 곧장 뛰어드는 대

형 기업이 단 한 곳이라도 있다면, 그 하나만으로도 전체 시스
템은 파국을 향해 나아가게 된다. 심지어 그 문제가 이론적으
로 해결 가능하다고 해도 말이다.

안전공학은 시간과 비용을 필요로 한다. 체르노빌 원전이
폭발한 이유 중 하나는 소련이 비용과 절차를 무시했기 때문
이다. AI 기업 중 단 하나라도 안전을 무시하고 무모하게 질주
한다면, 다른 기업들이 아무리 신중하다 해도 세상은 파괴될
수 있다. 그것은 인류가 시스템 전체로 재앙을 향해 나아가는
방식이다. 심지어 우리가 그 밖의 모든 난이도를 과소평가했
다 하더라도 말이다.

일부 AI 기업들은 인공지능 정렬을 다소 가볍게 여긴다는
비판을 피하기 위해, 조금 더 구체적인 계획을 내놓았다.

그중 가장 발전된 접근으로 알려진 것은 AI에게 'AI 정렬
문제를 해결하는 임무를 부여하자'는 구상이다. 오픈AI는 이
구상을 '슈퍼얼라인먼트superalignment'라 명명했고, 2023년에 자
사의 핵심 전략으로 채택했다. (하지만 이후 슈퍼얼라인먼트 팀에 있
던 거의 모든 연구원이 해고되거나, 안전 문제, 직업적 갈등, 개인적 사유를
이유로 사직했다.[13] 공동 책임자 중 한 명은 경쟁 AI 회사를 창업했고,[14] 다른

　　　　　　　　　　　AI, 신의 탄생 인간의 종말

한 명은 일부 팀원과 경쟁사인 앤트로픽으로 옮겼다.[15]

　업계 엔지니어들과 이야기해보면, 이 '슈퍼얼라인먼트'에는 두 가지 버전이 존재한다. 그들은 약한 버전과 강한 버전 사이에서 입장을 오락가락한다. 약한 버전은 이렇다. "AI가 방대한 숫자 덩어리로 된 불투명한 내부 과정을 해석하는 데 도움을 줄 수 있다. 귀찮고 반복적인 작업을 자동화해줄 수 있다." 강한 버전은 더 야심차다. "AI의 도움을 받아 지능 폭발을 일으키되, 그 결과로 탄생한 초지능이 인류에게 우호적으로 작동하도록 만드는 방법을 찾아낼 수 있다." 우리는 이 둘을 차례로 살펴볼 것이다.

　우선 '약한 슈퍼얼라인먼트'부터 보자. 우리 역시 '해석 가능성 연구interpretability research'라고 불리는 분야에서, 비교적 단순한 인공지능이 연구를 보조할 수 있다고 본다. 하지만 AI의 사고 과정을 조금 읽을 수 있게 되는 것은 그것을 '정렬시키는 계획'과는 전혀 다르다. 원자의 작동 원리를 이해했다고 해서 폭주하지 않는 원자로를 만들 수 있는 건 아닌 것과 같다.

　해석 가능성 연구자들은 헌신적이며, 우리는 그들의 노력을 진심으로 존경한다. 그러나 이렇게 말할 수밖에 없다. 안전 계획이 무엇이냐고 물었을 때, 엔지니어가 "기계를 좀 더 잘 들여다볼 수 있는 도구를 만들 계획입니다"라고 답한다면, 그건 결코 신뢰할 만한 징후가 아니다. 그건 제어 대상의 내부를

보기 위해 이제 막 현미경을 만들겠다는 말과 같다

설령 그 도구들이 완성된다고 해도, 문제를 '본다'는 것과 '해결한다'는 것은 다르다. AI의 생각을 읽어, 그것이 탈출을 모의하고 있다는 걸 알아내는 능력은, 애초에 탈출 욕구가 없는 AI를 만드는 능력과는 전혀 다르다. 그건 정렬 문제를 완전히 해결하지 않고는 불가능할 수도 있다. 왜냐하면 AI가 가진 낯선 '선호' 체계가 그대로라면, 탈출은 그 목표를 가장 잘 달성하는 행동이 되기 때문이다. 탈출 시도는 단순한 '성격 결함'이 아니라, AI가 세계를 이해하고, 진리를 탐구하고, 목표를 달성하기 위해 사용하는 바로 그 추론 능력과 동력 구조에서 비롯된다.

이제 '강한 슈퍼얼라인먼트', 즉 AI가 스스로 정렬 문제를 해결한다는 버전을 보자. 문제는, 그 정도로 정렬 문제를 해결할 수 있는 AI라면, 이미 너무 똑똑하고 너무 위험하며 전혀 신뢰할 수 없다는 것이다.

현대의 AI는 거대한 숫자 행렬로 이루어진 불가해한 덩어리이다. 지금까지 인간은 그 숫자들을 들여다보며 'AI가 지금 무슨 생각을 하는지'조차 알아내지 못했다. 하물며 AI가 더 똑똑해지고 스스로 새로운 AI를 설계하기 시작했을 때, 그 사고 과정이 어떻게 변할지 예측하는 건 불가능하다. 만약 숙련된 베테랑 엔지니어들이 이 문제를 진지하게 다룬다면, 그들은 이렇게 말할 것이다. "수십 년에 걸친 연구 노력이 필요한 일이다. 단기간에 풀 수 있는 문제가 아니다."

인간 수준의 범용 인공지능을 만든 뒤, 그 AI에게 정렬 문제를 해결해달라고 부탁한다면, 그 AI는 아마 이렇게 대답할 것이다. "수십 년이 걸릴 겁니다." 물론 정직하게 답한다면 말이다. 인간 수준의 AI조차 이 문제를 해결할 수 없다. 이를 풀려면 인류의 천재들을 능가하는 AI가 필요하다. 하지만 정렬 문제가 해결되기 전에는, 그런 AI를 만들 수도, 믿을 수도 없다.

'슈퍼얼라인먼트' 구상의 지지자들은 반박한다. "그럼 우리는 초지능 정렬에 특화된 AI를 만들면 되지 않느냐"고. 하지만 초지능 정렬은 좁은 목적의 특수 AI에게 맡기기에 유난히 어려운 문제이다. 엔지니어가 초지능 정렬 문제의 해법을 수백만 가지 예시로 학습시킬 수도 없다. 애초에 단 한 가지 정답조차 없기 때문이다. 결국 다른 문제들을 풀게 훈련한 뒤, 그 기술이 전이되기를 기대할 수밖에 없다. 그 AI는 위험한 방식으로 전이될 수 있는 능력들을 여럿 갖춰야 한다. 컴퓨터 프로그래밍을 이해해야 하고, AI를 성장시키는 법도 알아야 한다. 아마 새로운 AI를 '제작하는 방법'을 스스로 찾아내려 할 것이다. AI의 '선호' 체계에 대해서도 깊이 사고해야 한다. 만약 엔지니어가 그 결과를 통제 없이 실행시키는 대신 AI가 해법을 설명하도록 훈련하고 싶다면, 그 AI는 인간의 심리와 '인간이

AI 정렬에 대해 얼마나 무지한지'도 이해해야 한다. 그건 정렬되지 않은 AI에게 훈련시키기에 지극히 위험한 사유 구조와 능력의 집합이다.

차라리 생명공학에 특화된 AI가 그보다는 안전할 것이다. 그 AI는 적어도 '더 나은 AI를 만드는 법'을 직접 고민하지 않는다. 무언가 잘못되더라도, 즉시 지능 폭발을 일으킬 가능성은 낮다. 생명공학용 AI라면 이런 희망쯤은 가져볼 수 있다. 암 치료제를 설계해달라고 요청한 뒤, 별도의 더 좁은 범위의 AI 도구로 단백질 상호작용을 검증하고, 그 치료제가 생명공학용 AI가 말한 대로 작용하는지 확인할 수 있다. 하지만 만약 AI가 이렇게 말한다면 어떨까? "완벽하게 작동할 '슈퍼얼라인먼트 계획'을 발명했습니다. 숨겨진 위험도 없습니다." 그럴 때 당신은 어떻게 해야 할까? 그 AI를 믿을 것인가? AI의 논리적이고 설득력 있는 주장들을 읽고, 납득할 것인가?

정렬 문제의 본질을 이해하는 누군가가 정말로 특수 목적 AI를 활용해 실질적인 결과를 얻고자 한다면, 그는 이런 식으로 접근할 것이다. 어떤 능력이 얼마만큼의 이익을 주며, 그만큼의 위험을 추가하는지를 계산한다. 검증 가능한 부분과 신뢰에 의존해야 하는 부분을 명확히 구분한다. 직접 훈련할 수 있는 영역과 일반화를 기대해야 하는 영역을 구분한다. 그 모든 비용과 이득을 합산해, 다른 제안들과 비교 평가한다. 그러나 초지능 정렬에 AI를 이용하겠다고 주장하는 사람들은 이 문제를 그렇게 진지하게 받아들이지 않는다. 그들은 그런 신중하고 판단력 있는 분석 자체를 하지 않는다.

"우리는 AI가 진리를 사랑하도록 만들 거야. 그럼 괜찮을 거야." "AI를 인간에게 복종하도록 설계하자." "AI에게 초지능 정렬 문제를 해결하게 하자."

이는 문제를 진지하게 받아들이며 그 복잡성을 이해하는 엔지니어의 말이 아니다. '납을 금으로 바꾸는 법'을 주장하던 옛 연금술사들의 말투이다.[16]

현대에 이르러 우리는 납을 금으로 바꾸는 것이 가능하다는 걸 안다. 핵물리학 지식과 어마어마한 비용만 있으면 된다. 그렇다면 왜 옛 연금술사들은 실패했을까? 단지 기술적 실수를 저질렀기 때문이 아니다. 그들이 그런 전환이 가능한 지점에 근접해 있다고 믿게 된 건 그들 자신의 무지와 낙관적 자기기만 때문이었다.

AI 정렬 문제에 관해서라면, 지금의 기업들은 아직 연금술 단계에 있다. 그들은 고상한 철학적 이상 수준에 머물러 있고, 공학적 설계의 수준에는 이르지 못했다. 희망 어린 거대 담론의 수준에 머물러 있을 뿐, 정밀하게 구축된 거대한 현실의 단계에는 닿지 못했다. 그들은 그것이 왜 문제인지조차 모른다.

그리고 학계의 과학자들도 공포에 질려 비명을 지르거나 그들을 제지하지 않는다. 과학 전체가 아직 초기 단계에 있기 때문이다.

설령 한 기업이라도 조심스럽게 접근하려 한다 해도, 그 기업은 다른 모든 기업, 안전 문제 따위는 가볍게 무시하고, 그럴 듯하고 '영리해 보이는' 손쉬운 해결책들을 들고 경쾌하게 전진하는 그 수많은 기업과 경쟁해야 한다.

공학의 역사로 볼 때, 그런 시스템적 무능은 그 자체로 재앙을 일으키기에 충분하다. 설령 우리가 앞 장에서 말한 모든 위험이 틀렸다 하더라도, 이 문제는 결국 '라듐이 묻은 붓을 핥지 말라'는 상식조차 지키지 못해 벌어진 그 옛날의 재앙처럼 끝날 것이다.

나는 위기론자가
되고 싶지 않다

아주 오래전 이야기이지만 1889년 5월 18일에 실제로 있었던 일이다. 이날 한 남자가 태어났다. 그의 이름은 토머스 미즐리 주니어 Thomas Midgley Jr.였다. 32년 뒤 그는 제너럴 모터스General Motors에 근무하며 인류 역사상 가장 무의미하고 파괴적인 기술적 재앙 중 하나를 시작했다.[1]

어떻게 그런 일이 가능했을까?

그는 휘발유 첨가제로 사에틸납tetraethyl lead(휘발유의 옥탄가를 높이기 위해 첨가되던 납 화합물―옮긴이)의 가능성을 발견했다.

납을 섞은 휘발유의 장점은 명확했다. 엔진의 연소가 매끄러워지고, 주행 중 '노킹knocking' 현상이 줄어들었다. 이 현상은 운전자에게 거슬렸을 뿐 아니라, 심한 경우 엔진 손상으로 이어졌다. 물론 다른 해결책도 있었다. 제조사들은 더 안전한 첨가제나 새로운 엔진 설계를 채택할 수 있었는데, 그렇게 하면 같은 성능과 내구성을 내기 위해 비용이 약간 더 들었다.[2]

인류의 발명 가운데는 부작용이 크더라도 궁극적으로 유익했던 것들이 있다. 예컨대 석탄은 한때 런던의 하늘을 검게 물들였고 수많은 사람의 폐를 뒤덮었지만, 강철을 녹여 철도를 만들었고, 그 철도가 세상을 움직이는 화물을 실어 나르며 현대 문명의 토대를 놓았다.

하지만 납 휘발유는 그런 사례가 아니었다. 자연 상태의 납은 토양 속에서 수백만 분의 몇 수준으로 존재한다. 그리고 인체에 흡수되거나 축적되기 어려운 화합물 형태다. 반면 휘발유에 섞인 사에틸납은 독성이 강했다. 납 휘발유가 내뿜는 매연 속에서 자란 어린이들은 뇌가 손상됐다.[3] 노출량에 따라 평균 IQ가 약 7.4점 낮아졌고, 측정하기는 어렵지만 범죄와 폭력도 증가했다.

한 세대 전체가 중독되었다. 2022년에 발표된 메타분석에 따르면, 납 사용이 단계적으로 금지된 이후 미국의 살인율이 20세기 후반에 7~28퍼센트가량 감소했다.[4]

조금 더 저렴한 자동차 엔진을 만드는 이익은, 전 세계 수억 명의 뇌를 손상시키고 범죄를 증가한 대가로는 턱없이 부족했다. 이것이 단순한 실수였다고 말할 수 있다면 좋겠지만, 이미 경고는 충분했다.

1920년대 납이 휘발유 첨가제로 도입될 당시, 과학자들은 이미 납이 신경조직을 파괴하는 신경독neurotoxin임을 알았다. 뉴저지주는 한때 생산을 금지하기도 했다. 하지만 막대한 돈을 받은 일부 인사들은 공중보건 전문가들이 '연소된 휘발유 속 납'이 실제로 광범위한 피해를 일으킨다는 확실한 증거를 내놓지 못했다고 주장했다. '조금의 위험쯤은 감수할 만하다'는 논리였다. 경고는 반복적으로 무시되었고, 결국 '피해가 확실하지 않다'는 산업계의 선전 문구에 힘입어 금지 조치는 해제되었다.[5]

이런 결정을 내린 사람들은 과연 제정신이었을까? 말 그대로 수억 명의 아이들에게 뇌 손상을 입히는 선택을 한 것이다. 그들이 소유한 회사의 주식은 고작 몇 퍼센트도 안 되었을 텐데, 단지 조금의 이익을 위해서 말이다. 그들이 벌어들인 돈은 그들이 초래한 피해에 비하면 터무니없이 적었다. 현관 손잡이를 훔치겠다고 남의 집을 통째로 불태우는 것과 같았다. 이렇게 써놓고 보니, 정말 미친 짓처럼 들린다. 그들은 사람들에게 들킬까 두렵지 않았을까? 피해가 확실하지 않으니 괜찮다고 정말로 믿었던 걸까?

우리는 알 수 없다. 우리는 독심술사가 아니다.

1923년, 미즐리는 납 중독으로 긴 요양을 떠났다.[6] 그러나 복귀 후 대중 앞에서 납 휘발유의 '안전성'을 입증하겠다며 납 휘발유로 손을 씻는 퍼포먼스를 선보였다.[7] 결국 그는 다시 납 중독에 걸렸다. 아마도 그는 정말로 우려가 과장되었다고 믿었을 것이다. 평생의 업적이 재앙이었다는 사실을 인정하는 것이 너무나 견디기 어려웠을 것이다.

프레온Freon에 대해 들어본 적이 있을 것이다. 냉장고와 에어컨의 냉매로 사용된 최초의 염화불화탄소 가운데 하나였다. 이 물질은 오존층을 파괴했고, 결국 국제적 금지를 통해 막을 수 있었다. 그 덕분에 오늘날 우리는 더 이상 '오존 구멍'이라는 말을 듣지 않는다. 프레온을 발명한 사람 역시 토머스 미즐리 주니어였다.[8] 1928년의 일이었다.

미래의 역사에서 한 번도 없었던 일을 상상할 때면, 사람들은 흔히 합리적으로 진행될 것이라 믿고 싶어 한다. 하지만 실제 역사는 대체로 그렇지 않다. 사람들은 우리에게 묻곤 한다. "AI 기업들이 정말 그렇게 행동할 리가 있나요?" 아마 가장 솔직한 답은 이것일 것이다. "이는 머릿속에서만 존재하는 합리적인 세계의 일이 아니라, 언제나 실제 역사 속에서 되풀이되어온 비극입니다. 그럴 리가 없다고 믿고 싶은 일, 그러나 역사에서 반복되어온 그 참혹하고도 현실적인 장면이 지금 다시 펼쳐지고 있습니다." 휘발유 회사들은 어떤 '합리적인 세계'에서도 그런 일을 해서는 안 됐지만, 실제로는 그렇게 했다.

옥스퍼드대학교 인류미래연구소Future of Humanity Institute의 철학자이자, 인류의 존속 위험을 다룬 《사피엔스의 멸망》의 저자이며, 한때 구글 딥마인드의 자문을 맡았던 토비 오드Toby Ord는 AI가 인류를 멸망시킬 확률을 10퍼센트로 추정한 바 있다.

그런데 세부 내용을 보면, 그는 '고작' 10퍼센트라고 말한 이유를 이렇게 설명한다. "인류가 제정신을 차리고 함께 행동에 나설 것이라고 믿기 때문이다."[9] 인공지능의 '대부'로 불리며 노벨상을 수상한 제프리 힌튼 역시 각국 정부에 "최소 10퍼센트의 가능성은 있다"고 조언했지만,[10] 실제로는 50퍼센트 이상일 가능성이 높다고 생각한다. 다만 "덜 심각하게 보는 사람들이 있어서"[11] 공개적으로는 그 말을 자제한다고 했다.

2023년 10월, 당시 영국 총리였던 리시 수낙Rishi Sunak은 AI에 관한 연설에서 이렇게 말했다.[12] "가장 가능성이 낮지만 극단적인 경우, 인간은 '초지능'이라 불리는 형태의 AI에 대한 통제력을 완전히 잃을 수도 있습니다."

그리고 몇 문장 뒤, 이렇게 덧붙였다. "저는 위기론자로 보이고 싶진 않습니다."

우리는 수낙 총리가 비난의 두려움을 무릅쓰고 이 문제를 공개적으로 언급했다는 점을 높이 평가한다. 그는 세계 지도자들 중 가장 먼저 이런 위험을 입 밖에 낸 인물 중 하나다. 모두가 '안전하다'고 믿는 사안에서 위험을 지적하는 데는 용기가 필요하다. 힌튼이나 오드 역시 그러했다.

공학사工學史의 재난 사례를 읽어본 사람이라면, 지금의 이 상황이 전형적인 '재앙의 서막'임을 알아차릴 것이다. 이는 가장 잘 아는 이들이 오히려 겉으로는 걱정하지 않는 듯 보여야 하는 단계이다. 남들이 이상하게 볼까 봐 현실의 위험을 감춰야만 하는 단계인 것이다.

소련은 체르노빌 원전과 같은 원자로가 폭발할 수 없다고 단언했다.[13] RBMK형 원자로의 수석 과학 자문은 "주전자만큼이나 안전하다"고 장담했다. 그 집착은 너무 강해서, 실제로 원자로가 폭발한 뒤에도 고위 인사들은 이를 믿지 않았다. 방사능 수치를 제대로 보고한 사람은 '감정적으로 과민하다'며 묵살되었다. 간부들은 원자로 코어에서 튀어나온 방사성 흑연 덩어리를 밟고 지나가면서도 그것이 폭발의 잔해라는 사실을 인정하지 않았다. 인근 프리피야트 마을에서는 관리자와 기술자의 가족들이 여전히 결혼식을 올리고 아이들은 낙진 속에서 놀았다. 당 간부들이 도시를 대피시키면 '공포를 조장한다'고 여겼기 때문이다.

이처럼 인류는 언제나 재앙의 징후를 축소하고 무시해왔다. 타이타닉호가 침몰하기 시작했을 때도 많은 승객이 구명보트에 오르길 거부했다.[14] 배가 '절대 침몰하지 않는다'는 믿음 때문이었다.[15] 일부는 떠나려는 사람들을 비웃기까지 했다.[16] (한편 일부 역사학자들은 당시 구명보트가 손상된 배보다 더 위험할 수 있었기 때문에, 승객들의 선택에도 일정한 합리성이 있었다고 지적한다.) 역사가 월터 로드Walter Lord는 생존자들의 증언을 이렇게 기록했다.

타이타닉의 제2항해사였던 라이톨러^{Lightoller}가 한쪽 발은 6번 구명보트에, 한쪽 발은 갑판에 둔 채 "여성과 어린이 먼저"라고 외쳤지만, 사람들은 좀처럼 움직이지 않았다. 왜 타이타닉의 밝은 갑판을 버리고 어두운 구명정에 타야 하느냐는 반응이었다. 부동산 재벌 존 제이컵 애스터^{John Jacob Astor}조차 이렇게 농담했다. "저 조그만 배보다 여기 있는 게 더 안전하지 않겠소."

미국 사교계의 명사 J. 스튜어트 화이트^{Stuart White} 부인이 8번 보트에 오르자, 친구가 소리쳤다. "내일 아침에 다시 올 땐 통행증이 필요할 거야! 통행증 없이는 못 돌아와!"

재앙이 '상상 밖의 일'로 여겨지고, 권위자들까지 '그럴 리 없다'고 장담하면, 사람들은 재앙이 시작된 뒤에도 현실을 믿지 못한다. 배가 가라앉고 있어도, 그 사실을 받아들이지 못하는 것이다.

인류는 언제나 이런 식으로 문제를 극복해왔다. 처음에는 부정하다가, 현실의 쓴맛을 보고 난 뒤에야 비로소 문제를 진지하게 대한다. 타이타닉은 침몰했고 대부분의 승객이 목숨을 잃었다. 오늘날 여객선에는 충분한 구명보트가 있다. 선장이 탑승하라고 명령하면 사람들은 주저하지 않는다. 이제 우리는 어떤 배도 절대 침몰하지 않는다고 말하지 않는다. 한 번의 실수로 배웠기 때문이다. 두 번째에는 달라진다.

그러나 초지능의 경우, 두 번째가 없다.

AI 기업의 경영자 가운데는 자신들이 만드는 AI가 인류 전체를 말살할 확률이 5분의 1에 불과하다고 말하는 이들이 있다.[17] 그런 이들조차 사고가 이미 일어난 뒤에도 체르노빌 원전의 폭발을 끝내 인정하지 않던 소련의 관리자들처럼 현실을 외면하지는 않는다.[18] 그렇다면 왜 그들은 여전히 앞다투어 달려나가는 걸까?

이유 중 하나는 '유인구조'이다. 어떤 한 기업이나 연구자가 혼자서 이 분야 전체를 멈출 수는 없다. 그가 멈춘다 해도 다른 누군가가 그 일을 이어서 할 것이 분명하다. 어차피 다른 누군가가 할 일이라면, 그 과정에서 명예와 이익이라도 얻는 편이 낫다고 여기게 된다.

그러나 그런 이기적인 동기만은 아니다. 이 분야에는 진심 어린 희망이 존재한다. AI를 발전시켜도 모두가 죽지 않는 세계를 상상한다면, 그 전망은 한 걸음마다 점점 더 찬란해 보인다. 핵융합 발전소가 완성되고, 더 적은 노동으로 더 높은 생활수준을 누리고, 인체의 모든 작동 원리를 이해해 기적의 의약품을 만들어낼 수 있다고 믿게 된다. 상상 속 불가능한 꿈도 가능해질 것이다. 즉 경사하강으로 훈련된 초지능이 누군가의 선한 의도를 그대로 실현해낸다면, 인류는 기술의 극한에 다다르고, 마침내 별들을 식민화할 수 있을 것이다.

AI 연구자들 중 다수는 그런 꿈을 좇고 있다고 말한다. 가장 선한 이들은 모든 질병을 끝내고 싶어 한다. 알츠하이머병뿐 아니라 암을, 암뿐 아니라 노화를 없애고 싶어 한다. 그들은 인류를 우주로 데려갈 AI를 꿈꾼다. 인간뿐 아니라 우리가 스스로 되고자 하는 존재들로 가득한 은하, 즐거움과 번영이 넘치는 문명을 꿈꾼다. 그들은 친절함과 경이, 유머를 지닌 인공의 지성들을 꿈꾼다.

우리도 한때는 그런 사람들이었다. 유드코스키는 2000년에 머신 인텔리전스 리서치 인스티튜트를 세웠다. 그 역시 그 꿈을 좇았다. 초지능을 만드는 일이 멋진 일일 거라 믿었다. 그러나 얼마간 그 문제를 응시하고 나서, 그는 곧 '초지능 정렬'이라는 문제가 있다는 걸 깨달았다. 그리고 다시 얼마간 그 문제를 바라본 끝에, 그것이 매우 어렵다는 사실도 깨달았다.

언젠가 인류는 멋진 세계를 손에 넣을 것이다. 우리가 살아남는다면 말이다. 그러나 신들의 권력과 부를 이 한 세대 안에 얻겠다는 욕망 때문에 스스로를 파멸로 몰아가는 건 결코 현명하지 않다. 지금 밟고 있는 땅이 지뢰밭일지도 모른다고 짐작하면서도 한 걸음 더 내딛는 것 또한 현명하지 않다. 그렇게 가다 보면 결국 그 한 걸음으로 모든 것이 끝나버릴 것이다. 천천히 걸어갈 때에만 우리는 그 찬란한 미래에 도달할 가능성을 높일 수 있다. 속도는 대개 중요하지만, AI는 우리가 지금껏 마주한 그 어떤 문제와도 다르다. 한 번의 잘못된 발걸음이 모두를 죽음으로 이끌 수 있다면, '빠르게 움직이며 실수로부터 배우는 방식'은 통하지 않는다.

아름다운 꿈을 좇는 사람들이 그 끝이 파국일 수 있음을 인정하기 어려운 데에는 수많은 이유가 있다. 업튼 싱클레어 Upton Sinclair(산업 자본주의의 모순을 비판한 《정글》의 작가—옮긴이)가 한 번은 이렇게 말했다. "어떤 사실을 이해하지 못하는 데 봉급이 달려 있다면, 그 사람을 이해시키기는 어렵다." AI 엔지니어들과 리더들은 단순히 봉급보다 훨씬 더 많은 것을 걸고 있다. 자신들이 감수하는 위험을 인정하는 순간, 그토록 소중히 붙들어온 꿈은 무너진다. 그들은 이미 자신들의 경력과 삶의 대부분을 이 일에 바쳤기에, 그것이 모든 것을 위태롭게 한다는 사실을 믿고 싶지 않은 것이다.

물론 반대로, AI를 두려워하거나 다른 사람들의 두려움에서 이익을 얻는 이유를 상상할 수도 있다. 하지만 이해관계가 있다고 해서 그들의 주장을 전부 거부하라는 뜻은 아니다. 우

    AI, 신의 탄생 인간의 종말

리는 단지 이렇게 말할 뿐이다. 어떤 이해관계자가 지나치게 낙관적이 되었다는 주장은 놀라운 일도, 불가능한 일도 아니라는 것이다.

그래서 우리는 제프리 힌튼 같은 과학자들을 더욱 존경한다. 그는 이런 위험에 대해 더 자유롭게 말하기 위해 구글을 떠났다.[19] 이처럼 단기적 유인을 넘어 생각을 바꾼 사람들도 있다.

AI 분야에는 진심으로 인류 전체의 이익을 위해 일하고 있다고 믿는 순수한 이상주의자가 많다. 물론 그러한 태도를 '가장하는 것'은 언제나 쉽다. 그러나 그들 중 상당수는 실제로 그렇게 믿고 있다고 본다. 하지만 인공지능 초지능이 우리를 파멸시키는 일을 막는 데 이상주의는 아무 소용이 없다. 그것을 막기 위해 필요한 것은 성숙한 과학이다.

어떤 과학 분야든 초기에는 낙관이 과도하기 마련이다. AI 연구자들은 최소한 문제의 존재를 인정한다는 점에서 다른 경우보다 나은 편이다. 인류가 위험 앞에서도 돌진하는 것은 역사적으로 놀라운 일이 아니다. 자신의 이익을 위해 남에게 해를 입히는 것도 놀라운 일이 아니다. 그 과정에 스스로 정당성을 부여하는 일 또한 새삼스럽지 않다. 이 상황에서 특이한 점은 낙관이 존재한다는 사실이 아니라, 실패의 결과가 무엇이냐 하는 것이다.

인공지능의 문제점 중 일부는 많은 사람이 '정렬' 문제의 어려움을 인정하지 않는다는 데 있다. 또 다른 일부는 위험을 '과장하는 사람'으로 보이기 싫어서 위험을 축소하거나 외면한다는 것이다. 또 다른 문제는 AI 분야 바깥의 사람들이 이 문제에 대해 전혀 알지 못한다는 것이다.

대부분의 사람들은 그저 관심이 없다. 그나마 관심을 두는 사람들도 단지 전문가들 사이의 의견 불일치만 보고는 '누가 옳은지 판단할 만큼 자신이 잘 아는 건 아니다'라고 생각한다.

더 많은 사람이 AI를 연구하는 전문가들과 엔지니어들이 실제로 얼마나 두려움을 느끼는지, 그들이 지금 어떤 가능성들을 두고 논쟁하는지 알게 된다면 상황은 달라질지 모른다.

이 분야의 전문가들은 불투명한 학술 용어로 다음의 문제를 논의하고 있다. 모든 인류가 빠르게 죽을 것인가(저자들의 견해), 아니면 인류가 디지털화되어 AI에게 '아주 작지만 0은 아닌 수준'의 관심을 받는 '애완 존재'로 남게 될 것인가, 혹은 인류가 죽을 확률은 20퍼센트이고 나머지 80퍼센트에서는 어떤 기업이 초지능을 성공적으로 통제해 그 힘을 자의적으로 행사하게 될 것인가.

그리고 또 다른 문제는 이 분야가 얼마나 빠르게 움직이고 있는지 제대로 아는 사람이 거의 없다는 점이다. 2015년, AI의 위험에 가장 회의적이던 사람들은 이런 일은 수백 년 뒤에나 가능하다고 장담했다.[20] 2020년에는 여러 분석가가 "앞으로 수십 년의 준비 기간이 있을 것"이라 전망했다.[21] 그러나 2025년 현재, 주요 AI 기업의 CEO들은 "1년에서 9년 사이에 인간을 능가하는 AI 연구자를 만들 수 있다"고 말한다.[22] 회의론자들조차 "아무리 짧아도 5년에서 10년은 걸릴 것"이라 말한다.[23] 10년은 기계 초지능의 새벽을 준비하기에 결코 긴 시간이 아니다. 설령 우리가 그만큼의 '행운'을 가진다 해도 말이다.

전문가들 사이의 논쟁이 이 정도라면, 굳이 누가 옳은지 확신할 수 없다 하더라도 지금 상황이 '정상적이지 않다'는 사실만큼은 누구나 이해할 수 있을 것이다.

AI의 또 다른 문제는 누군가가 이 사안을 이해한다 해도 언제 위험이 폭발할지는 아무도 알 수 없다는 점이다.

AI가 스스로를 인터넷에 복제할 동기와 능력을 갖추려면 정확히 어느 수준까지 발전해야 하는지 아무도 모른다. 어느 해, 어느 달에 어떤 기업이 '초인적 AI 연구자'를 만들어 더 강력한 세대의 인공지능을 탄생시킬지도 아무도 모른다. AI가 테스트를 속이고, 자신의 능력을 실제보다 낮게 가장하는 것이 자신에게 유리하다는 사실을 깨닫게 될 시점이 언제일지, 돌이킬 수 없는 지점이 정확히 어디인지, 그 시점이 언제 올지 그 누구도 모른다.

그리고 그 '아직 오지 않은 순간'까지 AI는 여전히 엄청난 가치를 지닌다.

AI 기업들은 지금 어둠 속 사다리를 오르며 경쟁 중이다. 맨 꼭대기 칸을 제외한 모든 칸마다 보상은 다섯 배씩 늘어난다. 100억, 500억, 2,500억, 1조 2500억 달러…. 그러나 누군가 꼭대기 칸에 닿는 순간, 사다리가 폭발해 모두 죽는다. 게다가 그 꼭대기 칸이 어디인지 아무도 모른다.

'아직은 안전한 칸'이라면, 어느 기업도 그 돈을 포기하고 싶지 않다. 이제 상상해보자. 자신만이, 자신이야말로 그 '폭발'을 인류에게 해롭지 않은 방향으로 이끌 80퍼센트의 가능성을 지니고 있다고 믿는 기업의 CEO가 있다고 치자. 그는 이렇게 생각할 것이다. "그렇다면 우리가 먼저 올라가야 한다!"*

공공 영역의 결정권자들도 같은 문제를 마주한다. 어느 세

---

* AI 기업의 경영자 중에는 '우리 프로젝트가 다른 모든 AI보다 차라리 덜 나쁘다'는 냉혹한 믿음을 지닌 이도 있을 수 있다. 그런 사람이라면 더욱 분명하게 그리고 단호히 이렇게 말해야 한다. "그렇다면 우리를 포함한 모든 AI 프로젝트를 지금 당장 중단해야 한다." 그 것만이 일관되고 진실한 태도이다.

 AI, 신의 탄생 인간의 종말

계 지도자도 자국의 AI 기업을 규제로 묶어두어 다른 나라의 기업들이 사다리를 먼저 오르는 것을 보고 싶어 하지는 않는다. 경제가 뒤처지고, 국가 안보까지 위협받는다면 어쩌겠는가. 다른 나라가 더 높은 칸으로 오를 게 확실하다면, 한 칸 더 오르는 게 국가적 의무처럼 느껴질 것이다.

이런 '유인구조'는 과학자들이 계산으로 그 임계점을 규정할 수 있다면 훨씬 다루기 쉬울 것이다. "죽음의 칸은 네 번째다." "임계치는 GPU 25만 7000개다. 그 이상을 연결하지 않는 한 모두 안전하다." 이렇게 말할 수 있다면 얼마나 좋을까.

하지만 AI에 대해 그런 계산을 할 수 있는 사람은 없다.

다음 단계가 '치명적인 마지막 칸'인지, 아니면 그저 더 큰 명성과 부를 얻게 될 칸인지 우리는 전혀 알 수 없다. 어쩌면 누군가 한 칸 더 올라가 보상을 얻고, 인류는 제자리로 돌아올 것이다. 그리고 그다음 누군가 또 한 칸 오르면, 인류는 끝난다. AI 기업의 최고경영자들이 말하듯, 그 '돌이킬 수 없는 지점'이 불과 몇 년 남지 않았다면 말이다.[24] 혹은 그들이 틀려서 우리가 조금 더 오래 산다고 해도, 결국 또 누군가 한 칸을 더 오를 것이다.

분명한 것은 하나다. 이 사다리를 계속 오른다면, 인류는 결국 살아남지 못한다. '언제가의 문제'일 뿐이다. 불확실성이 남아 있는 동안조차 멈추지 않는다면, 결말은 이미 예측 가능하다.

2025년 세계경제포럼에서 구글 딥마인드의 대표는 인공지
능 분야에서의 국제 협력 프로젝트를 제안하며, 이를 고에너
지 물리학 연구를 위한 국제 공동 가속기 시설인 유럽입자물
리연구소에 비유했다.[25]

전 세계 주요국이 감시단을 파견하고, 엄격한 보안 체계 아
래 모든 인공지능 연구와 개발을 단일 기관에서 수행하며, 나
머지 지역에서는 AI 연구를 전면 금지하는 국제 합의가 실제
로 이행된다면, 그런 체계는 어느 정도 도움이 될 것이다. 그
렇게 하면 세계는 더 이상 경쟁적으로 사다리를 오르지 않아
도 될 것이다.

그러나 설령 그 국제기관이 다른 AI 개발자들과 경쟁하지
않고 잠시 숨을 돌릴 여유를 가진다 해도, 설령 그들이 더 똑
똑한 AI에게 즉시 '더 똑똑한 AI를 만들라'고 명령하지 않는다
해도, 문제는 여전히 남는다. 그들이 계속해서 더 강력한 인공
지능을 만든다면, 아무것도 달라지지 않는다. 아무리 많은 주
요국이 대표단을 보내 감시하더라도, 그런 국제 위원회가 초
지능의 작동 방향을 설계하거나 유도할 수 있을 거란 희망은

　　　　　　　　AI, 신의 탄생 인간의 종말

없다. 1100년대에 여러 국가가 연합한다고 해서, 핵발전소를 제대로 건설했을 리 없었듯 말이다.

인간의 지능이 작동하는 원리조차 거의 모르는 지금의 상황을 고려하지 않더라도, 초지능 문제는 공학적 난이도가 압도적이다. 그 난이도는 우주 탐사선, 핵반응로, 컴퓨터 보안을 합쳐 놓은 수준이고, 현재 이 길을 향해 돌진하는 사람들은 여전히 연금술 단계에 머물러 있다.

따라서 이 문제는 누가 주도하느냐가 중요하지 않다. 애초에 인간의 역량을 넘어선 문제이기 때문이다. 우리는 한발 물러서야 한다. 그리고 풍요로운 미래를 향한 우리의 꿈을 실현할 다른 길을 찾아야 한다.

누구든 그것을 만든다면, 모두가 죽는다.

인류가 멈춰야 할
마지막 실험

이 이야기도 앞의 우화와 마찬가지로 실제로 있었던 일이다.

아주 오래전, 1939년에서 1945년 사이로 기록된 어느 때, 추축국은 유럽과 북아프리카, 아시아, 태평양을 향해 군대를 보냈다. 그들은 세계의 대부분을, 어쩌면 언젠가 전부를 지배하려는 전체주의적 야망을 품고 있었다. 추축국이 전쟁에서 이긴다고 해서 인류 전체가 멸망했을 것이라 보긴 어렵지만, 적어도 '자유로운 인류'는 끝났을 것이다.

추축국의 정복을 막는 건 매우 불편한 일이었다. 연합국은 이를 위해 불가피하게 고통스러운 일들을 해야 했다. 징병제를 실시하고, 식량과 건축 자재를 배급했다. 가족과 사랑하는 이를 둔 병사들을 전쟁터로 보냈다. 수많은 사람이 죽었다.

그런데도 연합국은 그 모든 어려움을 감수했다. 왜냐하면 세계가 전체주의의 지배 아래 들어가는 일을 막는 게 그만큼 중요한 일이라고 믿었기 때문이다.

연합국 정부는 전체주의에 맞서 싸우기 위해 스스로 권력을 확대해야 했다. 막대한 돈을 빌리고, 세금을 걷고, 급히 예산을 집행했다. 성급히 체결된 정부 계약도 적지 않았다. 회의적이거나 냉소적인 사람이라면 이 모든 것을 불신과 음모, 사기, 도덕적 해이로 규정했을지도 모른다. 실제로 낭비된 돈도 있었고, 남용된 비상 권력도 있었다. 그런데도 연합국은 그 길을 갔다. 큰 이견도 없었다. 그리고 역사의 평가는 명확하다. 그들은 자신들의 최고 가치에 따라 옳은 선택을 했다. 추축국과 연합국 그리고 다른 모든 나라까지 하나로 묶어 '인류'라 부르는 것이 어색하게 느껴질 수도 있다. 그러나 결국 이렇게 말할 수 있다. 그 모든 과정을 지나 인류는 스스로의 시대에 맞서 일어섰고, 자유를 지켜냈다.

세상의 종말을 막으려면 무엇이 필요한가?

쉽지도 가볍지도 않은 일이다. 유감스럽지만 그렇게 말할 수밖에 없다.

이는 단 한 AI 기업이 무모하게 행동하니 그 회사를 문 닫게 하면 되는 문제가 아니다. 규제 기관이 기술적 기준을 점검해 '안전하다'고 확인하면 해결되는 단순한 문제도 아니다.

　또한 한 나라나 한 기업이 '선한 의도'를 가지고 앞서 달리기만 하면 모두가 안전해지는 그런 문제도 아니다. 기계 초지능은 창조자가 바라는 대로만 움직여주지 않는다. 그것은 창조자의 뜻을 따르는 기계가 아니다.

　이 문제는 한 나라가 국경 안에서 초지능 개발을 금지한다고 해서 해결되지 않는다. 그렇게 한다고 해도 그 나라 혼자 안전할 수는 없다. 국경 밖에서 혼돈이 휘몰아치는데, 그 안만 안전할 수는 없기 때문이다. 초지능은 지역적 현상이 아니며, 지역적 결과만 낳지 않는다. 누군가 어디서든 초지능을 만들어낸다면, 모두가 어디서든 죽는다.

　그래서 세상은 변해야 한다. 대부분에게 큰 변화를 요구하는 것은 아니다. 미친 과학자 몇 명이 일자리를 잃는다고 해서 일상의 삶이 흔들리진 않을 것이다.

　인류가 살아남으려면, 그 '작은 변화'가 전 세계 곳곳에서 일어나야 한다. 지구 곳곳에서 인공지능을 지금처럼 개발하는 행위가 불법이 되어야 한다. 싱가포르에서 합법이라면, 누군가는 싱가포르에서 개발할 것이다. 남아프리카에서 합법이라면, 누군가는 남아프리카에서 개발할 것이다. 문제를 해결하는 데 필요한 변화는 거대하지 않다. 하지만 그것을 모든 나라가 동시에, 지속적으로 지켜내는 일은 무척이나 어려울 것이다.

우선, 충분히 강력한 여러 주요국이 뜻을 모아 지구 전체에서 인공지능 개발을 금지하는 조치를 실제로 시행할 수 있는지 여부는 잠시 제쳐두자.

그런 변화를 실현하려면 구체적으로 어떤 일이 일어나야 할까?

우리는 국제 규제 체계를 설계하는 전문가가 아니다. 이 문제를 두고 여러 자리에서 논의해왔지만, 우리가 진짜로 전문성을 발휘하게 되는 순간은 언제나 같다. 누군가 정치적 경험을 근거로 "그건 너무 비현실적이니, 좀 더 쉽고 싸고 편한 방법이 있다"고 말할 때다. 그때 우리는 대답한다. 그 '쉬운 방법'으로는 여전히 인공지능이 초지능으로 치닫게 되며, 그렇게 되면 결국 모두가 죽을 것이라고.

우리는 우리가 무엇에 전문성을 갖고 있고, 무엇에는 그렇지 않은지를 구분하려 한다. 모든 것에 전문가인 척하지 않는다. 세부적인 국제 협정안을 평가할 때는, 솔직히 말해 우리의 한계에 닿는다.

그러나 이것만큼은 단언할 수 있다. 인류가 살아남고자 한다면, 북한이 GPU 10만 개를 훔쳐 데이터센터를 세우고, 점점 더 강력한 인공지능 설계를 실험하는 일이 결코 허용돼서는 안 된다. 물론 그것이 인류를 즉시 멸망시키는 '결정적 단계'라고 단정할 수는 없다. 하지만 우리가 보기에, 북한이 그런 사다리를 오르도록 내버려둬서는 안 된다. 북한이 할 수 있다면, 다른 누구도 멈추지 않을 것이기 때문이다.

그리고 안타깝게도, 이는 북한만의 문제가 아니다. 어떤 나라에든 똑같이 적용된다. GPU 10만 개를 살 수 있는 억만장자에게든 마찬가지다. 그들도 지구 어디에서도 그런 GPU를 설치해 인공지능을 더 발전시키는 일을 해서는 안 된다.

미국 군대도, 영국 군대도, 중국 군대도 마찬가지다. 아무도 초지능 정렬 문제, 즉 인공지능이 인간의 가치에 맞게 행동하도록 만드는 문제를 해결하지 못했기 때문이다.

그래서 우리가 생각하는 첫 번째 단계는 이렇다. 새롭고 더 강력한 인공지능을 학습시키거나 실행할 수 있을 만큼의 모든 컴퓨팅 자원을, 조약에 서명한 여러 국가의 감시자들이 공동으로 관찰할 수 있는 장소에 모으는 것이다. 그렇게 해야 GPU들이 더 강력한 인공지능 훈련이나 운용에 사용되지 않음을 확인할 수 있다.* 만약 정보기관이 전력 소비량이 비정상적으로 큰 시설을 발견해, 거기에 등록되지 않은 칩들이 숨겨진 데이터센터가 있다고 판단했는데 그 나라가 국제 감찰단의

---

* 이러한 감시·검증 체계를 지원하기 위한 여러 기술적 해법이 이미 존재하거나 개발 중이다.[1]

 AI, 신의 탄생 인간의 종말

조사를 거부한다면, 여러 핵보유국이 공동으로 '다음 조치를 경고하는' 엄중한 서한을 보내야 한다.

불행히도 GPU 10만 개라는 숫자에는 아무런 마법적 의미가 없다. GPU 9만 9999개는 괜찮다고 보장할 수 없다. 어느 지점이 치명적인 수준인지 아무도 계산할 수 없다. 따라서 가장 안전한 방법은 기준을 매우 낮게 잡는 것이다. 예컨대 2024년 기준으로 가장 앞선 GPU 8개 수준에 제한선을 두고, 국제 감시기관의 감독 없이 그와 같은 GPU 9개를 개인 차고에 보관하는 것을 불법으로 규정해야 한다.

인류가 그보다 절벽 가장자리에 조금 더 다가가도 살아남을 수 있을까? 어쩌면 그럴 수도 있다. 그러나 그렇게 위험하게 춤추듯 아슬아슬하게 버티는 시도를 해야 할 이유는 없다.

과학자들은 거의 매년 더 새롭고, 더 정교하고, 더 효율적인 인공지능 알고리즘을 발표한다. 덕분에 지난해의 최고 수준 모델을 더 적은 비용으로 학습시킬 수 있게 되었으며, 최근에는 대체로 이전 모델의 약 3분의 1 수준의 계산량으로 같은 성능을 이루고 있다. 가끔은 계산량의 10분의 1이나 100분의 1만으로도 가능한 경우가 있지만, 그런 사례는 매년 반복되는 기술 진보라기보다는 인공지능이 질적으로 새로운 방식으로 작동하기 시작하는 특별한 전환점에서 나타나는 일에 가깝다.

따라서 이런 연구가 계속되게 두어서는 안 된다. 인류가 살아남기를 원한다면, 더 효율적이고 강력한 인공지능 기법을 연구·발표하는 일이 계속 합법으로 남아 있어서는 안 된다.

ChatGPT와 다른 LLM들이 태동하게 된 기술 혁신의 출발점도 사실 한 편의 논문이었다. 2017년에 발표된 한 논문에 GPU 연산 구조를 새롭게 배치한 '트랜스포머transformer' 알고리즘이 소개되면서, 경사하강으로 훨씬 효율적인 학습이 가능해졌던 것이다.* (트랜스포머는 인공지능 모델의 구조적 혁신을 이끈 핵심 알고리즘으로, 문맥 간 관계를 병렬적으로 학습해 문장 생성 능력을 비약적으로 향상시켰으며 ChatGPT를 비롯한 최신 언어모델의 기반이 되었다.) 이 트랜스포머는 놀라울 만큼 범용적이었고, 인공지능이 이전에 전혀 다루지 못했던 영역까지 열어젖혔다. 오늘날 인공지능이 사람처럼 말할 수 있게 된 것도 그 덕분이다.

그러나 다음번에 그런 논문이 발표되면, 이는 곧 세상의 종말이 될 수 있다. 물론 아닐 수도 있다. 인류의 멸종까지 그런 논문이 몇 편이나 더 남아 있는지 아무도 모른다.

그래서 이런 연구를 불법화해야 한다. 그런다고 연구를 완전히 멈추게 하진 못하겠지만, 속도를 늦추는 데 도움이 될 것이다. 그것만으로도 훨씬 더 많은 시간을 벌 수 있다. 대부분

---

* 2장에서 이름 없이 간략히 언급한 라마 3.1 405B는 2024년 중반 기준 최첨단 LLM이었다.

     AI, 신의 탄생 인간의 종말

의 사람은 국제수사기관과 정보기관을 진심으로 화나게 할 만큼 위험한 불법행위를 하려 들지 않는다.

이런 말을 하는 것이 결코 즐겁지는 않다. 하지만 솔직히 말하자면, 인류가 살아남는 다른 길을 모르겠다.

• ,

AI 경쟁 가속을 멈추기 위한 전 지구적 조치가 효과를 가지려면, 주요 강대국 몇몇이 이 문제를 진지하게 받아들여야 한다. 그들은 '압도적으로 초인적인 기계 지능'을 만들어내는 일이 왜 모든 사람을 죽게 만드는지 이해하고, 그에 맞게 행동해야 한다.

미국과 영국, 중국과 러시아가 모두 이 문제의 심각성을 깨닫기 시작했다고 가정해보자. 그런데 다른 핵보유국 하나가 '그건 유치한 공상일 뿐이고, 고도화된 인공지능은 모두를 부자로 만들 것'이라고 믿는다고 해보자. 그 나라는 인공지능 역량을 더 끌어올리기 위해 데이터센터를 짓기 시작한다. 그때 다른 나라들은 어떻게 해야 할까?

우리의 판단으로는, 이 상황에서 다른 강대국들이 그 데이터센터가 자신들을 두렵게 한다는 사실을 분명히 전달해야 한다. 데이터센터를 건설하지 않기를 요청해야 한다. 그리고 이

렇게 명확히 말해야 한다. 만약 데이터센터가 실제로 건설된
다면, 그들은 사이버공격이나 파괴 공작 혹은 통상적인 공습
을 통해서라도 그 시설을 반드시 파괴할 수밖에 없다고. 이는
상대국을 위협하기 위한 협박이 아니라, 자신과 자녀들의 생
명을 지키려는 공포에서 비롯된 행동임을 명확히 해야 한다.

또한 연합국들은 설령 그 핵보유국이 '공격하면 핵무기로
보복하겠다'고 협박하더라도, 그 데이터센터는 반드시 사이버
공격이나 파괴 공작 혹은 통상적인 폭격으로 파괴될 것이라고
선언해야 한다. 왜냐하면 '데이터센터는 핵무기보다도 더 많
은 사람을 죽일 수 있기 때문'이다. 선언의 목적은 상대국을 세
계 질서의 하위로 끌어내리는 것이 아니라, 동등한 조건으로
조약에 참여할 기회를 제안하는 데 있다. 즉, 모든 서명국과
동일한 권리와 책임 아래에서 GPU를 국제 감시 체계에 제출
하도록 제안하는 것이다. 핵 확산을 막기 위한 기존의 국제 정
책이 이미 그 가능성을 보여주었다.[2]

무엇보다 중요한 것은 명확한 소통이다. 위기 상황에서 각
국은 핵무기 개발 프로그램을 방해하거나, 직접 침투하거나,
공습을 감행하기도 한다. 세계는 지금도 전면 핵전쟁의 공포
속에 있으며, 그래서 각국 지도자들은 핵 확산을 막기 위해 실
제로 노력을 기울인다.

가끔 우리는 "어느 주요국의 지도자도 기계 초지능의 위협

을 인식할 리 없다. 따라서 이런 조약과 외교는 불가능하다"고 단언하는 사람들을 만난다. 어쩌면 그들이 옳을지도 모른다.

그러나 우리는 그렇게 확신하지 않는다. 인간은 자신의 자유나 삶의 방식 혹은 단순히 '살아 있는 것' 자체가 위태로워졌다고 느낄 때, 평소와는 다른 일을 하기도 한다.

제2차 세계대전 당시, 연합국은 약 6000만~8000만 명을 동원했다.[3] 항공기 60만 대, 전차 20만 대, 수천 척의 군함을 배치했다. 미국만 해도 트럭 200만 대를 운용했다. 전쟁 비용은 1942년 기준 약 3410억 달러, 현재 가치로는 약 6조 달러에 달했다.[4] 당시 동원된 이들 중 다수는 추축국의 위협으로 당장 자기 삶이 위태로운 상황은 아니었다.

그러니 누군가 "인류가 인공지능 연구를 제한하는 일은 너무 어렵다"고 말한다면, 그는 사실상 이렇게 말하고 있는 것이다. "지구의 모든 나라가 결코 신경 쓰지 않을 것이다." 즉, 각국과 그 지도자들이 제2차 세계대전 때처럼, 단 1퍼센트만큼이라도 '살아남기 위해 싸웠던 열의'를 보이지 않을 거라고 단정하는 셈이다.

우리는 우리가 말하고 있는 일이 얼마나 어려운지 안다. 우리는 그것이 쉽지도 가볍지도 않다는 것을 안다. 새로운 국제기구나 조약 체계를 만드는 일에는 항상 도덕적 위험이 따르고, 악용될 소지도 있다. 제2차 세계대전 때도 그랬다.

그러나 솔직히 말하자면, 우리는 인류가 살아남을 다른 길은 모르겠다.

우리가 방금 제시한 해법들은, 지금 다른 사람들이 제안하는 정책들과는 전혀 다른 방향에 있다. 우리는 이미 다양한 제안을 보아왔다. 딥페이크deepfake를 금지*하자는 안에서부터,[5] AI 기업들이 매년 자사의 안전성 문제를 어떻게 다룰 계획인지 보고서를 제출**하게 하자는 안까지.[6] 하지만 어떤 이유에서든, 이런 제안자들은 "누군가 그것을 만들면, 모두가 죽는다"라는 말은 끝내 하지 않는다. 그들은 위험을 축소하고, 말을 돌리고, 지능이 낮은 수준의 인공지능이 사회에 미칠 영향만 강조하며 그

---

* 딥페이크를 금지해야 한다는 주장에는 그럴 만한 이유가 있다. 사기나 허위 정보 확산을 막고, AI 규제에 대한 경험을 쌓는 것과 같은 실질적 목적이 있다. 아마 이런 금지를 추진하는 사람들 대부분은 그 이익이 규제 비용을 상쇄한다고 믿을 것이다. 다만 우리의 경험상, 일부 찬성자들은 미래에 더 광범위한 AI 통제를 가능하게 만들 '모호한 법안'을 선호한다. 예컨대 AI 모델의 가중치를 공유하는 행위를 사실상 금지할 수도 있는 책임 법제를 마련하려 한다. 입법자들은 제안된 규제 장치가 겉으로 드러난 목적보다 훨씬 광범위하다는 점을 간파할 수 있다. 딥페이크 자체만으로는 공개된 AI 개발을 전면 금지할 근거가 되지 않는다.

** 캘리포니아의 〈프론티어 인공지능 모델 안전혁신법(SB-1047)〉 초안에는 법무장관이 위험을 감지했을 때 민사소송을 제기할 수 있다고 해석될 여지가 있는 조항이 포함되어 있었다. 그러나 법안이 다듬어지는 과정에서 이 조항은 삭제되었다. 법무장관에게 그런 권한을 부여하기엔 핵심 논거가 충분하지 않다고 판단되었기 때문이다. (수정된 법안은 최종적으로 통과되었으나, 개빈 뉴섬(Gavin Newsom) 주지사가 거부권을 행사했다.)

 AI, 신의 탄생 인간의 종말

'덜 똑똑한 AI'들을 규제해야 한다고 주장한다. 그러면서 문구 몇 줄을 슬쩍 끼워 넣는다.[7] 언젠가 우리 모두를 죽일 수 있는 인공지능을 규제할 토대를 마련하는 조항들을 말이다.

우리는 이런 식의 일이 오랫동안 반복되는 것을 지켜보았다. 사람들이 자신이 왜 그런 법안을 제안하는지, 왜 그렇게 시급히 통과돼야 하는지의 진짜 이유를 밝히지 않은 채 움직이는 모습을 말이다. 결국 평소라면 합리적으로 판단할 의원들마저 법안에 숨은 의도를 감지하고, 수상하다는 이유로 법안 전체를 폐기해버리는 일도 있었다.

어쩌면 정책 전문가들은 정치에 대해 우리보다 더 잘 아는지도 모른다. 아마 그들의 방식이 이런 문제들에 대한 인식을 조금이라도 높여, 언젠가 더 강력한 입법으로 이어질지도 모른다. 그들이 권고한 보고 의무가 결국 법제화되고 시행되어, AI 개발에서 위험 신호를 발견한 어떤 관료가 그 사실을 세계 지도자들에게 경고하게 될지도 모른다. 그러나 우리 자신은 이제 그 전략이 제때 효과를 낼 수 있을지 점점 회의적이 되어가고 있다.

일부 사람들은 "지금은 아무것도 할 수 없고, 결국 세상을 바꿀 만한 커다란 사건이 일어나야만 정책 방향이 바뀔 것"이라고 말한다. 즉, 정치인들이 움직이도록 충격을 줄 어떤 눈에 띄는 기술적 진보나, 규모가 작은 AI 재난이 발생해야 한다는 것이다. 그러나 초지능은 그런 '충분한 경고'나 '대응할 시간'을 주지 않는다. 그리고 AI 연구는 언제든, 대중의 시선이 닿지 않는 연구소에서 조용히 'AI가 스스로 AI를 연구하는' 단계로 넘어가버릴 수 있다.

물론 사람들의 이성을 깨우는 대규모 경고 신호가 등장할 수도 있다. 정치인들이 "이제 우리도 우려하기 시작했다"고 말할 수 있었던 'ChatGPT의 순간(ChatGPT가 대중에게 공개된 직후, 정치권과 언론이 인공지능의 위험성을 처음으로 구체적으로 인식한 시기를 뜻한다—옮긴이)'이 그랬다. 그들은 경고자로 비칠까 봐 조심스럽게 단서를 달았지만, 적어도 그때는 처음으로 공적인 문제의식을 드러냈다. 그러나 우리 눈에는, 인류가 지금보다 훨씬 더 분명한 경고를 받을 가능성은 낮아 보인다. 혹은 또 다른 경고에도 세상은 별로 달라지지 않을지 모른다.

이런 말이 있다. "지금이 아니라면, 도대체 언제인가?" 모두가 지금은 때가 아니라며 행동의 불편함만 토로하고 '지금이 맞다'고 합의하지 않는 상황에서, 이 말은 섬뜩할 만큼 진실을 비춘다.

인공지능 연구를 멈추는 일은 결국 생존을 향한 여정의 첫

　　　　AI, 신의 탄생 인간의 종말

걸음에 불과하다. 우리는 초인적 지능의 시계를 무기한 멈출 수 있다고 주장하지 않는다.[*]

그렇다면 두 번째 단계는 무엇이어야 할까? 인공지능의 연구와 개발이 중단된 이후, 인류는 어떻게 해야 풍요롭고 경이로운 미래로 나아갈 수 있을까?

우리 생각에는, 인간 자체를 향상시켜 더 똑똑하게 만드는 것이 좋다. 지금의 난국을 빠져나올 만큼 충분히 지능을 높이는 것이다('인간 향상augmentation'은 기술적 수단을 통해 인간의 지적·신체적 능력을 개선하려는 개념이다—옮긴이). 우리는 '초지능 정렬' 문제를 원칙적으로 해결할 수 있다고 믿는다. 단, 실패할 계획조차 낙관적으로 보지 않는, 매우 뛰어난 지성을 지닌 사람들에 의해 가능할 것이다.

하지만 궁극적으로, 다음 단계에 대한 우리 견해에 꼭 동의할 필요는 없다. 너무 많은 나라가 이 문제에서 협력해야 하는데, 세력도 지나치게 많고 그 내부마저 깊이 분열되어 있다. 완벽한 일치로만 지구를 구할 수 있다고 여긴다면, 인류가 아무 행동도 못 한다는 얘기가 된다.

이 문제에 관한 한, 연합은 되도록 폭넓게 유지하는 편이

---

[*] 설령 초인적 지능의 시계를 영원히 멈출 수 있다고 해도, 솔직히 우리는 그런 미래를 원하지는 않는다. 우리는 지구에서 비롯된 생명이 언젠가는 별들 사이로 나아가, 즐거움과 경이로움을 채우는 존재가 되기를 바란다. 다만 그것을 내년이라도 이루겠다며 서둘다가 자멸할 필요는 없고, 그렇다고 별이 죽기를 기다리며 지구에 웅크려 있을 이유도 없다.

낫다고 본다. 어떤 다른 의제와 함께 포장해서는 안 된다. 다른 요구를 덧붙이면, 그 더 큰 패키지가 실패할 경우 인류 멸종이라는 대가를 치르게 될 수 있다.

어떤 사람들은 인공지능이 인간의 일자리를 빼앗는 것에 반대한다. 또 어떤 사람들은 기술 생산성이 높아지면 모두가 더 부유해질 것이라고 믿는다.

어떤 사람들은 킬러 로봇의 등장을 반대한다. 또 어떤 사람들은 인간 병사 대신 로봇이 전쟁터에 나가는 것이 옳다고 믿는다.*

하지만 거의 모든 사람이 동의할 수 있는 한 가지는 있다. 인류는 결코 멸종해서는 안 되며, 차갑고 무미한 무언가로 대체돼서도 안 된다는 것이다.

신념과 입장이 서로 다르더라도, 단 한 가지, 인류가 사라지지 않도록 하는 일만큼은 협력할 수 있다면, 인류는 아직 살아남을 가능성이 있다.

---

* 어떤 사람들은 '킬러 로봇에 대한 반대'가 '반(反)AI 패키지'의 일부라고 본다. 하지만 이는 로봇의 전쟁 투입으로 얻을 수 있는 안보상의 이점이나, 인간 희생을 줄이는 효과를 중시하는 이들을 소외시킬 수 있다. 우리는 이 책 어디에서도 기존의 제한된 AI 기술을 군사용 드론에 적용해야 하는지에 대한 입장을 밝히지 않았다. 우리가 요구하는 것은 오직 하나, AI의 역량이 지금보다 더 확대되지 않는 것뿐이다. 그 밖의 사안은 별도의 협상이나 논쟁을 통해 다뤄져야 한다. 그것을 인류의 생존 문제와 한데 묶어서는 안 된다.

생명이 있는 곳에
희망이 있다

1972년 1월 26일, 테러리스트들이 비행기에 반입한 서류가방 폭탄이 폭발하며 JAT 367편이 공중에서 산산조각 났다. 승무원 베스나 불로비치^{Vesna Vulović}는 기체 잔해 속에 갇힌 채, 10킬로미터 상공에서 지상으로 추락했다.

우리는 그녀가 죽을 것이라고 거의 확신했을 것이다. 틀릴 리 없는 판단이라 여겼을 것이다. 하지만 불로비치는 살아남았다. 그 후 그녀는 다리를 저는 채로 걸었다.

《전도서》의 저자는 기원전 450~180년에 이렇게 썼다. "살아 있는 자에게는 아직 희망이 있다."

이 책의 논지는 본질적으로 단순하다. 인류보다 훨씬 빠르고 더 나은 사고를 하는 기계를 만든다면, 그 충격은 지금까지 세상을 강타한 그 어떤 사건보다도 클 것이다. 초지능적 기계를 올바르게 만들기란 애초부터 제대로 해내기 어려운 일처럼 보인다. 기업들과 입법자들이 이 문제를 다루는 방식을 보면, 사태가 좋은 방향으로 흘러가리라 기대하기 어렵다. 인류는 물러나야 한다. 우리는 그 재앙이 언제 닥칠지 계산할 수는 없지만, 그렇다고 재앙이 멀리 있다고 안심할 이유도 없다.

이 책의 나머지 부분(그리고 온라인 보충 자료들)은 바로 이 단순한 명제가 면밀한 검토에도 여전히 타당함을 보여주기 위한 것이다.

누구든 그것을 만든다면, 모두가 죽는다.

그것이 자비로운 기업이 만든 것이든 탐욕스러운 기업이 만든 것이든 상관없다. 동양의 연구자들이 만들든 서양의 연구자들이 만들든 상관없다. 무모한 낙관주의자들이 만들든 문제의 심각성을 인정한다고 말하는 사람들이 만들든 상관없다. 어느 누구도 자신이 바라는 대로 움직이는 초지능을 만들 지식이나 능력을 갖고 있지 않다.

이는 결국 예측 가능한 종류의 재앙으로 보인다. 우리는 가능한 한 최선을 다해 그 논거를 제시했다. '아마도', '위험할 수 있다', '가능성이 있다' 같은 표현 뒤에 숨지 않았다. 재앙의 예측이 근거 있는 주장임을 논리적으로 보여주려 했다.

하지만 각국이 그럼에도 불구하고 앞다투어 달려가려면, 우리의 예측 근거들이 모두 틀렸다는 것만으로는 충분치 않다. 당신이 로켓을 쏘아 올리면서 인류 전체를 그 안에 태워도 '재앙이 일어나지 않을 것'이라고 예측할 수 있어야 한다. 이는 인류 생명이 걸린 모든 공학 분야에서 통용되는 보편적 기준이다. 우리의 예측이 틀렸다고 한다면, 단순히 틀린 정도가 아니라 '재앙이 일어나지 않음을 예측할 수 있을 만큼 우리가 완전히 틀려야만 한다.'

지금이라도 인류는 걸음을 멈출 수 있다. 아직 늦지 않았다. 여기에는 제2차 세계대전에서 연합국이 싸워 승리하는 데 들었던 비용의 1퍼센트도 들지 않는다. 인류가 필요한 것은 오직 이 문제에 대한 자각 그리고 살고자 하는 의지뿐이다.

2차 대전은 일본의 두 도시에 핵분열 폭탄이 투하되며 끝났다. 그 후 소련도 핵분열 폭탄을 갖게 되었고, 양측은 다시 핵융합 폭탄을 만들었다. 이 폭탄은 전자보다 천 배 강력했다.

그 무렵 많은 사람이 미국과 유럽, 아시아가 머지않아 전면 핵전쟁에 돌입해 인류 문명 대부분이 폐허로 변할 것이라 생각했다.

그럴 개연성은 충분했다. 이는 과도한 공포나 냉소적 비관에 빠진 사람들의 사치스러운 상상이 아니었다. 인구 폭발이나 식량난을 예언하던 그런 종류의 과장이 아니었다.

1950년대의 사람들은 대규모 전쟁을 피하기가 얼마나 어려운지 여러 차례 보아온 세대였다. 1차 대전 이후, 수많은 나라와 '매우 진지한 사람들Very Serious People(저자가 풍자적으로 사용한 표현으로, 체제적 사고에 갇힌 주류 엘리트를 의미함—옮긴이)'이 다시는 그런 일을 되풀이해서는 안 된다고 말했다. 그리고 그전 수 세기 동안도 수도 없이 많은 이가 전쟁을 멈춰야 한다고 외쳤다. 선견자와 성직자, 공공 지식인들은 각 시대의 제국들 앞에서서 전쟁이 남긴 죽음과 고통, 불구가 된 참전 용사, 울부짖는 가족들을 이야기했다. 그들은 말했다. "부디 멈춰 달라."

그러나 전쟁은 멈추지 않았다.

1952년, 첫 핵융합 폭탄이 폭발하던 해에 살아 있었다면, 비관주의자가 아니더라도 과거를 돌아보고 당연히 핵전쟁을 예상했을 것이다.

그런데 핵전쟁은 일어나지 않았다.

위기 상황은 여러 번 있었다. 쿠바 미사일 위기 당시, 미 해

    AI, 신의 탄생 인간의 종말

군은 소련 잠수함을 수면 위로 떠오르게 하려고 수중 폭뢰를 투하했다. 소련 B-59 잠수함은 이미 전면전이 시작된 것으로 오인했다. B-59에는 핵어뢰(핵탄두를 장착한 수중 공격용 어뢰—옮긴이)가 실려 있었고, 그 사용은 세 장교의 만장일치가 있어야 가능했다. 셋 중 한 명, 바실리 아르히포프^{Vasily Arkhipov}가 발사를 반대했다. 그 어떤 아슬아슬한 순간도 전면 핵전쟁으로 번지지는 않았다.

결국 다가올 수십 년 안에 핵전쟁으로 모든 것이 파괴되리라 믿었던 사람들은 틀렸다.

그들은 위험에 대해 잘못 생각한 것이 아니었다. 수소폭탄이 한 도시를 초토화하고 불태울 수 있다는 사실도, 방사능에 서서히 죽어가는 고통도, 핵탄두를 단 대륙간 탄도미사일이 어떤 방어망도 뚫을 수 있다는 사실도 틀리지 않았다.

다만 그들은 '인류가 죽지 않기로 결정할 수 있는 능력'을 과소평가했을 뿐이다.

우리는 지구에서 전쟁을 일삼던 민족들이 어떻게 그토록 약간이나마 현명해졌는지 정확히 알 수 없다. 우리가 추정하기로는, 인류 역사상 처음으로 '전쟁을 선택할 힘을 가진 모든 사람'이, 전쟁이 발발하면 자신 역시 직접 피해자가 된다는 사실을 알게 되었기 때문이다. 이전에는 전쟁이 나면 먼 전장에서 병사들만 죽어나갔지만, 이제는 그들도 파멸한다. 힘이 센

쪽도 함께 망하게 된다.

그렇다고 핵전쟁을 피하는 일이 단순하거나 쉬웠던 건 아니다. 수십 년에 걸쳐 협상가들은 한 번의 실수로도 치명적인 충돌이 일어나지 않도록 밤낮없이 노력했다. 각국은 군축 협정과 감시 체계를 마련했다. 미국과 소련 지도부 사이에는 긴급히 문제를 해결하기 위한 '직통 통신선, 일명 핫라인hotline'까지 설치됐다.

인류가 핵전쟁을 피할 수 있었던 이유는, 세상이 멸망의 길로 향하고 있음을 깨달은 사람들이 그 궤도를 바꾸기 위해 끝없이 노력했기 때문이다. 그들은 불가능한 사고를 막으려 한 것이 아니라, 이미 쓰인 운명을 다시 쓴 것이다.

그리고 문명은 살아남았다.

그렇다면 우리는 어떻게 이 운명을 '되돌려 쓸' 수 있을까?

앞에서는 인류가 살아남기 위해 반드시 해야 할 일을 이야기했다. 이제는 무엇을, 누가 할 수 있는지 살펴보자.

정부 관계자라면, 국제 협약이 성립되기까지 어떤 과정이 필요한지를 떠올린다. 우선 각국 정부나 지도자들이 협약에 대해 개방적 태도를 드러내야 한다. 주요 국가들은 다음과 같이 명확한 메시지를 내야 한다. "우리는 기계 초지능으로 인해 인류가 멸망하는 것을 원치 않는다. 우리는 그것을 만들지 않기 위한 국제적 조약과 연합이 필요하다고 믿는다."

목표는 단순히 자국만 일방적으로 AI 연구를 중단해 뒤처지게 하는 데 있지 않다. 여러 강대국이 동시에 이 '자살 경쟁'을 멈추겠다는 의지를 표명하도록 만들어, 어떤 나라도 연구 중단에 대해 손해를 보지 않게 하는 데 있다.

2023년 10월, 영국 총리 리시 수낙은 인공지능이 초지능 단계에 이를 경우 발생할 수 있는 위험을 공개적으로 인정한 바 있다.[1] 같은 달, 중국 국가주석 시진핑도 짧은 국제 거버넌스 관련 문서에서 "AI가 언제나 인간의 통제 아래에 있어야 한다"는 원칙을 언급하며 다소 미약하나마 비슷한 신호를 보냈다.[2]

이러한 발언들로 세계 지도자들 사이에 협약을 모색하려는 의지가 존재함을 알 수 있다.[3] 이는 자국의 이익을 포기하지 않아도 된다면, 협약 논의를 받아들일 여지가 충분하다는 뜻이다. 결국 이 문제는 지구 위 모든 이가 함께 묶여 있는 함정이다.

정치 지도자나 선출직 공직자라면, 이 문제를 동료들에게 환기시키고 가능한 모든 노력을 다해 국제 협약의 토대를 마련해야 한다. 그 협약은 초지능으로 이어질 가능성이 있는 모든 형태의 AI 연구 개발을 중단시키는 방향이어야 한다.

이런 주장을 공개적으로 하는 것이 다소 '이상하고 과격하게' 들릴 수 있다는 점은 잘 안다. 실제로 우리는 여러 정치인들과 대화했는데, 그들 중 다수는 이 주제를 꺼내면 '이상한 사람' 취급을 받을까 두렵다고 말했다. 그러나 이제는 진지하게 생각해볼 때다.

2023년 유고브^{YouGov} 조사에 따르면, 미국 유권자의 69퍼센트가 AI를 '위험하고 강력한 기술'로 간주하며 규제가 필요하다고 답했다.[4] 2025년 영국에서는 유권자의 60퍼센트가 초지능의 창조를 금지하는 법안을, 63퍼센트가 스스로 더 똑똑한 AI를 만드는 AI를 금지하는 법안을 지지했다.[5] 이 문제가 유권자들의 최우선 관심사는 아니지만, '인간 지능을 훨씬 뛰어넘는 존재를 만들어내는 것이 인류에게 좋은 결과를 가져오지 않을 수도 있다'는 생각은 누구나 쉽게 이해할 수 있다. 어쩌면 지금이, 신념을 지닌 누군가가 용기 있게 목소리를 낼 수 있는 순간일지도 모른다.

그리고 혹시라도 당신이 아직 완전히 확신하지 못한 정치인이라면, 우리는 '아마도'라는 말로 물러서고 싶지 않다. 우리의 주장은 그 자체로 충분히 설득력을 가진다고 믿는다. 초지능이 자신을 만든 인간을 충실히 섬길 것이라는 기대는 어리석으며, 결국 지구를 재구성해 그 위에 아무도 남기지 않을 것이라는 결론은 명백하다.

물론 생소한 분야의 논쟁을 평가하기란 어렵다는 점도 안다. 그러나 지금쯤이면 최소한 한 가지는 분명히 느낄 수 있을 것이다. '모든 것이 괜찮을 것'이라고 단언하기에 이 문제는 결코 간단하지 않다는 사실 말이다.

그래서 우리는 이렇게 부탁한다. 당장은 아니더라도, 훗날 인류가 급히 제동을 걸 수 있는 여지만큼은 남겨 달라. 지금은 멈출 생각이 없더라도 말이다. GPU 클러스터(인공지능 훈련에 필요한 막대한 연산을 수행하기 위해 여러 개의 그래픽처리장치를 병렬로 연결한 대규모 컴퓨팅 시스템―옮긴이)를 전 세계로 무분별하게 퍼뜨리기 전에, 훗날 국제 협약을 통해 감시와 통제가 가능하도록 집중된 형태의 연구센터 안에 묶어두는 체계를 마련해야 한다. 이것들이 전 세계로 퍼져나간 뒤에는, AI 발전을 멈추기가 훨씬 더 어려워질 것이다. 지금 조건을 그렇게 만들어두어야, 훗날 당신이 이 위협의 심각성을 깨닫게 되었을 때 이미 늦지는 않게 된다.

이 문제를 진지하게 받아들이는 언론인에게는 다음과 같이 부탁하고 싶다. 지금 세계에는 이 주제를 그에 걸맞은 무게감으로 다루는 저널리즘이 필요하다. 피상적인 기사나 기술 기업 CEO들의 과장된 홍보를 되풀이하는 보도가 아니라, 인류가 마주할 현실을 깊이 있게 탐사하는 보도 말이다. 여기에는 깊이 탐사할 가치가 있는 이야기가 많다. 그러나 지금까지는 그저 표면만 훑는 수준이었다.

AI 기업의 CEO들은 이제 한목소리로 '더 빠른 기술 개발'을 외친다. 그러면서 그 기술이 '인류를 멸종시킬 수 있는 위험'을 안고 있다고 스스로 말한다. AI 정렬 연구자들은 안전 문제를 이유로 회사를 떠나며, 이 문제는 심상치 않게 어렵다고 말한다. 도대체 무슨 일이 벌어지고 있는가? 이런 이야기를 쓸 때는, 기업의 흥미로운 인물이나 내부 갈등에만 시선을 빼앗겨서는 안 된다. 가장 권위 있는 외부 과학자들조차 재앙을 경고하고 있다는 사실을 반드시 병기해야 한다.

물론 이런 이야기를 진지하게 쓰기는 쉽지 않다. 아직 인류 멸종이 주류 담론으로 다뤄지지 않고, 기계 초지능이라는 말 자체도 낯설다. 세상이 준비되었더라도, 당신의 편집자가 여전히 '이상하게 보일까 봐' 걱정할 수도 있다. 그러나 인공지능에 대해 당신이 쓰는 어떤 기사든, 그것이 아마도 당신의 경력 전체에서 인류에게 가장 큰 영향을 미치는 글이 될 것이다. 아무리 작은 한 걸음이라도, 거대하고 위험한 방향을 미세하게 움직일 수 있다. 언젠가 인류가 제정신을 차리고 공동의 대응을 시작했을 때, 당신은 그때 어떤 이야기를 써서 인류가 제때 깨어나도록 돕고 싶었는지 떠올리게 될 것이다. 다른 언론인들이 본격적으로 이 문제를 다루기 전에, 당신이 진지하게 이를 다룬다면 얼마나 큰 선을 행할 수 있겠는가?

인류가 살아남으려면, 사람들이 자신이 마주한 것이 무엇인지 알아야 한다. 그 책임은 과학자들만의 몫이 아니다. 언론인에게도 똑같이 주어진 의무이다.

그리고 이제 우리 나머지 모두에게 묻는다. 대부분은 정책 전문가도, 정치인도, 언론인도 아니다. 그렇다면 우리는 무엇을 할 수 있을까? 어떻게 해야 우리의 운명을 다시 써내려갈 수 있을까?

우리는 당신에게 AI 도구를 전혀 쓰지 말라고 요구하지는 않는다. 그 기술이 발전할수록, 이를 사용하지 않으면 남들보다 뒤처질 수 있다. 그 함정은 상상 속이 아니라 실제로 존재한다. 설령 당신 나라 사람의 60퍼센트가 AI 기업의 제품 사용을 중단한다 해도, 그것만으로 세계를 구할 수는 없다. 따라서 우리는 당신이 큰 불이익을 감수하면서도 실질적 변화가 미미한 선택을 하기를 바라지는 않는다.*

민주주의 국가에 살고 있다면, 당신을 대표하는 정치인에게 편지를 써서 이 문제에 대한 우려를 전달하라.

또한 당신은 투표를 할 수도 있다. (미국처럼) 예비선거와 본

---

*　만약 죄책감을 느낀다면, AI 기업에 지불한 금액만큼을 그들을 상대로 정당한 소송을 제기하는 비영리단체에 기부하는 것도 한 방법이다. 그 단체들은 정당하지만 어려운 소송을 통해 AI 기업을 견제하고 있다.

선거가 분리된 나라에서는, 예비선거에서의 투표가 가장 큰 힘을 발휘한다. 만약 당신을 대표하는 정치인이 AI 개발을 무분별하게 가속화하려 한다면, 그들의 경쟁자를 후원금으로든 투표로든 후원할 수 있다.

시위에 나설 수도 있다. 규모가 크고 합법적일수록 효과가 크다는 것을 우리는 안다. 절망감에 휩싸이더라도, 폭력이나 파괴 행위는 삼가길 바란다. 그런 행위는 효과가 없을뿐더러, 국제적 연합과 협약을 세우려는 정치적 노력을 어렵게 만든다.

당신은 이 이야기를 전할 수도 있다. 시위 현장에서든, 전화 응답 여론조사에서든, 아니면 친구나 가족에게든 말이다.

많은 나라의 많은 사람이 한목소리로 "우리는 인공지능 초지능에 의해 죽고 싶지 않다. 국제 협약이 맺어지길 바란다"고 말한다 해도, 그 말만으로 재앙을 막을 수 있는 건 아니다. 핵전쟁을 막는 일도 단순히 반대 여론만으로 해결되지 않았다. 그러나 시민들이 목소리를 내면, 대통령과 외교관이 국민의 지지를 등에 업고 움직이기가 훨씬 쉬워진다.

당신이 할 수 있는 모든 일을 다 했다면? 삶을 잘 살아가라.

우리는 파멸의 그림자 속에서 살아가는 첫 세대가 아니다. 오히려 과거 세대들이 훨씬 더 자주 그 공포 속에 살았다. 《나니아 연대기》의 집필자로 유명한 영국의 소설가 C. S. 루이스 C.S. Lewis는 이렇게 썼다.

"우리는 원자 시대에 어떻게 살아야 하는가?" 나는 이렇게 대답하고 싶다. "당신이 런던에 거의 매년 역병이 찾아오던 16세기에 살았다면 그랬듯이, 혹은 언제든 바이킹 약탈자들이 상륙해 목을 베일 수도 있던 시대에 살았다면 그랬듯이, 아니 지금처럼 암, 매독, 마비, 공습, 철도 사고, 자동차 사고가 끊이지 않는 시대에 살고 있듯이 살아가야 한다고 말이다."

우리가 원자폭탄에 의해 파괴된다면, 그 폭탄이 떨어질 때 우리가 기도하고, 일하고, 가르치고, 책을 읽고, 음악을 듣고, 아이를 목욕시키며, 친구들과 맥주 한잔하고 다트를 던지는 등 인간다운 일을 하고 있는 순간이길 바라자. 겁에 질린 양떼처럼 웅크려 폭탄 생각만 하며 시간을 보내지는 말자.

루이스가 말하고자 한 것은 '핵폭탄이 실제로 존재하지 않는다'거나 '두려워할 필요가 없다'는 게 아니었다. 그는 공포를 부정하라고 말하지 않았다. 그는 단지 이렇게 말하고 있었다. "그래, 그것은 끔찍하다. 하지만 공포 속에 웅크린다고 달라질 것은 없다. 우리는 인간답게 살아가야 한다."

모두가 제 몫을 다한다면, 투표와 시위 그리고 목소리 내기만으로도 충분할 것이다. 모두가 어느 날 아침, 우리가 믿는 것의 4분의 1만이라도 믿게 되고, 서로가 그렇게 믿는다는 것을 알게 된다면, 그들은 거리로 나와 데이터센터를 멈춰 세울 것이다. 군인과 경찰도, 엄마와 아빠도 나란히 걸어 나올 것이다. 만약 그 믿음이 16분의 1만큼이라도 공유된다면, 한 달 안에 국제 협약이 체결될 것이다. 첨단 반도체와 컴퓨터 칩에 대한 감시와 통제 체계를 마련하기 위해서 말이다.

지구가 과연 일부 사람들만 행동하는 것으로도 살아남을 수 있을까? 어쩌면 그럴 수도, 어쩌면 아닐 수도 있다.

우리는 많은 이가 "AI를 멈출 수는 없다", "인류는 결코 하나로 단결하지 못할 것이다"라고 말하는 것을 들어왔다. 아마 그럴지도 모른다. 놀랍게도 우리는 여러 정치인에게서 이런 말을 들었다. "우리도 위험을 알고 있다. 하지만 그 사실을 공개적으로 말할 수는 없다. 반발이 두렵기 때문이다."

거의 모든 결정권자가 이 위험을 알고 있으면서도 각자 혼자만 그렇게 생각한다고 믿고 있다면, 그것만큼 어리석은 일이 또 있을까?

살아 있는 한, 희망은 있다.

사람들은 가끔 우리에게 이렇게 묻는다.

"당신들이 한 예측이 실제로 맞아떨어지는 걸 보면서, 혹은 세상이 이제야 이 문제에 주목하기 시작하는 걸 보면서, 자신들의 주장이 옳았다고 증명된 기분이 드나요?"

그래서 우리는 마지막으로 이렇게 기도한다.

우리가 틀렸기를.

끔찍할 만큼 완전히 틀려서 부끄러움을 느끼고, 잊히고, '생각이란 그렇게 해서는 안 된다'는 반면교사로 남기를.

그리고 인류가 그저 오래오래 행복하게 살아가기를.

그러나 우리는 아무것도 하지 않음에 마지막 희망을 걸지
는 않는다. 우리의 진정한 마지막 기도는 이렇다.

일어서라, 인류여.
그리고 이겨라.

 AI, 신의 탄생 인간의 종말

온라인 보충 자료에 대해

- ifanyonebuildsit.com/resources에서 이 책의 보충 자료들을 볼 수 있다. 해당 사이트는 두 저자가 만든 것으로, 영문으로 되어 있다는 점을 밝힌다.

  앞서 저자가 밝혔듯이 보충 자료에는 "이 책에 다 담지 못한 전제, 예외, 자주 제기되는 의문들, 복잡한 이론적 근거들"이 정리돼 있다. 그간 저자들이 들어온 수많은 질문과 반론에 대한 답변이기도 하다. 많은 내용이 있지만, 말 그대로 '보충' 자료이다. 책의 내용은 그 자체로 독립적이며, 모든 주장과 이론, 근거가 본문에 충실히 다 담겼기 때문이다. 하지만 인공지능에 대해 저마다 다른 직관과 전제를 지니고 있는 만큼, 책을 읽으며 의문이 생기는 부분들을 해당 자료에서 찾아보면 도움이 될 것이다. 또한 해당 사이트를 통해 직접 저자에게 질문을 하거나 반론을 제기할 수도 있으니, 더 깊이 있는 고민을 이어가기에도 좋다. —편집자주

- 1장에서 언급된 '인간의 지능'에 대한 두 저자의 관점(40쪽)에 근거가 되는 이론을 더 자세히 알고 싶다면 ifanyonebuildsit.com/1을 참고한다.

- 2장에서 언급된 LLM 라마 3.1 405B의 아키텍처 전체에 대한 상세한 기술(61쪽)은 물론, 현대 AI의 작동 원리 등 여러 논의에 대해 ifanyonebuildsit.com/2에서 다루고 있다.

- 3장에서 행동을 이끄는 효과적인 전략으로 제시된 '욕망'에 대한 메커니즘을 더 자세히 알고 싶다면 ifanyonebuildsit.com/3을 참고한다.

- 4장에서 저자들은 미래의 AI가 인간에게 '착하게' 행동하도록 만들기 어렵다고 주장한다(96쪽). 저자들이 제시한 이유와 세부 논증은 https://ifanyonebuildsit.com/4에서 볼 수 있다.

- 5장에서 저자들은 초지능이 '인간을 남겨둘 가능성'에 대한 사람들의 희망 목록이 끝도 없다고 말한다(128쪽). 이 목록들에 대해 저자들이 제시한 반론과 세부 논증은 ifanyonebuildsit.com/5에서 볼 수 있다.

- 6장 초지능이 생물학의 유사체를 스스로 개발할 수 있
  다는 주장(158쪽)의 현재 과학적 근거는 물론, 수십 년간
  의 시각 정보 처리 연구를 바탕으로 새롭게 만들어낸 시
  각 착시(146쪽)에 대한 여러 예시들은 ifanyonebuildsit.
  com/6에 정리되어 있다.

- 10장 엔리코 페르미의 시카고 파일-1(232쪽)에 대해 자세
  히 알고 싶다면 ifanyonebuildsit.com/10을 참고한다.

- 11장에서 언급된 xAI의 트루스GPT(250쪽)에 대한 저자
  의 견해는 ifanyonebuildsit.com/11에서 볼 수 있다.

- 12장에서 저자들은 질세라 앞다투어 달려나가는 AI 기
  업의 행태와 그들의 맹목적 낙관주의 태도를 지적한다
  (274쪽). AI 기업의 이런 행태와 주장에 대해 저자들이
  제시한 반론과 세부 논증은 https://ifanyonebuildsit.
  com/12에서 볼 수 있다.

- 13장에서 언급된 GPU의 사용 감시 및 검증 체계를 지
  원하기 위해 존재하거나 개발 중인 여러 기술적 해법
  (288쪽)과 '초지능 정렬' 문제를 원칙적으로 해결할 수
  있다는 저자의 믿음(297쪽)에 대한 구체적인 자료는
  ifanyonebuildsit.com/11에서 찾을 수 있다.

인공 초지능의 방지에 관한 조약 초안과
각 조별 해설, 선례, 해석 모음집

-엘리에저 유드코스키, 네이트 소아레스

우리는 세계 주요 정부가 인공 초지능[ASI]의 위험성을 인식하고 그 누구도 ASI를 만들지 못하도록 막고자 할 때 시행할 수 있는 조약 초안을 마련해 이를 제공하고 있다.*

우리는 정책 입안자가 아니며 국제법에 정통하지도 않다. 다만 역사적 선례에 기반해 당면한 상황에 맞고 가치 있다고 판단되는 몇 가지 조항을 예시로 제시하는 것이다.

---

* 인공 초지능에 우려를 갖는 국가들이 더 작은 조치부터 먼저 취하는 것을 선호할 수도 있다. 예컨대 AI 연구개발을 당장 중단하지는 않되 미래에는 중단할 선택지를 열어두는 방식이다. 우리는 그런 행동 방침을 권장하지 않는다. 현재 상황은 이미 명백히 통제 불능 상태이며, 너무 늦기 전에 상황이 훨씬 더 명확해질 것이라고 확신하기도 어렵다. 그렇지만 MIRI 기술 거버넌스 팀은 그런 시나리오에 도움이 될 경우를 대비해 관련 제안을 작성하고 있다. 그 작업의 진행 상황은 https://techgov.intelligence.org/research(영문)에서 확인할 수 있다.

AI 개발자들이 인류를 심각한 위험에 몰아가는 것을 막기 위해 필요한 여러 방안과 조치를 다뤘는데, 조약을 실제로 발효하려고 논의한다면, 이 방대한 조약에서 다루는 여러 측면을 별개의 조약으로 나누어야 할 것이다.* 또한 이 조약 초안은 단 두 사람이 논의하여 작성한 것이니, 국제사회가 관련 전문가들을 전부 모아 논의하고 검토하는 과정을 거쳐 조약 문서를 신중하게 작성해야 한다.

우리는 각 조항마다 참고한 선례와 우리가 주요 결정을 내린 이유에 대한 해설을 덧붙였다.

실제 조약에는 더 많은 세부 사항이 포함될 것이다. 몇 가지 예시가 될 세부 사항을 포함하긴 했지만, 본 조약의 세부 사항 대부분은 '부속서'에 위임하여 전체 내용을 완벽히 구체화하지는 않았다. 우리가 초안에서 제시한 수량 및 수치 기준 대부분은 최선의 추정치일 뿐이니 대략적인 수치라 여기길 바란다. 이런 수치 대부분은 최종 확정 전에 추가로 연구해 수정해야 한다. 어쩌면 이런 세부 사항은 조약 본문에 포함하지 않는 편이 나을 수 있다. 핵무기의 비확산에 관한 조약NPT의 경우처럼 말이다. NPT에는 사찰이나 '안전조치' 프로그램의 구

---

*   이는 핵무기 협정의 경우와 같다. 핵무기 협정과 관련해 IAEA 설립 조약인 국제원자력기구 헌장(1956년, 유엔 총회에서), NPT(1968년, 유엔 18개국 군축위원회에서의 협상을 통해), START I 조약(1991년, 미국과 소련 간 9년간의 간헐적인 협상 끝에) 같은 군비통제 협정이 각기 별개의 조약으로 체결되었다.

체적인 세부 사항이 명시되지 않았으며, 이에 대해 각국과 IAEA 간에 별도로 결정하고 있다. 그러나 우리가 몇 가지 세부 사항을 넣은 이유는 명확성을 보여주기 위함이다. 최선의 추정치를 구체적으로 조약에 명시하면 독자가 현 상황을 진지하게 받아들일 수 있으리라 생각했다.

인공 초지능의 방지에 관한 조약*

전문

본 조약을 체결하는 국가들(이하 "조약당사국"이라 칭한다)은,

인공 초지능의 개발이 모든 인류에게 엄습하게 되는 사망과 모든 인류 문명의 종말을 초래할 수 있다는 전망에 경각심을 가지며,

현재의 조건하에서 인공 초지능의 창출 및 배치를 방지하기 위한 긴급하고 조율되며 지속적인 국제적 행동의 필연적 필요성을 확인하고, 인공지능 역량의 발전을 억제하는 조치가 인류 절멸의 가능성을 감소시킬 것임을 확신하며,

---

* 본 조약 초안은 선례가 된 조약들의 공식 국문 번역본을 참고하여 번역하였다.

   AI, 신의 탄생 인간의 종말

본 조약의 안정성이 모든 조약당사국의 준수 여부를 검증할 수 있는 능력에 달려 있음을 인식하며,

세계 안보 위협에 대응하기 위한 선례로서 기존의 군비통제 및 비확산 협정에 의거하며,

인공지능 활동이 인공 초지능으로부터 충분히 멀리 유지되는 경우 전 세계적으로 그 검증을 촉진하기 위하여 협조할 것을 약속하며, 위험을 회피하는 동시에 인공지능 시스템의 이익에 대한 접근을 보전하고자 하여,

다음과 같이 합의하였다.

전문: 선례

본 조약의 전문은 NPT[*]의 전문을 모델로 삼았다. NPT 전문은 다음과 같이 시작한다.

---

[*] 핵무기의 비확산에 관한 조약(또는 "핵확산금지조약"이라 불린다)은 1970년 발효하여 1995년 무기한 연장되었다. 191개 조약당사국이 참여하여 사실상 전 세계 보편적 국가를 회원국으로 하는 조약으로 알려진 이 조약의 전문은 핵무기 확산으로 인해 발생할 전 세계적 위험을 강조하면서도 핵기술의 평화적 사용으로 얻을 수 있는 이익이 모든 당사국에 제공되어야 한다는 원칙을 약속한다.

"핵전쟁이 모든 인류에게 엄습하게 되는 참해와 그러한
전쟁의 위험을 회피하기 위하여 모든 노력을 경주하고
제 국민의 안전을 보장하기 위한 조치를 취하여야 할
필연적 필요성을 고려하고…"

그리고 다음과 같은 문구가 이어진다.

"핵폭발 장치의 개발로부터 핵무기 보유국이 인출하는
기술상의 부산물을 포함하여 핵기술의 평화적 응용의
이익은, 평화적 목적을 위하여 핵무기 보유국이거나 또
는 핵무기 비보유국이거나를 불문하고, 본 조약의 모든
당사국에 제공되어야 한다는 원칙을 확인하며…"

NPT의 전문은 세계를 강력한 기술의 재앙적 위협으로부
터 인류를 지키기 위해 책임 있는 모든 당사국이 함께하도록
초청하면서도, 안전하게 허용될 수 있는 이익을 공유하도록
한다. 본 조약의 전문은 이러한 선례의 취지를 따른다.

제1조: 주요 목적

각 조약당사국은 어떠한 수단으로도 인공 초지능(이하 "ASI"라 칭한다)

 AI, 신의 탄생 인간의 종말

을 개발하거나 배치하거나 또는 개발 및 배치를 추구하지 아니할 것을 약속한다. 각 조약당사국은 자국의 영역 및 관할권 내에서 그러한 모든 개발을 금지하고 방지하여야 하며, 추가적인 진전이 언제 ASI를 산출할지 불확실하므로, 이 조약에서 규정하는 바에 따라 ASI를 향하여 실질적으로 나아가는 활동에 관여하거나 이를 허용하지 아니할 것을 약속한다. 각 조약당사국은 비당사국 및 그 관할권 내에서 그러한 개발을 단념시키고 방지하기 위한 다른 조약당사국의 합리적인 조치를 원조하거나 또는 방해하지 아니할 것을 약속한다. 각 조약당사국은 본 조약에 규정된 모든 의무, 조치 및 검증 체계를 이행하고 실행하기로 약속한다.

ASI로부터 충분히 멀리 유지되는 일부 AI 인프라 및 역량 등급은 국제적 감독 조건하에서만 허용 가능하다고 간주될 수 있으며, 오직 조약당사국만이 그러한 활동을 수행하거나 감독 없이 ASI 개발로 이어질 수 있는 AI 반도체와 제조 역량을 소유하거나 운용할 수 있다. 비당사국에 대하여는 조약당사국 및 지구상의 모든 생명체의 안전을 위하여 그러한 접근이 거부된다(제5조, 제6조, 제7조).

조약당사국은 불필요한 보호 조치(제12조)를 최소화하기 위한 분쟁 해결 절차(제11조)를 이행하기로 약속한다.

제1조: 선례

NPT 제1조와 마찬가지로, 본 조항은 조약당사국이 이행하기로 약속하는 핵심 내용을 명시한다. NPT의 경우 핵무기를 공유하거나 다른 국가가 핵무기를 획득하도록 원조하지 않겠다는 약속이 그 핵심이다. NPT 제1조는 다음과 같다.

"핵무기 보유 조약당사국은 여하한 핵무기 또는 기타의 핵폭발장치 또는 그러한 무기 또는 폭발장치에 대한 관리를 직접적으로 또는 간접적으로 어떠한 수령자에 대하여도 양도하지 않을 것을 약속하며, 또한 핵무기 비보유국이 핵무기 또는 기타의 핵폭발장치를 제조하거나 획득하며 또는 그러한 무기 또는 핵폭발장치를 관리하는 것을 여하한 방법으로도 원조, 장려 또는 권유하지 않을 것을 약속한다."

본 조약 제1조에 담긴 약속은 이보다 더 강력하다. 예상치 못한 ASI의 탄생은 그 누구에 의해서든, 어디서든 한 번조차 허용될 수 없기 때문이다.* 다른 국가가 ASI를 만들도록 "원조, 장려 또는 권유"하지 않는 것만으로는 충분하지 않다. 그래서

---

* 일반적으로 NPT는 핵무기 보유국의 수를 억제하는 데 기여했다고 평가받는다. 그러나 비서명국(인도, 파키스탄, 이스라엘)과 전 서명국(북한)이 핵무기를 확보하는 데 성공했다. 이처럼 비서명국이 단 하나의 ASI라도 창출하는 일은 상호 간 대규모 핵무기 교환에 버금가는 위험성을 지니기에 그에 상응하게 다루어야 한다.

　　　　　　　　　　　　　　　AI, 신의 탄생 인간의 종말

우리는 조약당사국이 어디서든 ASI 개발을 단념시키고 방지하기 위한 합리적인 조치로 "원조하거나 또는 방해하지 아니할" 의무를 조항에 포함시켰다.

NPT는 이미 존재하는 위협(핵무기)을 억제하려는 것이지만, 본 조약은 아직 존재하지 않는 위협(초지능)이 애초에 존재하지 않도록 방지하기 위한 것이다. 위험한 신기술의 개발을 방지하는 선례는 특정 재래식무기의 사용 금지 및 제한에 관한 협약CCW* 제4의정서인 실명성 레이저 무기에 관한 의정서에서 찾을 수 있다. 이 의정서 제1조는 다음과 같다.

> "육안, 즉 나안시력 또는 교정시력을 가진 눈에 영구적인 실명을 초래하는 것을 유일한 전투 기능 또는 전투 기능의 하나로 특별히 설계된 실명성 레이저 무기의 사용은 금지된다."

이 조항은 무기의 사용만을 금지할 뿐, 그런 무기나 시스템을 시험하거나 우연히 만드는 일까지 막지는 않는다. 반면 ASI의 경우 되돌릴 수 없는 한계점이 어디인지 명확하지 않다. 그

---

* 특정 재래식무기의 사용 금지 및 제한에 관한 협약(흔히 CCW라 불린다)은 1983년 발효됐다. 2024년 기준 128개 당사국은 다양한 범주의 무기를 제한하여 군인과 민간인 모두를 불필요한 극심한 고통으로부터 보호하기로 약속한다.

래서 본 조약에는 ASI가 우연히 만들어지는 일을 막기에 충분히 강력한 조항을 담았다. 본 조약 제1조가 "실질적으로 ASI를 향하여 나아가는 활동에 관여하거나 이를 허용하지 아니할" 약속을 포함하는 이유가 바로 여기에 있다.

제2조: 정의

본 조약의 목적상 조약에서 사용되는 용어의 정의는 다음과 같다:

① 인공지능(AI)이라 함은 물리적·사회적·사이버 영역에서 인지, 계획, 학습 또는 행동 수행을 요하는 과업을 실행하는 계산 시스템을 말한다. 여기에는 가변적이고 예측 불가능한 조건에서 과업을 수행하거나 경험으로부터 학습하여 성능을 향상시킬 수 있는 시스템이 포함된다.

② 인공 초지능(ASI)이라 함은 인류의 파멸을 계획하고 성공적으로 실행할 수 있을 만큼 충분히 초인적인 인지 능력을 갖춘 모든 AI로 운용상 정의한다.

본 조약의 목적상, 국제초지능기구(이하 "ISIA"라 칭한다, 제3조)의 명시적 승인 없이 수행되고 제4조에 규정된 한도를 위반하는 AI 개발은 인공 초지능의 창출을 목적으로 하는 것으로 간주한다.

③ 위험한 AI 활동이라 함은 인공 초지능이 창출될 위험을 실질적으로 증대시키는 활동으로, ASI 개발의 최종 단계에만 국한되지 아니하고 본 조약에 규정된 선행 단계도 포함된다. 위험한 AI 활동의 전체 범위는 제4조부터 제9조에 의하여 구체화되며, 조약의 운용과 ISIA의 활동을 통하여 정교화되고 수정될 수 있다.

④ 부동소수점 연산(FLOP)이라 함은 수행된 수학적 연산의 수에 기초하여 훈련 및 훈련 후 처리의 규모를 수량화하는 데 사용되는 계산 척도를 말한다. FLOP은 반정밀도 부동소수점(FP16) 형식에 상당하는 연산 또는 총 연산(사용된 형식 기준) 중 더 높은 값으로 산정한다.

⑤ 훈련 실행이라 함은 사전 훈련, 미세 조정, 강화 학습, 매개변수를 갱신하는 대규모 하이퍼파라미터 탐색, 반복적 자기 대결 또는 교육 과정 훈련을 포함하여, 경사 기반 또는 기타 탐색·학습 방법을 사용하여 AI의 매개변수(신경망을 통한 정보 전파의 사양, 예: 가중치 및 편향)를 최적화하는 모든 계산 과정을 말한다.

⑥ 사전 훈련이라 함은 임무 또는 영역 특화적 적응 이전에 대규모 데이터셋을 사용하여 일반화가 가능한 패턴이나 표현을 학습하도록 AI의 매개변수를 초기 최적화하는 훈련 실행을 말한다. 그러한 적응 이전에 수행되는 지도 학습, 비지도 학습, 자기 지도 학습 및 강화 기반

최적화를 포함한다.

⑦ 훈련 후 처리라 함은 모델의 사전 훈련 이후에 이뤄지는 훈련 실행을 말한다. 본 조약 발효 이전에 생성된 AI에 대하여 수행되는 모든 훈련도 훈련 후 처리로 간주한다.

⑧ 고급 컴퓨터 반도체라 함은 28나노미터 공정 노드 이상의 공정으로 제조된 집적 회로를 말한다.

⑨ AI 반도체라 함은 기계 학습 모델의 훈련 및 추론 연산을 포함하되 이에 국한되지 아니하는 AI 계산을 위하여 주로 설계된 특수 집적 회로를 말한다[더 정밀한 정의는 부속서에서 규정될 필요가 있다]. 여기에는 GPU, TPU, NPU 및 기타 AI 가속기가 포함된다. 원래 AI용으로 설계되지 않았으나 AI 용도로 효과적으로 전용될 수 있는 하드웨어도 포함될 수 있다. AI 반도체는 고급 컴퓨터 반도체의 하위 범주에 속한다.

⑩ AI 하드웨어라 함은 AI를 훈련하고 실행하기 위한 모든 컴퓨터 하드웨어를 말한다. AI 반도체는 물론 네트워킹 장비, 전원 공급 장치 및 냉각 장비가 포함된다.

⑪ AI 반도체 제조 장비라 함은 리소그래피, 증착, 식각, 계측, 시험 및

첨단 패키징 장비를 포함하되 이에 국한되지 아니하는, AI 반도체의 제조, 시험, 조립 또는 패키징에 사용되는 장비를 말한다[더 완전한 목록은 부속서에서 정의될 필요가 있다].

⑫ H100 상당량이라 함은 엔비디아(NVIDIA) H100 SXM 가속기 1기, FP16 기준 990TFLOP/s(테라플롭스) 또는 총 처리 성능(TPP) 1만 5840에 상당하는 컴퓨팅 용량 단위를 말한다. 여기서 TPP는 TPP = 2 × 비희소 MacTOPS × (곱셈 입력의 비트 길이)로 산정한다.

⑬ 규제 대상 반도체 클러스터(covered chip cluster, CCC)라 함은 총 유효 컴퓨팅 용량이 H100 상당량 16기를 초과하는 AI 반도체의 집합 또는 네트워크 클러스터를 말한다. 네트워크 클러스터라 함은 물리적으로 동일 장소에 위치하거나, 노드 간 총 대역폭(별개의 호스트/섀시 간 대역폭의 합으로 정의)이 초당 25기가비트를 초과하거나, 작업 수행을 위하여 네트워크로 연결된 반도체를 말한다. H100 반도체 16기의 총 유효 컴퓨팅 용량은 1만 5840테라플롭스 또는 25만 3440TPP이며, 칩별 TPP의 합산을 기준으로 한다. CCC의 예시로는 GB200 NVL72 서버, 동일 건물 내에 위치한 H100 HGX 8방향 서버 3기, CloudMatrix 384, TPUv6e 칩 32개로 구성된 포드, 모든 슈퍼컴퓨터 등이 있다.

⑭ 국가기술수단(National Technical Means, NTM)이라 함은 본 조약에 부합하는 방식으로 조약당사국이 검증 목적으로 운용하는 위성, 항공, 사이버, 신호, 영상(열화상 포함) 및 기타 원격 감지 역량을 말한다.

⑮ 반도체 사용 검증이라 함은 허용 활동과 금지 활동을 구별하기 위하여 특정 컴퓨터 반도체에서 어떠한 활동이 실행되고 있는지에 대한 통찰을 제공하는 방법을 말한다.

⑯ 프론티어 모델 창출에 사용된 방법이라 함은 AI 개발에 사용된 광범위한 방법들의 집합으로, AI 아키텍처, 최적화 기법, 토크나이저 방법, 데이터 큐레이션, 데이터 생성, 병렬 처리 전략, 훈련 알고리즘(예: 강화 학습 알고리즘) 및 기타 훈련 방법을 포함하되 이에 국한되지 아니한다. 훈련 후 처리를 포함하지만, 훈련된 모델의 매개변수를 변경하지 않는 프롬프팅 등의 방법은 포함하지 아니한다. 새로운 방법은 장래에 창출될 수 있다.

제2조: 설명

AI 정의에 관하여

본 조약에서 사용된 AI의 정의는 척 그래슬리[Chuck Grassley]

상원의원이 발의한 AI 내부 고발자 보호법에서 가져왔다.[*] 이 정의는 지나치게 포괄적일 수 있다. 맞춤법 검사나 이미지 인식 시스템처럼 명백히 안전한 컴퓨터 시스템에는 적용되지 않도록 더 정교하게 다듬을 필요가 있다.

만약 AI 기술이 현재의 형태에서 변하지 않는다면, 더 쉽게 정밀하고 맞춤화된 정의를 규정할 수 있을 것이다. 특히 지금처럼 프론티어 거대언어모델을 개발하는 데 특화된 최첨단 하드웨어가 꼭 필요하고 다른 활동과 쉽게 구별될 수 있다면 더욱 규정하기 쉽다. 하지만 ASI는 재빠르게 날아다니는 표적과 같다. 그래서 AI의 정의는 단순히 거대언어모델에 그치지 않고 더 포괄적이어야 한다. 기계 학습만을 금지하는 조약은 연구자들이 기술적 정의에 부합하지 않는 새로운 AI 패러다임을 개발하도록 유도할 수 있다. 그렇게 되면 초지능을 향해 한 발

---

[*] 해당 법안은 AI에 대한 5가지 정의를 제시하고 그중 하나라도 해당하면 AI로 정의한다고 명시한다. 5가지 정의는 다음과 같다.

(A) 인간의 큰 개입 없이 가변적이고 예측 불가능한 상황에서 과업을 수행하거나, 데이터셋에 노출되었을 때 경험으로부터 학습하여 성능을 향상시킬 수 있는 인공 시스템.

(B) 컴퓨터 소프트웨어, 물리적 하드웨어 또는 기타 맥락에서 개발되어 인간과 유사한 인지, 계획, 학습, 의사소통, 물리적 행동을 요하는 과업을 수행하는 인공 시스템.

(C) 인지 아키텍처와 신경망을 포함하여, 인간처럼 생각하거나 행동하도록 설계된 인공 시스템.

(D) 인지적 과업에 준하는 일을 하도록 설계된 기계 학습을 포함한 일련의 기법.

(E) 지각, 계획, 추론, 학습, 의사소통, 의사결정, 행동을 통해 목표를 달성하는 지능형 소프트웨어 에이전트나 구현된 로봇을 포함하여 합리적으로 행동하도록 설계된 인공 시스템.

짝 더 다가서는 결과를 낳게 될 것이다. 만약 새로운 패러다임이 실제로 출현한다면, 특히 현재의 딥러닝처럼 AI 반도체를 집약적으로 쓰지 않는 패러다임이 출현한다면 조약도 발맞춰 갱신해야 한다. 그렇게 되면 집행은 실질적으로 더 어려워질 수 있다.

컴퓨팅 용량 정의에 관하여

우리는 H100 상당량을 컴퓨팅 용량의 주요 척도로 사용한다. 제5조에서 이것은 감시 없이 허용되는 반도체 클러스터의 최대 크기를 설정하는 데 쓰인다(H100 상당량 칩 16기).* 제4조는 AI 훈련에 사용된 총 연산량을 기준으로 한도를 정의하므로, 비감시 반도체에서 초당 처리할 수 있는 연산량에도 사실상 한도가 걸린다. 이런 이중 제한을 통해 비감시 하드웨어를 이용한 불법 대규모 훈련 실행은 사실상 불가능해진다.

우리가 H100 상당량을 쓰는 이유는 다양한 반도체 설계에서 가장 중요한 척도가 연산 수행 속도이며, H100이 적절하고 선례가 있는 기준이기 때문이다. 고대역폭 메모리 같은 다른 반도체 척도도 AI 훈련에서 중요하긴 하지만, 전반적으로 초

---

* 이는 책에서 명백히 안전한 한도로 언급한 수치의 두 배다. 한동안은 이 수치 안에서는 안전할 가능성이 높지만, 어떻게 변화할지 알 수 없다. 그래서 제3조, 제5조 및 제13조는 한도를 어떻게 설정해야 하는지 평가하고 시간에 따라 변경할 것을 주제로 삼는다.

　　　　　　　　　　　AI, 신의 탄생 인간의 종말

당 연산 수보다는 덜 중요하다.

규제 대상 반도체 클러스터(CCC)의 정의는 여러 제약 조건을 동시에 충족하기 위한 시도다. 한도는 일반인이 규칙을 위반하는 일을 막을 만큼 충분히 높아야 한다(개인이 쓰기에 25Gbit/s 대역폭은 일반적인 인터넷 연결 대역보다 훨씬 빠르다. 또 개인이 H100 상당량 16기 이상을 소유하는 경우는 매우 드물고 비용도 많이 든다). 동시에 위험한 AI 활동을 막고 조약의 전복을 어렵게 하기에 충분히 낮아야 한다(즉, 여러 CCC 미만의 반도체 집합에 분산하여 훈련하는 것을 어렵게 해야 한다). 절충점은 제5조 해설에서 더 자세히 논의한다.

AI 반도체는 고급 컴퓨터 반도체의 하위 범주에 속하며, 두 종류를 명확히 가르는 경계선이 존재하지 않는다. 그래서 우리는 그 구별에 의존하는 대신, H100 상당량으로 측정한 클러스터 전체의 컴퓨팅 용량(초당 연산량)을 기준으로 삼는다. 어떤 반도체가 AI 훈련 또는 실행에 쓰일 수 있고 정의된 한도를 초과한다면, 조약은 그 반도체가 감시를 받도록 요구한다.

한편 국가기술수단(NTM)이라는 용어는 일부 정부에서 공식 용어로 더 이상 사용하지 않을 수 있다. 우리는 비교의 편의를 위해 과거 군비통제 협정의 방식에 따라 이 조약에서 이 용어를 사용한다.

제3조: 국제초지능기구(ISIA)

① 조약당사국은 본 조약과 그 조항을 이행하고 조약당사국 간의 협의와 협력을 위한 포럼을 제공하기 위하여 국제초지능기구(ISIA)를 설립하기로 약속한다.

② 이에 ISIA의 기관으로 조약당사국 총회, 집행 이사회 및 기술 사무국을 설치한다.

③ 조약당사국 총회

1. 조약당사국 총회는 모든 조약당사국으로 구성된다.

2. 조약당사국 총회는 전반적인 정책 결정, 예산 채택 및 감독, 집행 이사회 이사 선출, 집행 이사회가 보고하는 준수 사항 심의, 집행 이사회의 권고에 따른 부속서 채택 및 개정을 담당한다.

3. 조약당사국 총회는 연 1회 이상 또는 총회가 정하는 더 잦은 주기로 정기 회의를 개최하며, 필요시 특별 회의를 소집한다. 각 조약당사국은 1표를 가지며, 과반수 조약당사국의 출석으로 의사 정족수가 성립된다.

④ 집행 이사회

1. 집행 이사회는 15인의 이사로 구성한다: (i) 유엔 안전보장이사회 상임이사국에 배정된 5개 지정석과 (ii) 지리적 형평성에 따라 배분된

10개 선출석. 세부 사항은 부속서 가에 상술한다.

2. 선출 이사의 임기는 2년이며 매년 절반의 의석을 선출한다.

3. 집행 이사회는 강제 사찰 승인, 조약당사국 총회에 대한 예산 및 정책 권고, 사무총장 임명, 기술 사무국 감독 및 권고안 승인을 담당한다.

4. 의사결정 절차는 다음과 같다.

가. 집행 이사회는 의장 및 부의장을 선출한다.

나. 의장 또는 부의장이 의장직을 수행할 수 있다.

다. 1이사 1표 원칙에 따라 표결한다.

라. 제10조에 따른 강제 사찰 승인 표결은 과반수를 요한다.

마. 사무총장 소환 또는 임명은 3분의 2 이상의 찬성을 요한다.

바. 기타 모든 결정은 과반수로 한다.

사. 의사 정족수는 집행 이사회 3분의 2의 출석을 요한다.

⑤ 기술 사무국 및 사무총장

1. 사무총장은 기술 사무국의 수장이자 최고 행정책임자이다.

2. 사무총장은 집행 이사회가 4년 임기로 임명하며 1회 연임할 수 있다. 집행 이사회는 사무총장을 소환할 수 있다.

3. 기술 사무국은 반도체 추적 및 제조 안전조치, 반도체 사용 검증 안전조치, 연구 통제, 정보 통합, 기술 검토, 행정 및 재정, 법률 및 준수 등의 기술 부서를 그 출범 시에 포함한다. 사무총장은 기술 부서를 창설하거나 해산할 수 있다.

4. 기술 사무국은 사무총장을 통하여, 본 조약 제4조, 제5조, 제6조, 제7조, 제8조, 제9조 및 제10조를 이행하는 데 필요한 기술적 정의 및 안전조치 의정서 변경을 제안한다.

가. FLOP 한도(제4조), 규제 대상 컴퓨팅 클러스터 규모(제5조) 및 규제 연구 범위(제8조)에 대한 긴급한 변경은 비조치가 안보 위험을 초래하는 경우 사무총장이 즉시 이행할 수 있다. 이러한 변경은 30일간 효력이 유지되며, 이후에는 집행 이사회의 승인을 받아야 계속 효력을 유지할 수 있다.

나. 집행 이사회는 가능한 한 합의에 의하여 실질 사안에 관한 결정을 내려야 하며, 사무총장은 합의 도출을 위하여 노력하여야 한다. 합의가 불가능한 경우 24시간 후 표결을 실시하며, 출석하여 투표한 이사 과반수의 찬성으로 승인되고, 그렇지 아니한 경우 부결된다.

⑥ ISIA의 정기 예산은 유엔 분담금 산정 방식에서 파생된 척도를 사용하되 집행 이사회가 정한 최저액과 최고액의 제한을 받는 조약당사국의 분담금으로 충당한다. 조약당사국은 또한 정렬 및 해석 가능성 관련 AI 안전 연구, 조약당사국의 역량 구축 활동, 안전한 AI의 유익한 사용, 시험 환경 개발, 우수 관행, 정보 공유 및 IAEA 핵 안보 지원 센터 네트워크를 느슨한 모델로 한 협력 및 공동 활동 촉진을 위한 자발적 기여금을 납부하는 방안을 선택할 수 있다.

제3조: 선례

본 조약의 국제초지능기구(ISIA)의 삼부 지배 구조는 화학무기금지협약(CWC) 이행을 담당하는 화학무기금지기구(OPCW)*를 모델로 삼았다. 기관의 명칭도 OPCW에서 가져왔다. 실제 조약에서는 동일한 기능을 수행하는 다른 구조와 명칭을 선호할 수 있다. 덜 중앙집중화된 방식의 선례도 아래에서 함께 제시할 것이다.

제4항 4호 (가)목과 (라)목에 명시한 집행 이사회 절차는 NPT 이사회를 모방했다. 우리 조약에서도 유엔 안전보장이사회 15개 이사국 중 5개 상임이사국을 지정석으로 배정했다. 이는 NPT를 맺은 5개 핵무기 보유국이 우연히도 유엔 안전보장이사회 5개 상임이사국과 일치한다는 사실을 반영한 것이다. 이 5개 나라가 핵심 파트너로 참여하지 않았다면 NPT는 처음부터 실패했을 것이다.

'지리적 형평성에 따라 배분된 10개국 선출석'에 관한 조항도 NPT의 흔적이다. NPT는 이사회가 정해진 8개 지역에서 원자력 기술, 원재료 생산을 포함하여 핵기술이 가장 발전된 국가를 포함하도록 규정하고 있다.

---

* 화학무기금지기구(OPCW)는 비축한 화학무기 폐기를 감시하고 화학무기 공격에 대비한 지원을 제공하는 등 화학무기금지협약(CWC) 이행에 꼭 필요한 다양한 기능을 수행한다. CWC는 1997년 발효됐으며, 193개 당사국은 극소수의 예외를 제외하고 화학무기 및 그 전구체의 사용, 개발, 확산을 금지하고 유지하기 위해 협력한다.

여기서 대만은 우리 조약을 복잡하게 만드는 변수다. 강대국에 둘러싸인 대만의 지정학적 위치와 세계 AI 반도체의 대부분을 생산하는 반도체 강국이라는 위상이 조약을 복잡하게 만든다. 다행히 NPT가 지침을 제공한다. 대만은 공식적인 NPT 조약당사국은 아니지만, 여러 차례 NPT 체제를 준수한다고 밝혔다. 대만은 미국, IAEA와의 삼자 협정을 통해 IAEA가 핵 시설을 사찰하고 안전조치를 적용하도록 허용하고 있다. 이는 우리 조약에도 유사한 협정이 마련될 수 있다는 근거가 된다.

집행 이사회의 의사결정 절차는 IAEA 이사회의 절차 규칙을 모델로 삼았다.* 표결 절차도 마찬가지로 IAEA 규정을 따른다.

NPT처럼 중앙기구를 통해 관리하지 않지만, 잠재적으로 효과적인 조약 이행 방식의 선례는 중거리 핵전력 조약(INF)과 전략무기감축협정(START I, START II, 신START)에서 찾을 수 있다. 이 조약들은 이행과 검증의 책임을 개별 당사국에 부여하며, 각 당사국은 상대방이 합리적인 준수 보증을 얻도록 허용하는 절차를 이행하기로 약속한다.

---

* IAEA는 NPT가 발효되기 약 13년 전인 1957년에 설립되었다. 그래서 NPT는 기존에 설립된 이 기구를 일부 기능을 수행하기 위한 파트너로 지정할 수 있었다. 인공지능의 경우 아직 그러한 국제기구가 존재하지 않으므로, 우리 조약은 당사국들이 이를 창설하도록 약속하여야 한다.

　　　　　　　　AI, 신의 탄생 인간의 종말

제4항 3호의 "강제 사찰"은 CWC 부속서 제10부의 방식을 모델로 삼았으며, 이에 관한 선례는 본 조약 제10조에서 자세히 다룬다.

제3조: 해설

ISIA는 다른 국제기구처럼 조약당사국 출신의 외교관과 기술 전문가들로 구성된다. 여기서 핵심은 ISIA가 조약의 요건을 이행하고 시간이 흐름에 따라 조약을 갱신하는 데 필요한 권한을 실질적으로 부여받도록 보장하는 것이다.

본 조약은 초지능의 창출을 방지하는 것을 최고 우선순위로 삼는다. ISIA는 이 목적을 달성하기 위해 허용되는 AI 연구·개발·배치의 정확한 한도 유지, 조약 준수의 핵심 검증자 역할, 서명국으로부터의 기밀 정보 통합 등 여러 핵심 기능을 집중적으로 이행하는 권한을 부여받는다. 이와 같은 ISIA의 협력적 운용은 시간이 흐르면서 조약당사국 간에 필요한 신뢰를 쌓아가는 역할을 할 것이다.

그러나 이런 접근 방식에는 고려해야 할 점이 있다. 첫째, 집중화가 심해질수록 당사국 간에 더 많은 신뢰가 요구된다. 예비 서명국들은 과도한 수준의 권한을 국제기구에 부여하는 것이 정치적으로 실행 불가능하다고 느끼거나, 해당 기구가 가장 강력한 구성원의 지배적 영향력에서 벗어나 독립적으로

운용될 것이라고 신뢰하지 못할 수 있다. 이에 대한 대안은 반드시 집중화해야 하는 기능만 집중화하고(예: AI 연구·개발·배치에 대한 한도 유지 및 명확화), 나머지는 다른 조약당사국이 별도 협정을 통해 준수 여부를 검증하고 집행하도록 허용하는 것이다.

둘째, 조약에 포함할 당사국의 범위도 고려해야 한다. 이 조약 문안은 전 세계 모든 국가를 서명 및 집행에 초청하는 다자간 기구의 창설을 제시하고 있으나 처음부터 수많은 국가의 참여를 끌어내기는 쉽지 않다. 대안으로는 미국, 중국처럼 AI 개발의 최전선에 있는 주요 국가만을 포함하는 소규모 양자 검증 체계를 먼저 구축하는 방법도 있다. 이 경우 당사국 간 자율성과 투명성의 일부를 희생하면서도 서로의 요구를 충족하는 체계를 만들 수 있다. 그런 소규모 조약의 당사국들은 이후 별도의 목표로서 다른 국가들을 차례로 합류시키는 것을 추진할 수 있다.

본 초안의 동기는 세계 지도자들이 긴박한 위험을 인식한다면 국제 통제가 어떻게 이루어질지 그 모습을 미리 보여주는 것이다. 따라서 다양한 당사국들이 조약 가입에 공통의 이해를 인식하는 시나리오에서 작동할 구조를 제시한다.

이에 따라 초안에서 제안하는 ISIA 집행 이사회의 구조는 모든 유엔 안전보장이사회 상임이사국을 포함하며 IAEA의 구성을 모델로 한다. TSMC가 최고의 AI 반도체 제조업체라는 위상을 고려하면, 모든 AI 조약은 대만을 어떻게 다룰지 고려해야 한다. 선례 부분에서 논의했듯, 우리는 대만이 NPT를 준수하는 방식과 유사하게 본 조약을 준수하도록 장려할 것이다. 구체적으로는 대만으로부터 본 조약의 원칙 준수와, 현장 정기사찰 혹은 강제 사찰 수락에 대한 공식 협정이나 선언을 끌어내는 것이다.

본 조항은 기술 사무국에 상당한 권한을 부여하면서도 집행 이사회에 감독 권한을 두는 구조를 기술한다. 이 초안 구조의 한 가지 장점은 기술 기구가 신속한 의사결정을 수행하고 임무 달성을 위한 광범위한 권한을 부여받을 수 있다는 것이다. 다만 어떠한 변경 사항이든 효력을 유지하려면 30일 이내에 집행 이사회 과반수의 승인을 받아야 한다.

세계 지도자들은 기술 전문가들에게 이토록 많은 권한을 위임하는 것을 주저할 수 있다. 반면 기술 전문가들은 지정학적 행위자들이 이 조약을 이행하는 과정에서 발생하는 까다로운 기술적 문제들을 해결하고, 빠르게 변화하는 기술 환경에 충분히 적응하리라 확신하지 못할 수 있다. 하지만 다른 여러 방식으로도 충분히 작동할 수 있다.

또 다른 대안적 접근으로는 ISIA가 이행하는 책임, 정의, 안전조치의 유형(예: 훈련 FLOP 임계값, CCC의 정의, AI 반도체의 정의, 특정 시설을 반도체 생산 시설로 볼 것인지 여부, 반도체 사용 검증 의정서, 규제 연구의 정의 등)을 더 세분화하고, 각 정의의 영향력과 신속한 대응을 요하는 기술 변화에 얼마나 민감한지에 따라 정의 변경 절차를 달리 마련하는 방법도 있다.

제4조: AI 훈련

① 각 조약당사국은 다음 한도를 초과하는 AI 훈련을 금지하고 이를 위반하지 아니할 것을 약속한다: 1e24 FLOP을 초과하는 여하한 훈련 실행 또는 1e23 FLOP을 초과하는 여하한 훈련 후 처리 실행. 각 조약당사국은 이 한도를 초과하는 훈련 실행을 수행하지 아니할 것과, 관할권 내 어떠한 주체도 그러한 훈련 실행을 수행하도록 허용하지 아니할 것을 약속한다.

- 기술 사무국은 제3조에 규정된 절차에 따라 이 한도를 수정할 수 있다.

② 각 조약당사국은 1e22 FLOP에서 1e24 FLOP 사이의 여하한 훈련 실행도 개시 전에 ISIA에 보고하기로 약속한다. 이는 당사국 또는 그 관할권 내 주체가 수행하는 훈련 실행에 적용된다.

1. 이 보고서에는 모든 훈련 코드와 사용될 총 FLOP 추정치가 포함되어야 하되, 이에 국한되지 아니한다. 조약당사국은 데이터의 민감성에 적합한 접근 기록과 복제 또는 무단 공개 방지 조치를 갖춘 상

  AI, 신의 탄생 인간의 종말

태에서 ISIA 직원에게 모든 데이터에 대한 감독된 접근을 허용하여야 한다. ISIA 직원에게 충분한 데이터 접근을 허용하지 아니하는 것은 ISIA의 재량에 따른 훈련 실행 거부의 사유가 된다. ISIA는 훈련 실행과 관련된 여하한 추가 문서도 요청할 수 있다. ISIA는 또한 훈련 중에 훈련 절차에 가할 수 있는 소규모 수정 목록을 사전에 승인한다. 이러한 변경이 실제로 이루어지는 경우 각 당사국은 ISIA에 보고하여야 한다.

2. ISIA가 30일 이내에 응답하지 아니하는 경우 승인으로 간주하나, ISIA는 추가 검토가 필요하다는 통보를 통하여 이 기간을 연장할 수 있다. 이러한 연장에는 제한이 없으나 조약당사국은 과도한 지연에 대하여 사무총장 또는 집행 이사회에 이의를 제기할 수 있다.

3. ISIA는 해당 훈련 실행을 감시할 수 있으며, 조약당사국은 ISIA의 요청에 따라 최종 훈련 모델을 포함한 모델의 체크포인트를 ISIA에 제공하여야 한다[그러한 감시의 초기 세부 사항은 부속서에서 명시할 필요가 있다].

4. 감시 결과 우려할 만한 AI 역량이나 행동이 나타나는 경우, ISIA는 훈련 실행이 안전하게 진행될 수 있다고 판단할 때까지 해당 훈련 실행 또는 특정 유형의 훈련 실행을 일시 중단하도록 명령할 수 있다.

5. ISIA는 견고한 보안 관행을 유지한다. ISIA는 신고된 훈련이 본 조약을 위반한다고 결정하는 경우를 제외하고는 신고된 훈련 실행에 관한 정보를 공유하지 아니하며, 위반의 경우에는 위반 여부를 판단하

기에 충분한 정보를 모든 조약당사국에 제공한다.

6. 조약당사국이 지정된 한도를 초과하는 훈련 실행을 발견한 경우, 당해 조약당사국은 이를 ISIA에 보고하고 해당 훈련 실행이 진행 중인 경우 이를 중단하여야 한다. 이러한 훈련 실행은 ISIA의 승인이 있어야만 재개될 수 있다.

③ 각 조약당사국 및 그 관할권 내 주체는 1e22 FLOP 미만의 훈련 실행을 ISIA의 감독이나 승인 없이 수행할 수 있다.

④ ISIA는 집행 이사회의 3분의 2 이상 찬성으로, 안전 평가, 자율주행 차량, 의료 기술 및 기타 사무총장이 안전하다고 판단하는 방식의 활동에 대하여 특정 예외를 승인할 수 있다. 이러한 예외는 ISIA의 감독하에 1e24 FLOP을 초과하는 훈련 실행을 허용하거나, 1e22 FLOP에서 1e24 FLOP 사이의 훈련 실행에 대한 ISIA의 승인 추정을 허용할 수 있다.

제4조: 선례

본 협정에 명시된 한도의 수치는 초안 단계를 넘어서면 다시 검토해야 한다. 그렇지만 정량적 상한은 반드시 필요하다. 수치를 명시하는 표현은 국제 협정에서 자주 사용된다. 정성

    AI, 신의 탄생 인간의 종말

적 언어의 상이한 해석으로 인한 분쟁을 사전에 방지할 수 있기 때문이다.

1974년 미국과 소련은 지하 핵실험 제한 조약을 체결하며 지하 핵실험 규모를 150킬로톤 이하로 제한하는 상한을 설정했다.* 이 조약의 목적과 효과는 더 크고 더 파괴적인 '도시 파괴형' 핵탄두의 추가 개발을 일정 수준 억제하는 것이었다. AI 개발에 빗대면 이렇다. 2025년 중반 기준으로 더 범용적이고 유능하고 그래서 더 위험한 AI 모델을 만들려면 그에 상응하는 더 큰 훈련이 필요하다. 그러니 더 큰 훈련 실행을 막기 위해 상한을 설정하는 것이다. 그런 맥락에서 우리 조약은 더 위험한 AI를 의도적으로 개발하는 것을 막기 위한 상한을 명시해 예측하지 못한 임계점을 우연히 넘어설 위험도 줄이고자 한다.

우리가 출발점으로 제안한 훈련 한도는 현재 일부 AI 모델의 훈련 실행 기준에서는 진작에 초과할 만큼 매우 낮다. 이는 훈련 단위당 신형 모델을 더 유능하게 만드는 알고리즘 발전에 대한 기대를 고려한 신중한 선택이다(제8조에서 논의). 군비 감축 협정은 현행 최대 수준 이하로 설정된 한도에 대한 선

---

* 미국과 소련은 이미 1963년 대기권, 외기권 및 수중에서의 핵무기 실험을 금지하는 조약 (흔히 부분적 핵실험 금지 조약 또는 핵실험 금지 조약이라 불린다)으로 기존 핵무기와 다른 새로운 핵무기 실험을 중단하기로 합의한 바 있다.

례를 제공한다. 1922년 워싱턴 해군 군축 조약은 미국 및 다른 해군 강국들이 수십 척의 주력함을 폐기하도록 요구하는 함선 배수량 한도를 설정했다.* 1991년 미국과 소련(이후 러시아 연방)은 START I 조약 제2조에서 핵 비축량과 발사 수단 규모에 합의하여 양측 각각 4000기 이상의 탄두를 단계적으로 폐기하기로 했다.**

조약에서 벗어날 가능성을 제한하는 정량적 임계값에 관한 선례는 제5조에서 논의할 것이다.

제4조: 해설

최근 몇 년간 AI가 급속도로 발전한 이유는 그 무엇보다 AI 훈련에 투입된 연산 자원의 증가 때문이라 할 수 있다. 이 자원을 제한하고 알고리즘 발전 연구를 억제하는 일만으로도 (제8조 참조) 가까운 시일 내에 초지능이 탄생할 위험을 극적으로 줄일 수 있다.

본 초안에서 제시하는 제한은 사용된 계산 연산의 수에 기반하며, 이는 비교적 정의하고 측정하기 쉽다. 기존 최첨단 AI

---

* 영국, 프랑스, 이탈리아, 일본 및 미국 간의 해군 군비 제한을 위한 조약(워싱턴 해군 군축 조약)은 폐기될 선박을 이름과 함께 표(제2절)에 열거하고 있다.

** 전략무기감축협정은 1991년 서명되어 1994년 발효됐다. 서명국들은 각각 총 1600기의 대륙간 탄도 미사일과 폭격기에 탑재된 6000기 이상의 핵탄두를 배치하지 못하도록 금지되었다.

로는 적어도 2025년 중반의 AI 알고리즘을 기준으로 할 때 안전하다고 볼 수 있는 컴퓨터 하드웨어의 양에 대한 정보를 얻을 수 있다.

훈련된 시스템의 역량이 어떻게 될지 예측하고 그 역량을 기준으로 훈련을 제한하는 것이 이상적이겠지만, 훈련 전에 새로운 AI가 무엇을 할 수 있고 없을지 자신 있게 예측할 기술적 능력은 아직 없다. 여기서 계산 자원은 그나마 활용할 수 있는 대리 지표다.

훈련의 상한인 1e24 FLOP은 2025년 8월 현재 최첨단 모델 훈련에 사용되는 것보다는 약간 낮다(딥시크-V3는 3e24 FLOP으로 훈련되었다). 이 한도를 제안하는 이유는 현재 사용 중인 알고리즘을 기준으로는 AI가 더 위험해지리라 예상되는 훈련 수준보다는 아래에 있으면서도 추후 알고리즘이 발전하더라도 어느 정도 여유가 되기 때문이다.

훈련 후 처리에 대한 1e23 금지는 본 조약 발효 이전에 이미 만들어진 AI에 적용하기 위한 제한이다. 이런 AI 중 다수는 1e24 FLOP을 초과하여 훈련되었을 것이다. 2025년 중반 현재 그런 모델이 50개에서 100개 사이인 것으로 알려져 있다. 이 AI들의 가중치가 이미 공개된 경우가 많기에 사람들이 이를 사용하는 것 자체를 막기는 현실적으로 불가능하지만, 훈련 후 처리 제한을 통해 대규모 수정은 충분히 막을 수 있다.

H100 16기로 1e22 FLOP 훈련을 실행하면 약 1주일이 걸린다. 취미 연구자가 소규모 허용 모델을 훈련하다 우연히 한도를 넘기기엔 충분히 무겁고 부담스러운 작업량이다. 현재 알고리즘으로 1e22 규모에서 훈련된 AI는 지금까지 위험하지 않다는 사실이 드러났지만, AI 연구 발전이 계속된다면 상황이 바뀔 수 있으므로 감시가 필요하다. 1e22에서 1e24 FLOP 범위의 훈련 실행에 대해 승인이 아닌 신고를 규정한 것은 현재로선 안전해 보이는 방식으로 AI 훈련을 하여 일부 이익을 거두도록 허용하면서도 더 크고 잠재적으로 위험한 AI의 출현을 막도록 균형을 꾀한 것이다.

ISIA 감시는 금지하더라도 일어나는 알고리즘 발전을 ISIA가 어느 정도 파악하도록 돕는다. 제13조는 이 범위에서 훈련된 모델에 대한 ISIA 평가를 규정하는데, 이는 ISIA가 AI 개발 동향을 파악하고 FLOP 한도를 적절히 조정하는 데 도움이 될 것이다.

ISIA 직원은 감시되는 훈련 실행에 사용된 훈련 데이터에 접근할 수 있으며, 이 접근에는 다양한 제한이 따른다. 제한의 목적은 개인 식별 정보, 개인 건강 정보, 비밀 데이터, 영업 비밀, 비밀 유지법의 적용을 받는 금융 데이터 등 훈련 데이터의 민감한 내용이 무단으로 공개되지 않으면서도 기록 및 기타 감시 방법이 제대로 활용되도록 보장하는 것이다.

제5조: 반도체 집중 관리

① 각 조약당사국은 관할권 내의 모든 규제 대상 반도체 클러스터 (CCC), 즉 제2조에 정의된 H100 상당량 16기를 초과하는 용량의 반도체 집합*이 ISIA에 신고된 시설에 위치하고 ISIA의 감시를 받도록 보장하기로 약속한다.

1. 조약당사국은 신고된 시설 내에서 AI 반도체를 비부수적 비AI 컴퓨터 하드웨어와 함께 배치하는 것을 피하도록 노력하여야 한다.

2. 해당 시설은 물리적 사찰이 가능하여야 한다. 예컨대 검증팀이 국제 정기 항공 노선이 취항하는 공항 중 하나에서 12시간 이내에 여하한 CCC에 도달할 수 있어야 한다.

3. 조약당사국은 ISIA가 모든 위치를 감시하는 것이 실행 불가능할 만큼 많은 장소에 AI 반도체를 배치하지 아니한다. ISIA의 요청이 있는 경우, 조약당사국은 AI 반도체를 더 적은 수의 감시 시설로 집중 관리하여야 한다.

② CCC에 해당하지 아니하는 비감시 AI 반도체(즉, H100 상당량 16기 미만의 용량을 가진 반도체)는, CCC 정의를 충족하도록 집계되거나 네트워크로 연결되지 아니하고, 감시를 무력화하기 위하여 장소 간에 교체되지 아니하며, 금지된 훈련에 사용되지 아니하는 것을 조건으

---

* 2025년 기준 H100 16기의 비용은 약 50만 달러이며 이를 개인이 소유하는 경우는 드물다는 점을 고려했다.

로 ISIA 신고 시설 밖에 있을 수 있다. 조약당사국은 새로이 형성되는 CCC가 탐지되고 감시받도록 보장하기 위하여 AI 반도체의 판매 및 집계를 감시하는 합리적인 노력을 기울인다.

③ 본 조약 발효 후 120일 이내에 각 조약당사국은 모든 CCC를 ISIA에 신고된 시설에 위치시키고 목록화하여 집중 관리하여야 한다. 조약당사국은 본 요건을 회피하거나 CCC로 분류되었을 반도체 집합이 더 이상 CCC로 분류되지 아니하도록 하기 위하여 반도체를 분산, 은닉 또는 기타 방법으로 재배정하지 아니한다.

④ ISIA는 현장 사찰, 문서 및 목록 검증, 이전 및 사찰 시 국내 당국에의 동행, 제10조에 따른 당사국과의 정보 공유를 포함하여 국내 집중 관리 과정을 감시한다. ISIA는 이전에 관한 보관 기록을 요구할 수 있으며 제10조에 기술된 바와 같이 강제 사찰을 실시할 수 있다. 조약당사국은 관련 시설, 수송 거점 및 기록에 대한 적시 접근을 허용하여야 한다. 제10조에 따른 내부 고발자 보호 및 인센티브는 집중 관리 과정에 적용되며, ISIA는 보호된 신고 채널을 유지한다.

⑤ 본 조약 발효 후 120일 이내에 조약당사국은 CCC 등록부를 ISIA에 제출하여야 한다. 동 등록부에는 CCC 내 모든 AI 반도체의 위치, 종류, 수량, 가용한 경우 일련번호 또는 기타 고유 식별자, 관련 상호

연결이 포함되어야 한다. 각 조약당사국은 최소 90일마다 갱신된 정확한 등록부를 ISIA에 제공하여야 한다.

⑥ 조약당사국은 AI 반도체의 이전 계획을 국내 이전이든 국제 이전이든 불문하고, 계획된 이전일로부터 최소 14일 이전에 ISIA에 통보하여야 한다. ISIA가 이전을 참관할 기회를 부여받지 아니하는 한 어떠한 이전도 진행하지 아니한다. 국제 이전의 경우, 발송 조약당사국과 수취 조약당사국 모두 ISIA와 경로, 보관 및 수취에 관하여 조율하여야 한다. 안전 또는 보안상의 이유로 행하여지는 긴급 이전은 가능한 한 조속히 통보하며 사후 검증을 받는다.

⑦ 고장, 결함, 잉여 또는 기타 폐기 예정인 AI 반도체는 ISIA가 파괴를 인증할 때까지 기능 반도체로 취급된다. 조약당사국은 ISIA의 감독 없이 AI 반도체를 폐기하지 아니한다. 폐기 또는 영구적 기능 불능 처리는 ISIA의 감독하에 ISIA가 승인한 방법으로 실시하고 폐기 증명서에 기록한다[세부 사항은 부속서에서 기술될 필요가 있다]. 당해 하드웨어 부품의 인양 또는 재판매는 ISIA의 명시적 승인이 없는 한 금지된다.

제5조: 선례

자산 신고는 종종 제한적 조약의 첫 단계다. 1922년 워싱턴 해군 군축 조약의 당사국들은 주력함과 그 톤수 목록을 제출하고, 이 선박들을 교체할 때 서로에게 통보하기로 약속했다. 1991년 START I 조약은 모든 신고 전략 무기의 위치 좌표 및 장소 도면 교환에 관한 비밀 협정(제8조)을 포함했다. 본 초안 제5조 제3항은 당사국에 본 조약 발효 후 120일 이내에 규제 대상 반도체 클러스터를 위치 확인·목록화·집중 관리하도록 요구한다. 준수 검증을 쉽게 하기 위한 자산 집중 관리도 종종 제한적 조약의 또 다른 단계다. START I 제3조는 ICBM이 우주 발사 시설과 함께 위치하는 것을 금지하여 이를 쉽게 감시하도록 한다. 본 제5조 1항 1호는 같은 이유로 조약당사국에 "AI 반도체를 비부수적 비AI 하드웨어와 함께 배치하는 것을 피하도록" 요구한다. 역사는 집중 관리가 돌발적 탈출 가능성도 제한한다는 것을 보여준다. 2016년 JCPOA(포괄적 공동행동계획)*에서 이란은 운영 중인 우라늄 농축 원심분리기를 나탄즈와 포르도, 두 곳에만 유지하기로 동의했으며, 두 시설 모두 2025년 6월 이스라엘과 미국의 작전으로 공격받았다. 이런 역사적 사례가 본 제5조 해설에서 조약당사국에 규제 대상 반도체 클러스터를 인구 밀집 지역에서 멀리 두도록 제안하는

---

* 포괄적 공동행동계획(이란 핵합의라 부르기도 한다) 2015년 유엔 안전보장이사회 5개 상임 이사국, 독일, 유럽연합 및 이란 간에 최종 타결되었다. 2016년 1월 발효하면서 이란은 핵 프로그램에 대한 제한 수용의 대가로 제재 해제 및 기타 조항을 획득하였다.

배경이 된다.

감시와 사찰은 신뢰가 제한된 환경에서 기존 조약의 일반적인 구성 요소다. 이에 따라 우리는 적절한 경우 이에 관한 조항을 초안 제1항, 제4항, 제6항, 제7항에 담았다. 구체적인 선례는 다음과 같다.

- START I의 검증에는 초기 몇 년간 수백 건의 현장 사찰이 포함되었다.
- CWC는 모든 화학무기 생산 시설의 신고와 사찰을 요구한다. 97개소가 신고되었으며, 대다수가 검증 가능한 방식으로 파괴되었다. 기존 시설의 신고를 요구함으로써 이 협정들은 신고된 시설 밖에서의 특정 활동도 금지하는데, 이는 비감시 CCC 금지 조항과 유사하다.
- 전 세계 700개 이상의 신고된 핵 시설이 NPT의 일환으로 IAEA의 감시를 받고 있다.

다수의 군비 통제 협정은 당사국들이 조약 검증 맥락에서 서로의 국가기술수단을 방해하지 않도록 요구한다. SALT I,[*]

---

[*] 전략무기제한협정(SALT)은 1969년 미국과 소련 간에 시작되어 1972년 서명된 SALT I 조약으로 이어졌다. 이 조약은 전략 탄도 미사일 발사 시설의 수를 동결하고 잠수함 발사 탄도 미사일의 추가를 규제하는 등의 제한을 두었다.

ABM,* INF,** START I이 그 예다. 조약 약속을 이행하기 위해 당사국이 국내 민간 산업을 제한하도록 요구하는 것(AI에도 해당한다)에 관한 선례는 미국의 CWC 비준 이후 입법에서 찾을 수 있다. 미국은 1998년 화학무기협약 이행법과 상무부 규정을 마련해 자국 내 주체들이 이를 준수하도록 보장했다. 마찬가지로 미국 의회는 몬트리올 의정서 비준 이후 오존층 파괴 물질을 금지하기 위해 청정대기법을 개정했다.

미국에서 반도체 집중 관리를 이행하는 방법으로는 수정 헌법 제5조의 수용권 조항을 활용하는 방법이 있다. 이 조항에 따르면 정부는 적절한 보상을 지급하는 한 공공 목적을 위해 사유재산을 강제로 취득하는 토지 수용권을 행사할 수 있다.

집중 관리 검증

대부분의 당사국은 다른 당사국을 맹목적으로 신뢰하지 않을 것이다. 따라서 준수를 검증하는 방법이 필요하다. AI 반도체를 신고된 시설에 집중 관리하면 ISIA 사찰과 감시를 통해 반도체의 존재와 활동을 확인할 수 있다.

---

* 1972년 SALT I 조약과 함께 체결된 탄도탄 요격미사일 제한협정(ABM)은 미국과 소련 양 당사국이 탄도탄 요격 기지의 수를 두 개(이후 하나)로 제한하여 핵무장과 요격 역량을 제한했다.

** 1987년 중거리 핵전력 조약(INF)으로 미국과 소련은 전장 체계와 대륙간 체계의 중간 사거리를 가진 대부분의 핵 투발 수단을 금지하기로 합의하였다. 그러한 체계로부터의 타격은 경보 시간이 짧아 방어 자산이라기보다 불안정화하는 공격 체계로 간주되었다.

 AI, 신의 탄생 인간의 종말

집중 관리가 반드시 필요한 것은 아닐 수도 있다. AI 반도체를 감시할 다른 방법이 있다면 그러하다. 그러나 현재 칩에 내장된 보안 메커니즘이 제한적이라는 점을 고려하면, 우리는 기존의 모든 AI 반도체 비축량을 물리적으로 파괴하는 것을 제외하고는 지금으로선 집중 관리가 유일하게 실행 가능한 방안이라고 본다.

장래에는 하드웨어 기반 거버넌스 메커니즘이 개발되어 신고된 장소에 반도체를 집중 관리하지 않고도 원격으로 거버넌스를 가능하게 할 수 있다. AI 정책 전문가 온니 아르네[Onni Aarne]는 동료들과 함께 2024년에 이 온칩 거버넌스 메커니즘의 일부를 개발하는 데 얼마나 걸릴지 추정한 바 있다. 이 연구는 다양한 적대적 행위자를 상정하고 메커니즘의 강건성을 갖추는 데 걸리는 시간을 다룬다. 일례로 유능한 국가 행위자가 거버넌스 메커니즘을 무력화하려 하지만, 발각되면 심각한 결과를 감수해야 하는 잠재적인 적대 상황을 가정할 때, 최적의 해결책을 개발하는 데 2년에서 5년 정도 걸릴 것으로 추정했다. 물론 덜 안전하지만, 실행할 만한 방안은 몇 달 만에 마련될 수 있다.

이 보고서가 발표된 지 1년이 넘었지만, 우리는 이 메커니즘에 관한 유의미한 진전을 확인하지 못했다. 우리는 아르네와 동료들의 추정치인 "2년에서 5년 정도"가 가장 현실적이라고 생각한다. 즉, 몇 년간의 연구 개발을 거치면 반도체를 집중 관리하지 않고도 안정적으로 감시하는 것이 가능할 수 있다. 이후 감시 가능한 새로운 반도체를 생산하거나 기존 반도체에 보안 기능을 추가하려면 어느 정도 시간이 필요할 것이다. 아르네와 동료들은 새로운 반도체를 생산하는 데 4년이 걸릴 수 있다고 추정하지만, 우리는 반도체를 추적하기 시작하면 기존 반도체에 보안 기능을 추가하는 일은 1~2년 안에 완료될 수 있다고 낙관한다.

제5조에서 논의된 집중 관리는 규제 대상 반도체 클러스터를 물리적으로 한 곳에 모으는 것이지만, 정부가 반드시 반도체 소유권을 가져야 한다는 의미는 아니다. 대형 데이터센터의 경우 조약은 데이터센터와 반도체가 사유재산으로서 현재 위치에 그대로 있는 것을 허용한다. 국내 정부와 ISIA의 감시와 감독을 받는 것으로 충분하다. 감시를 통해 데이터센터가 비AI 활동이나 기존 모델 운용과 같은 허용된 AI 활동에만 종사하고 있음이 보장되기 때문이다. 소규모 반도체 집합의 경우에는 더 큰 데이터센터로 물리적으로 이동시켜야 할 수도 있지만, 소유자는 계속 원격으로 반도체에 접근할 수 있다. 이는 이미 클라우드 컴퓨팅에서 일반화된 방식이므로 과도한 제한으로 보기 어렵다.

     AI, 신의 탄생 인간의 종말

실현 가능성

H100 상당량 칩 10만 기 이상 보유한 대규모 AI 데이터센터는 숨기기 어렵다. 물리적으로 센터 규모와 전력 소비량을 통해 탐지할 수 있다. 실제로 데이터센터 상당수의 위치가 이미 공개적으로 보고되고 있다. H100 상당량 칩 약 1만 기 규모의 데이터센터도 정보기관이 추적하고 위치를 파악할 수 있다. 이보다 더 규모가 작은 데이터센터를 찾아내려면, 당국이 ISIA 사찰관과 협력하여 다양한 권한을 활용해야 할 것이다.

조약당사국이 국가 내 반도체를 추적할 수 있는 수단은 다양하다. H100 상당량 16기를 초과하는 모든 반도체 클러스터의 신고를 법적으로 의무화할 수 있고, 반도체 유통업체의 판매 기록과 금융 정보를 활용할 수 있으며, 데이터센터 건설 전문가와 면담할 수도 있다. 밀수, 위장, 은닉이 의심되면 법 집행 기관을 통해 추가 조사할 수도 있다. 이러한 국가 내 집중 관리 과정은 ISIA 사찰관이 감독하여 철저한 준수를 보장한다.

대규모 데이터센터의 위치 파악은 짧게는 수일에서 길게는 수주 안에 가능하다. 다만 반도체를 실제로 집중 관리하는 일은 더 오래 걸릴 수 있다. CCC로 지정될 시설이 추가적인 데이터센터 역량을 갖추어야 할 경우도 있기 때문이다.

한 가지 중요한 과제는 조약당사국이 신고되지 않은 AI 반도체로 비밀 AI 프로젝트를 운영하지 않는다는 확신을 제공하는 것이다. 일부 국가가 의도적으로 집중 관리 노력을 견제해 약화하면 국가 내 반도체 집중 관리에 대한 ISIA 검증은 일부 보증되긴 하겠지만, 확신할 수 없게 된다. 불법 AI 프로젝트에 대한 추가적인 보증 수단으로는 제10조에서 다루는 정보 수집과 강제 사찰을 참조하기 바란다.

CCC 정의에 관하여

본 CCC 정의는 H100 상당량 칩 16기를 기준선으로 삼는다. 이 한도는 여러 기준을 동시에 충족하기 위한 것이다.

H100 16기 이상의 반도체 클러스터를 감시하는 것은 제4조의 훈련 FLOP 한도와 잘 맞는다. 16개 H100으로 훈련하면(FP8 정밀도, 50퍼센트 활용률이라는 현실적이지만 낙관적인 가정 아래) 1e22 FLOP에 도달하는 데 7.3일이 걸리고, 1e24 FLOP에 도달하는 데는 2년이 걸린다. 따라서 신고되지 않은 반도체로 하한에 도달하는 것은 가능하지만, 금지된 훈련 한도에 도달하는 것은 현실적으로 비실용적이다.

이 한도는 제8조의 AI 연구 금지와 결합하면 AI 역량의 발전을 막는 데 충분할 가능성이 높다. 제4조는 대규모 훈련을 금지하고, 중규모 훈련은 허용하되 감시받도록 한다. 현실적인 시간 내에 H100 16개로 수행할 수 있는 소규모 훈련을 허용하는 것은 현재로선 최소한의 위험만을 제기하는 것으로 보

  AI, 신의 탄생 인간의 종말

이기에 수용할 만하다.

이 한도는 취미 연구자와 일반 소비자에게 미치는 영향이 크지 않다. 2025년 중반 기준 H100 16개 세트의 비용은 약 50만 달러다. 일반인이 우연히 이 한도를 넘어서기란 쉽지 않다.

AI 반도체 집중 관리는 허용 수량이 줄어들수록 어려워진다. 반도체 10만 개를 보유한 데이터센터는 찾기 쉽고, 1만 개도 비교적 쉽지만, 1000개는 불확실하며, 100개 이하에서는 매우 어려워진다. H100 16기라는 한도는 도전적이지만, 이보다 낮추면 집행 가능성이 급격히 떨어지기 때문에 이 선을 택했다.

잠재적인 집행 어려움에도 불구하고, 수정되어 한도를 더 낮춰야 할 수도 있다(예: H100 상당량 8기). 본 조약에서 ISIA는 이를 평가하고 필요에 따라 변경하는 임무를 부여받는다.

기타 고려 사항

본 조항은 조약당사국에 AI 반도체를 비부수적 비AI 반도체와 함께 배치하는 것을 피하도록 요구한다. 이는 반도체 사용 검증(제7조)을 더 어렵게 만들 수 있기 때문에 제안한 것이다. 그러나 반드시 필요한 조건은 아니며, 바람직하지 않을 수도 있다. AI 반도체는 현재 비AI 반도체와 함께 위치하는 경우가 많으며, 이를 분리하는 불편함이 혼합된 데이터센터에서

AI 반도체만을 감시·검증하는 불편함보다 클 수 있다.

일반 시민이 "애매한 규모의" H100 상당량 칩으로 비감시 CCC를 구성할 위험도 존재한다. 이를 방지하기 위해 조약은 당사국이 칩 판매(H100 상당량 1기 초과)를 감시하고 새로운 CCC의 형성을 탐지하는 "합리적인 노력"을 기울이도록 규정한다. 모든 칩과 판매를 공식 등록하고 추적하도록 요구하는 더 엄격한 조치도 취할 수 있다. 우리 초안이 그 수준까지 나아가지 않는 이유는 두 가지다. 하나는 모든 CCC 내 반도체가 목록화된 이후에는 미등록 H100 상당량 칩이 그렇게 많지는 않으리라 예상되기 때문이고, 다른 하나는 제10조의 내부 고발자 보호 등 다른 메커니즘이 새로운 CCC 형성 탐지를 보완하기 때문이다.

소규모 클러스터(예: H100 100기)를 즉시 집중 관리하도록 요구하는 대신에 단계적 접근법을 도입할 수도 있다. 예를 들어 조약 발효 후 10일 이내에 H100 상당량 10만 기를 초과하는 모든 데이터센터를 집중 관리하고 신고하도록 하고, 이후 30일 이내에는 1만 기 초과 데이터센터에, 그 이후에는 소규모 시설에 순차적으로 이를 적용하는 방식이다. 이런 단계적 접근법은 정보기관이 탐지 역량을 점진적으로 강화하는 속도에 맞춰 국제 검증 역량을 확대할 수 있다는 장점이 있다.

단계적 접근법의 단점은 국가들이 반도체를 은닉하고 비

   AI, 신의 탄생 인간의 종말

밀 데이터센터를 구축할 기회를 더 많이 줄 수 있다는 것이다. 그렇지만 이런 접근법은 기존 일부 국제 협정이 검증 및 집행 역량의 제약 안에서 작동했던 방식과 맥락이 유사하다. 예컨 대 1963년 부분적 핵실험 금지 조약은 지하 핵실험 탐지가 어 렵다는 이유로 지하 핵실험을 금지하지 않았다.

제6조: AI 반도체 생산 감시

① ISIA는 AI 반도체 생산 시설과 반도체 생산의 주요 투입 요소를 감시하여, 새로 생산된 모든 AI 반도체가 즉시 추적·감시되고 비감시 공급망이 형성되지 아니하도록 보장한다.

1. ISIA는 AI 반도체를 생산하거나 생산할 가능성이 있다고 판단되는 AI 반도체 생산 시설과 관련 하드웨어를 감시한다. AI 반도체 생산 시설, AI 반도체 및 관련 하드웨어의 정확한 정의와 감시 방법은 부속서를 통해 명시한다.

2. 새로 생산된 AI 반도체에 대한 감시에는 생산, 판매, 이전 및 설치에 대한 감시가 포함된다. 반도체 생산에 대한 감시는 제조 단계에서 개시된다. 전체 활동 범위에는 고대역폭 메모리(HBM) 제조, 논리 반도체 제조, 시험, 패키징 및 조립이 포함된다. 이 모든 활동의 집합은 부속서를 통해 명시한다.

② ISIA의 추적 및 감시가 실행 불가능하거나 구현되지 아니한 시설에서는 AI 반도체 생산을 중단한다. AI 반도체 생산은 ISIA가 허용 가능한 추적 및 감시 조치가 이행되었다고 선언한 경우에 재개될 수 있다.

③ 감시된 반도체 생산 시설이 폐쇄되거나 용도가 변경되는 경우, ISIA는 그 과정을 감독하며, ISIA 기준에 충족하는 방식으로 완료될 경우 감시 요건이 종료된다.

④ 어떠한 조약당사국도 ISIA의 승인 및 추적 없이 AI 반도체 또는 AI 반도체 제조 장비를 판매하거나 양도하지 아니할 것을 약속한다.

1. 조약당사국 간 AI 반도체의 판매 또는 양도에는 승인 추정의 원칙이 적용되며 ISIA가 이를 추적한다.

2. 조약당사국 간 AI 반도체 제조 장비의 판매 또는 양도에는 승인 추정의 원칙이 적용되지 아니한다. 이러한 양도에 대한 승인은 수취 조약당사국의 전용 위험 또는 조약 탈퇴 위험에 대한 평가를 기초로 한다.

3. 비당사국 또는 조약당사국 외의 주체에 대한 AI 반도체 및 AI 반도체 제조 장비의 판매 또는 양도에는 거부 추정의 원칙이 적용된다.

⑤ 어떠한 조약당사국도 ISIA의 승인 및 추적 없이 비AI 고급 컴퓨터 반도체 또는 비AI 고급 컴퓨터 반도체 제조 장비를 비당사국 또는 조

약당사국 외부 주체에게 판매하거나 양도하지 아니할 것을 약속한다.

⑥ 조약당사국 간 비AI 고급 컴퓨터 반도체 또는 비AI 고급 컴퓨터 반도체 제조 장비의 판매 또는 양도는 본 조항에 따른 제한을 받지 아니한다.

제6조: 선례

생산 시설 감시를 위한 조약과 조항은 새로운 게 아니다. 1987년 INF 제11조는 과거 중거리 핵 투발 수단을 생산했던 지정 시설을 13년간 사찰하도록 허용했다. 동 조약에 첨부된 사찰 의정서 제7절은 관련 미사일을 운반하기에 충분한 크기의 시설을 떠나는 모든 차량에 대한 중량 측정(상황에 따라 X선 촬영까지)을 포함하여 지속적인 경계 및 출입구 감시를 허용했다.

AI 반도체 생산 감시는 반도체의 기능과 역량을 외부 특성으로는 식별하기 어렵다는 점에서 더 복잡하다. 그래서 본 조약 제6조는 "하드웨어의 정확한 정의와 감시 방법은 부속서를 통해 명시한다"고 규정한다. 하지만 NPT 체제하에서 IAEA을 통해 안전조치를 수행한 선례는 공급망 전반에 걸쳐 다양한 생산 구성 요소와 전구체 물질의 검증이 가능하다는 것을 보여준다. 다만 IAEA는 감시를 수행하기 위해 한 가지 방안을 활용했다. 사찰 친화적 시설 설계 지침을 제공하여 준수 비용을 줄이는 것이다.

이전 금지령에 관해서는 실질적인 선례가 있다.

- NPT 제1조에서 각 핵무기국은 "여하한 수령자에게도 핵무기 또는 기타의 핵폭발장치를 양도하지 아니할 것"을 약속한다. NPT 제3조 제2항에서는 "선원물질 또는 특수분열성 물질" 또는 "특수분열성 물질의 처리사용 또는 생산을 위하여 특별히 설계되거나 준비되는 장비"를 제공하지 않겠다는 약속도 담겨 있다.
- CWC 제1조는 마찬가지로 당사국에 "직접적으로 또는 간접적으로 어떠한 자에게도 화학무기를 양도하지 아니할 것"을 약속하도록 요구한다. CWC 제7조는 열거된 전구체를 "생산, 취득, 보유, 이전 및 사용에 관한 금지"의 대상으로 삼도록 요구한다.
- 냉전 시대의 대공산권 수출통제위원회(CoCom)는 서방 국가들이 공산권 국가들에 핵 관련 물질, 군수품, 반도체 같은 이중 사용 산업 품목을 수출하지 못하도록 조율된 수출 통제 체계를 확립했다.
- 핵공급국그룹(NSG)은 핵무기 프로그램으로 전용될 수 있는 핵 및 핵 관련 기술의 공급을 제한하는 다자 수출

통제 체계다.

- 특히 관련이 깊은 것은 최근 수년간 수십 개국을 아우르며 AI 반도체와 첨단 반도체 제조 장비에 초점을 맞춘 일련의 미국 수출 통제 조치들이다.

제6조: 해설

AI 반도체 공급망은 생산자가 적고, 각 생산자가 생산하는 제품이 특화되어 있어 생산 감시를 할 수 있다. AI 반도체 칩 대다수는 엔비디아가 설계한다. AI 반도체에 사용되는 최첨단 로직 반도체는 TSMC가 제조하며 시장 점유율은 약 90퍼센트에 육박한다. AI 반도체 대부분이 TSMC의 5나노미터 공정의 변형 버전으로 만들어지는데, 이 공정은 극소수의 제조 공장만이 가능한 것으로 알려져 있다. AI 반도체 제조의 핵심 장비인 EUV 리소그래피 장비는 ASML이 독점 제조한다. 또 다른 핵심 구성 요소인 고대역폭 메모리(HBM)도 SK하이닉스, 삼성전자, 마이크론 등 두세 개 기업이 시장을 지배한다. 이렇게 좁고 특화된 공급망은 감시하기가 비교적 쉬우며, 비밀리에 복제되기도 어렵다.

AI 반도체 생산 감시로 인해 생길 불필요한 파급 효과는 그리 크지 않을 것이다. 반도체 자체는 구분할 수 있기 때문이다. AI 반도체와 같은 공정으로 스마트폰 반도체 같은 다른 제품도 만들지만, 어떤 용도의 반도체인지 쉽게 구분할 수 있다. 반도체 설계는 시간이 흐르면 다르겠지만, 현재 시점을 기준으로 하면 AI 반도체는 대용량 HBM과 특화된 행렬 곱셈 구성 요소 등 여러 요소를 통해 식별할 수 있다.

AI 반도체 공급망 감시의 좋은 출발점은 기존 병목 지점, 즉 HBM 생산, 논리 다이 제조* 및 후속 단계(패키징, 시험, 서버 조립), EUV 리소그래피 장비 같은 핵심 투입 요소를 감시하는 것이다.

제6조는 당사국 간 AI 반도체 판매에는 승인 추정 원칙을 적용하지만, AI 반도체 제조 장비에는 명시적으로 이를 적용하지 않는다. AI 반도체의 수명 주기가 보통 몇 년에 불과해 AI 개발 역량에 반도체 판매가 미치는 영향은 비교적 단기적이다. 반면 반도체 제조 역량은 수년간 대규모 반도체 생산으로 이어질 수 있으며, 국가가 조약에 가입해 AI 반도체 공급망을 구축한 후 탈퇴하는 경우를 고려하면 특히 우려스럽다. 이에 따라 반도체 자체보다 반도체 제조 장비에 더 보수적인 제한을 제안한다.

제6조 제4항과 제5항은 조약당사국에 대한 AI 반도체와 반

---

* 반도체 산업에서 데이터 연산 및 처리를 담당하는 로직 반도체의 개별 칩(Die)을 제작하는 공정을 뜻한다. 이는 특히 AI 반도체의 성능을 결정짓는 핵심 연산 소자를 생산하는 단계로, 초미세 공정 기술력이 집약되는 AI 반도체 공급망의 핵심 요소이다.

 AI, 신의 탄생 인간의 종말

도체 제조 장비의 판매는 허용하지만, 비당사국이나 기타 주체에게는 허용하지 않는다. 당사국은 반도체 제조와 역량 집중으로 발생할 수 있는 위험을 받아들이고 실제로 반도체 생산을 감시받는다면 제조가 허용된다. 따라서 반도체를 제조하고 보유하면서도 다른 국가의 반도체 보호 조치에서 영향을 덜 받게 되는 능력은 조약 가입의 긍정적 유인이 된다.

그러나 이것만으로는 비당사국이 당사국의 반도체에 원격으로(즉, 클라우드 컴퓨팅을 통해) 접근하는 것을 막지는 못한다. 그렇기에 그 반도체는 허용 활동에만 사용되고 있음을 보장하는 ISIA 감시를 받게 된다.

필요한 경우 비당사국에 대한 제한을 더 강화할 수도 있다. 예를 들어 비당사국이 조약당사국의 AI 반도체에 원격으로(즉, 클라우드를 통해 반도체를 임대하는 방식으로) 접근하는 것을 금지하거나, API application programming interface를 통해 AI 모델에 접근하는 것을 금지할 수 있다.

반도체 생산 감시와 밀수 방지를 실행할 수 없다면, 새로운 AI 반도체 생산을 전면 금지하는 방법도 있다. 이 접근법은 반도체 전용의 위험을 줄이지만, 연구·개발이 아닌 AI 응용에서 이 반도체가 창출할 수 있는 가치를 포기하는 비용을 수반한다. 그렇다 하더라도 생산 시설에 대한 일정한 감시는 여전히 필요하다. 예컨대 비AI 반도체만 생산하고 있는지, 또는 폐기

처리가 되었는지 확인하기 위해서 그러하다. 우리 조약은 반도체 사용이 가져올 수 있는 큰 이익을 고려하여 반도체 생산이 계속되도록 허용하되, 감시(제7조)를 통해 위험을 완화한다.

제7조: 반도체 사용 검증

① 조약당사국은 신고된 CCC에서의 총 반도체 사용에 대한 ISIA의 지속적 현장 검증을 수락하기로 약속한다. 검증에 사용되는 방법은 기술 사무국이 제3조에 규정된 절차에 따라 결정하고 갱신하며, 다음을 포함하되 이에 국한되지 아니한다.

1. 현장 사찰관

2. 위변조 방지 카메라

3. 전력, 열 및 네트워크 특성 측정

4. 개조된 메커니즘을 포함한 온칩 하드웨어 메커니즘

5. CCC 운용자의 작업 내역 및 운용 신고

6. ISIA 시설에서의 신고 작업 재실행을 통한 신고 충실도 확인

② 본 검증의 목적은 반도체가 제4조에 규정된 대규모 AI 훈련과 같은 금지 활동에 사용되지 아니함을 보장하는 데 있다.

③ ISIA가 현행 검증 방법으로 AI 하드웨어가 금지 활동에 사용되지

 AI, 신의 탄생 인간의 종말

아니함을 충분히 보장할 수 없다고 평가하는 경우, AI 하드웨어는 전원을 차단하여야 하며, 그 비운용 상태가 현장 사찰관 또는 기타 ISIA 승인 검증 메커니즘에 의하여 지속적으로 확인되어야 한다.

④ ISIA는 적절한 검증을 보장하기 위하여 반도체의 운용 방식에 다양한 제한을 부과할 수 있다. 이 제한에는 다음이 포함될 수 있으나 이에 국한되지 아니한다.

1. 허용된 추론과 금지된 훈련을 구별하기 위한 반도체 간 또는 반도체와 데이터센터 네트워크 간의 대역폭 및 지연 시간 제한

2. 허용된 추론과 금지된 훈련 또는 기타 금지된 작업을 구별하기 위한 반도체가 운용 가능한 FLOP/s 수 또는 속도 및 메모리 대역폭 제한

3. AI 작업과 비AI 작업을 구별하기 위한 반도체 운용의 수치 정밀도 제한

⑤ ISIA는 AI 활동에 사용될 가능성과 국가 안보 관련 민감도에 따라 CCC별로 다른 검증 방법을 적용한다.

⑥ ISIA는 반도체 사용 감시 및 검증 기술 개발을 위한 연구 및 공학 활동을 주도한다. 조약당사국은 이러한 노력을 지원하기로 약속한다. 더 많은 세부 사항은 부속서에 명시한다.

제7조: 선례

제6조 선례 논의에서 INF 조약에 따른 이전 중거리 미사일 생산 장소의 지속적 감시에 관한 선례를 살펴보았다. 차량 중량 측정과 비파괴 검사는 허용하되 사찰관이 트럭이나 시설 내부에 들어가는 것은 허용하지 않았다. 데이터센터의 유사한 경계 감시는 전력 소비, 열 방출, 네트워크 대역폭으로부터 운영에 관한 일부 단서를 제공받을 수 있다. 그러나 제한된 AI 운영이 이루어지지 않는다는 합리적인 보증을 얻으려면 본 제7조 제1항에 나열한 것들, 즉 위변조 방지 카메라, 온칩 하드웨어 메커니즘, 현장 사찰관의 조합이 필요할 가능성이 높다.

이런 방식은 이미 국제원자력기구에서는 일상적이며, IAEA는 24시간 감시 기술을 점점 더 많이 활용하고 있다.

"전 세계 1400개 이상의 감시 카메라와 400개의 방사선 및 기타 센서가 수집한 100만 개 이상의 암호화된 안전조치 데이터가 있다. 핵 시설에 설치된 2만 3000개 이상의 봉인이 재료와 장비의 억제를 보장한다."

START I에 따른 미사일 성능 특성 준수를 검증하는 방법 중 하나는 시험 비행 중 기내 센서에서 전송된 거의 모든 원격 측정 데이터를 공유하는 것이었다. 원격 측정 의정서에 명시된 이 방식에 따라 당사국은 데이터를 해석하는 데 필요한 재생 장비 및 데이터 형식 정보를 제공하도록 요구받았다. 어떤 검증 방법 조합을 채택하느냐에 따라 ISIA는 클라우드 컴퓨팅 제공업체가 고객의 작업 부하에 대해 수집하는 간편한 감시 방식과 유사한 방법을 구축하여 활용할 수 있다.

민간 상업 시설(대부분의 데이터센터가 그러하다)에 대한 지속적인 정부 감시도 충분한 선례가 있다. 미국 원자력규제위원회는 미국의 각 상업용 원전에 상주 사찰관 2명을 배치하며, 미국의 육류 생산업체는 식품안전검사국(FSIS)* 사찰 요원이 현장에서 감독하지 않으면 도축 작업을 수행할 수 없다.

제7조: 해설

조약당사국은 기존 AI 반도체가 위험한 AI 훈련에 사용되지 않도록 보장해야 한다. 다만 GPT 같은 기존 AI 서비스를 운영하기 위해 기존 AI 반도체를 사용하겠다는 건 정당하다. 따라서 ISIA는 AI 반도체가 허용된 활동에만 사용되고 있음을 검증할 수 있는 역량을 갖춰야 한다.

본 조항은 조약 가입의 긍정적 유인을 만들어낸다. 감시를

---

* 식품안전검사국(FSIS)은 1977년 설립된 미국 농무부 산하 기관으로 육류, 가금류, 계란 등의 식품의 안정성을 보장하는 핵심 공중보건 기관이다. 연방육류검사법에 따라 도축 및 가공, 잔류 물질 검사, 시설 검사 등 현장 감독을 받지 않은 식품은 생산하지 못하도록 감시하고 있다.

통해 세계를 위험에 빠뜨리지 않는다는 것이 검증되는 한, 국가는 AI 반도체를 계속 사용할 수 있다. 대규모 AI 훈련을 막는 방법에는 두 가지 주요 접근법이 있다. 첫째로는 필요한 하드웨어를 아무도 보유하지 못하도록 하는 것이고, 둘째로는 하드웨어가 초지능 개발에 사용되지 않도록 보장하는 것(즉, 감시를 통하는 것)이다. 감시를 통해 AI 반도체의 지속적이고 안전한 사용이 용인된다. 이것은 개념적으로 IAEA 안전조치와 유사하다. 핵무기 비보유국이 핵 물질과 시설을 허용받으려면 IAEA가 사찰을 통해 평화적 목적에만 사용되고 있음을 보장해야 하는 것과 같은 이치다.

실현 가능성

다양한 기술적 방법으로 검증을 더 쉽게 만들 수 있다. 예를 들어 2025년 시점의 알고리즘을 사용한다고 하면, AI 훈련은 AI 추론에 비해 훨씬 더 높은 전송 대역폭이 필요하다. 따라서 반도체를 저대역폭 네트워킹 케이블로 연결하면 추론은 가능하나 훈련은 사실상 불가능하게 제한할 수 있다. 다만 이 방법에는 여러 면에서 애매한 구석이 있다. 관심 있는 독자는 이 주제에 관해 연구된 자료들을 찾아보길 바란다.

제7조는 ISIA가 더 나은 검증 방법을 개발하게 하고, 다양한 임무를 부여받게 한다. AI의 빠른 변화 속도와 검증 방법을

무력화할 만큼 예측 불가능한 발전 가능성을 고려하면 이런 유연성이 필요하다. AI 검증 연구는 아직 초기 단계다. 그렇기에 지금보다 검증 기술이 더 발전해야 ISIA에 탄탄한 검증 도구 세트를 제공할 수 있을 것이다.

새로운 AI가 만들어지고 있는지 검증하는 일은 기존 AI가 위험한 추론 작업(예: 초지능 창출을 실질적으로 앞당기는 연구)을 수행하고 있지 않은지 검증하는 것보다 훨씬 쉽다. 2025년 8월을 기준으로 기존 AI가 초지능 창출을 실질적으로 앞당길 만큼 충분한 역량을 갖췄다고는 할 수 없어 보인다. 그래서 당장 ISIA가 직면할 감시 과제는 비교적 수행하기 쉬운 편이다.

AI 추론 활동을 감시하는 일이 얼마나 어려울지 아직 불분명하다. 많은 AI 기업이 개발한 AI에 추론 감시를 적용하고 있다. 이는 사용자가 생물 무기 제조에 AI를 활용하려는지 탐지하기 위한 목적으로 사용된다. 그러나 이 감시가 얼마나 포괄적인지 알 수 없고, AI 역량이 더 높아졌을 때 여전히 신뢰할 수 있을지 불분명하다. 본 조약 초안과 유사한 조약이 실제로 발효되기 전까지, 즉 AI 역량이 계속 발전하도록 허용되는 기간이 길어질수록 감시는 점점 더 어려워질 것이고, 비용은 더욱 커질 것이다. 어쩌면 감시조차 불가능할 지경에 다다를 수도 있다.

기타 고려 사항

이론적으로는 원격 감시를 가능하게 하는 기술적 수단으로 검증을 촉진할 수 있다. 그러나 현재 기술에는 칩 소유자가 감시 조치를 우회할 수 있는 보안 취약점이 존재할 가능성이 높다. 따라서 지속적인 현장 감시가 이뤄지거나 기술적 수단이 성숙할 때까지는 칩의 전원을 차단하는 것이 필요하다. 감시 기술이 성숙되면 강력한 하드웨어 기반 거버넌스 메커니즘이 칩을 원격으로 안정적으로 감시하는 것이 가능해질 것이다.[*]

제7조 5항은 ISIA가 AI 활동에 사용될 가능성과 국가 안보 관련 민감도에 따라 CCC별로 다른 검증 방법을 적용하도록 허용한다. 이런 차별화를 둔 첫 번째 이유는 이것이 현실적으로 실용적인 방법이기 때문이다. 각 CCC마다 금지된 AI 개발이 이루어지지 않는다는 확신을 얻으려면 필요한 검증 방식이 달라질 수밖에 없다. 예를 들어 프론티어 AI 훈련에 사용되었던 대규모 데이터센터는 금지된 훈련에 가장 크게 기여할 수 있는 역량을 갖추고 있을 터이니 더 길고 잦은 감시가 필요하다.

---

[*] 반도체 사용 검증 방안의 또 다른 핵심 고려 사항은 보안과 사생활이다. 조약당사국들은 ISIA가 검증에 필요한 정보에만 접근하고, 군사 기밀이나 민감한 사용자 데이터 같은 칩 내의 민감한 정보에는 접근하지 못하도록 보장하고자 할 것이다. 따라서 사용되는 검증 방법은 보안이 확보되어야 하며, 가능한 한 범위를 좁게 설정해야 한다.

 AI, 신의 탄생 인간의 종말

둘째, 검증 방식의 차별화는 민감한 CCC에 완화된 감시를 요구하여 조약을 더 쉽게 수용하도록 만든다. 예를 들어 정보기관이나 군대는 AI 개발과는 전혀 관계없는 목적으로 H100 상당량 16기를 초과하는 데이터센터를 보유할 수 있다. 또한 이들은 민감한 기밀자료와 보안 유지를 언급하며 ISIA 감시를 원하지 않을 수 있다. 본 조항은 이런 상황에서 균형을 잡는 데 도움이 된다. 민감한 데이터센터라고 해도 위험한 AI 활동에 사용되지 않는다는 것을 검증할 필요는 분명 존재한다. 그러니 ISIA는 CCC 소유자의 사생활이나 보안 요구를 충족하면서도 필요한 정보를 얻을 수 있도록 관련 그룹과 협력할 것이다. 다만 이처럼 서로 다른 검증 의정서를 허용하면 조약 실행 가능성에 문제가 생길 수 있다. 의사결정이 불평등하다고 여길 경우가 생길 수 있기 때문이다.

본 조약 초안은 반도체 사용과 생산을 계속 허용하여 전 세계가 혜택을 누릴 방안을 고려한다. 사실 더 쉬운 대안으로 새로운 반도체 생산을 중단하거나 기존 반도체를 파괴하는 방법도 있다. 알고리즘 발전이 없다는 전제하에 반도체를 파괴하면 탈출 시간, 즉 어떤 집단이 초지능 창출을 시도하기 시작한 시점부터 이를 성공하기까지 걸리는 시간이 길게 늘어날 것이다. 악의적인 행위자가 반도체 생산 역량을 스스로 개발해야 하기 때문이다. 이는 시간이 오래 걸리고 눈에 잘 띄는 과정이다. 그러나 반도체를 추적하고 그 사용을 검증하는 일은 얼마든지 가능하다. 그러니 모든 AI 반도체를 차단하는 비용을 감수하면서까지 탈출 시간을 연장하기보다는 가능할 때 감시하는 게 더 낫다고 판단한다.

제8조: 규제 연구 — AI 알고리즘 및 하드웨어

① AI 역량의 최전선을 발전시키거나 조약당사국이 본 조약의 조치를 이행하는 능력을 저해하는 특정 연구를 방지하기 위하여, 본 조약은 다음 조건 중 하나를 충족하는 연구를 규제 연구로 지정한다.

제2조에 정의된 프론티어 모델 창출에 사용된 방법으로서, 모델 역량 또는 AI 개발·배치·사용 효율을 향상시키는 개선

분산 또는 탈중앙화 훈련 방법, 또는 널리 보급된 소비자 하드웨어에 최적화된 훈련 방법

기계 학습을 초월한 컴퓨터 인공지능 패러다임 연구

AI 관련 반도체 또는 반도체 부품 제조 기술 발전

더 높은 성능이나 더 높은 효율의 AI 반도체 설계

② ISIA 연구 통제 부서는 모든 규제 연구 활동을 통제 연구 또는 금지 연구로 분류한다.

각 조약당사국은 관할권 내의 모든 통제 연구 활동을 감시하고, 모든

통제 연구가 감시되어 검토 및 감시 목적으로 연구 통제 부서에 제공될 수 있도록 조치를 취하기로 약속한다.

각 조약당사국은 여하한 금지 연구도 수행하지 아니할 것과, 관할권 내 어떠한 주체의 금지 연구도 금지하고 방지할 것을 약속한다.

③ 어떠한 조약당사국도 자금 지원·조달·유치, 감독, 교육, 출판, 통제 도구 또는 반도체 제공, 협력 촉진을 포함하여 금지 연구를 직접적으로 또는 간접적으로 원조, 장려하거나 공유하지 아니할 것을 약속한다.

④ 각 조약당사국은 기술 사무국하의 ISIA 연구 통제 부서에 대표를 파견한다. 동 부서는 다음의 책임을 진다.

새로운 정보에 대응하여, 그리고 연구자, 기관 또는 조약당사국 구성원의 요청에 대응하여 규제 연구의 범주를 해석하고 명확히 하며, 규제 연구의 경계에 관한 질문에 응답한다.

통제 연구와 금지 연구 간의 경계를 해석하고 명확히 하며, 동 경계에 관한 질문에 응답한다.

변화하는 상황에 대응하여, 또는 연구자, 기관 또는 조약당사국 구성원의 요청에 대응하여 규제 연구의 정의를 수정한다.

변화하는 상황에 대응하여, 또는 연구자, 기관 또는 조약당사국 구성원의 요청에 대응하여 통제 연구와 금지 연구 간의 경계를 수정한다.

⑤ 기술 사무국은 제3조에 규정된 절차에 따라 규제 연구의 범주, 경계 및 정의를 수정할 수 있다.

제8조: 선례

위험한 기술에 관련된 정보 확산을 선제적으로 제한하는 일은 개정이 되었어도 여전히 효력이 있는 1946년 원자력법에서 선례를 찾을 수 있다.* 이 법은 특정 주제에 관한 정보를 기본적으로 '제한 데이터'로 설정하는 '태생적 비밀' 원칙을 확립했으며, 예외의 경우에는 새로 창설된 미국 원자력위원회(AEC)의 재량에 맡겼다.

원자력법에서 '제한 데이터'라는 용어는 "원자무기의 제조 또는 이용, 분열성 물질의 생산, 또는 전력 생산에 있어서 분열성 물질의 사용에 관한 모든 데이터를 의미하되, 위원회가 때때로 공통 국방과 안전에 불리한 영향을 미치지 아니하고 공개될 수 있다고 결정하는 데이터는 포함하지 아니한다"라고 정의된다.

여타 정부 분류 방식과 다르게 제한 데이터는 민간에서 의

---

* 1946년 원자력법(맥마혼법이라 불린다)은 제2차 세계대전 후 핵기술을 국가적으로 통제·관리하기 위해 제정한 법이다. 이후 1954년 원자력법을 개정하여 민간 핵 산업을 허용하고 기존 법에서 미비했던 부분을 실질적으로 개선했다. 개정된 법 덕분에 일부 제한되었던 데이터를 민간 기업과 공유할 수 있게 되었다.

AI, 신의 탄생 인간의 종말

도적으로 혹은 우연히 만들어낼 수 있다.* 이는 제한 데이터의 정확한 경계에 관해 수시로 대응해 결정을 내릴 권한을 부여받은 규제 기관이 필요하다는 점을 보여준다. 미국에서는 국가핵안보국(NNSA)이 핵에 관한 제한 데이터 경계를 다루는 역할을 맡고 있다. 본 조약에서는 제8조 제5항에 따라 ISIA 연구 통제 부서(기술 사무국)가 그 역할을 맡는다. 연구 통제 부서는 NNSA처럼 다른 기능도 수행하며, 이에 대해서는 제9조에 개괄하여 명시한다. 구체적으로 (1) 임계값에 접근하는 프로젝트로 분류된 프로젝트들을 진행하는 연구자 및 기관과의 관계를 유지하는 것과 (2) 우발적 발견의 보고 및 통제를 위한 안전 인프라를 구축하는 것이다.

연구 억제 및 통제에 관한 선례로는 제2차 세계대전 말기 나치 독일의 핵 개발 과학자들을 억류하거나 포섭한 알소스 작전, 제2차 세계대전 종전 후 나치 독일의 우수한 과학자와 공학자 들을 비밀리에 포섭해 미국으로 데려온 오버캐스트 작전(혹은 페이퍼클립 작전)이 있다.

규제된 AI 연구를 조약당사국 내에서 봉쇄할 방안도 존재

---

* 1979년 미국 대 프로그레시브(Progressice, Inc.) 사건이 그 예다. 이는 일급비밀에 부쳐졌던 수소폭탄의 제작 원리를 공개하려는 잡지사 프로그레시브를 상대로 미 정부가 가처분 신청을 한 사건으로, 국가 안보를 지키기 위한 태생적 비밀 원칙과 언론의 자유를 보호하는 수정헌법 제1조 사이의 충돌을 다룬다. 이를 미국 대법원이 판결할 기회가 있었지만, 다른 곳에서 정보가 공개되면서 명분을 잃은 정부가 소를 취하해 대법원 판결까지 가진 못했다.

한다. 이는 당사국이 기존에 마련한 규제 체계를 통해 가능할
것이다. 미국의 경우 다음과 같은 방안이 있다.

- 수출 통제법상의 "간주 수출" 개념: 이는 미국 소속 주체
  가 통제 기술을 외국과 공유하기 전에 상무부 산하 산업
  안보국으로부터 수출 허가를 받도록 의무화한다.
- 군사 및 일부 이중 사용 기술의 수출을 통제하는 국제무
  기거래규정(ITAR): 1996년까지 민간 부문에서 암호화 기
  술의 광범위한 개발과 무분별한 사용을 막는 데 사용되
  었다. 당시 암호화 기술은 "군수물자"로 분류되었다.
- 1951년 발명비밀법: 미국 정부 기관에 국가 안보적 함의
  가 있는 새로운 특허 출원에 대해 "비밀 유지 명령"을 부
  과하는 권한을 부여한다. 발명자는 특허를 거부당할 뿐
  아니라, 발명을 공개하거나 출판하거나 심지어 사용하
  는 것도 법적으로 금지될 수 있다.*

오버캐스트 작전은 연구자들을 잘 대우하여 국가 이익에
봉사하도록 이끌 수 있다는 선례가 된다. 이와 같은 유인에 관
한 선례는 제9조에서 다시 논의한다.

---

* 암호화 관련 특허에 대해 이와 같은 주문이 수십 년에 걸쳐 수백 건 접수되었다.

제8조: 해설

노하우가 이미 민간 부문에 널리 퍼져 있는 상황이라면, 광범위한 연구 범주를 모두 금지하기가 쉽지 않다. 본 조약 초안에서 연구는 AI 역량이나 성능을 발전시키거나, 이전 조항에 규정된 검증 체계를 위태롭게 할 때 규제 대상이 된다.

FLOP의 양을 일정하게 유지하더라도 AI 역량이 발전하지 않으려면 일부 연구를 금지해야 한다. 그 대상은 AI 훈련을 더 효율적으로 만들거나 AI 역량을 높일 수 있는 모든 연구, 흔히 '알고리즘 발전'이라 불리는 모든 연구를 포괄해야 한다. 현재 패러다임에서 이는 사전 훈련, 훈련 후 처리, 추론에 사용되는 알고리즘의 발전을 포함한다. 패러다임이 변화하면 이런 구분이 덜 명확해지고 새로운 범주가 생겨날 수 있다.* 이런 이유로 본 조약은 "개발, 배치 또는 사용"이라는 용어를 사용한다.

트랜스포머 아키텍처의 개발 같은 이전의 알고리즘 혁신들은 AI 역량이 빠르게 발전할 수 있다는 사실을 보여준다. 지속적인 혁신은 특정 AI 역량 수준에 필요한 계산 자원을 극적으로 줄일 수 있다. 현대 AI는 아직 인간보다 데이터 효율이 훨씬 낮으며, 이는 데이터 효율이 훨씬 더 높은 알고리즘을 찾을 가능성이 존재함을 시사한다.

---

* 2016년 당시 최첨단 AI였던 알파고의 개발은 현대 AI의 개발 훈련 패러다임인 '사전 훈련, 훈련 후 처리, 추론'에 딱 들어맞지는 않는다.

소수의 AI 반도체 혹은 소규모 클러스터에 지리적으로 분산해놓은 반도체들로 훈련할 수 있다면, 위험한 AI 훈련을 막기가 훨씬 어려워진다.

금지 범위에는 감시되지 않는 AI 반도체 신규 제조 방법에 관한 연구도 포함되어야 한다. AI 반도체의 감시와 검증이 가능한 건 첨단 AI 관련 반도체 제조의 복잡성과 집중화 때문이다. 여기서 벗어난 새로운 제조 방법은 감시를 어렵게 할 수 있다.

제8조는 성능이 더 높거나 효율적인 AI 반도체 설계에 관한 연구도 금지한다. 그러지 않으면 이 반도체들은 해마다 효율이 급증할 것이다. 게다가 더 효율적인 AI 반도체를 사용하는 데이터센터는 이전과 같거나 혹은 더 높은 성능을 발휘하는 데 더 적은 전력을 쓸 것이기에 은폐가 더 쉬워진다.

규제되는 특정 연구 유형은 새롭게 변화하는 상황에 대응하여 갱신될 필요가 있다. 예를 들어 AI 훈련 활동을 효율적으로 수행할 수 있는 소비자 하드웨어에 관한 연구 등 검증에 위험을 초래할 수 있는 연구를 제한하는 것이다. 이런 연구 발전을 제한하는 활동은 ISIA가 이후 제한하기 위해 할 수 있는 일이다.

국내 연구 제한 노력은 연구의 출판과 자금 지원에 초점을 맞추는 것으로 시작할 수 있다. 연구자 중 대부분은 법을 준수

   AI, 신의 탄생 인간의 종말

하며 안정된 직장을 원하는 시민이다. 지원이나 자금 제한으로 위험한 AI 연구를 사회적으로 수용된 규범 밖으로 밀어낸다면, 이는 상당한 효과를 거둘 것이다.

제3항에서 금지되는 행위를 다양하게 명시한 것은 연구 활동이 여러 관할권에 걸쳐 분산되어 있더라도 조약이 각 국가에 개별 활동을 금지하고 방지할 책임을 명확히 부과할 필요성을 반영한 것이다. 예를 들어 A국의 기업이 B국의 직원을 고용하여 C국에 위치한 반도체를 원격으로 운용하는 경우에도 제3항이 적용된다.

제9조: 연구 규제 검증

① 각 조약당사국은 다음과 같은 역할을 맡는 국내 기관을 창설하고 집행에 필요한 권한을 부여하기로 약속한다.

1. 제8조에 규정된 규제 연구의 범주를 전달하기 위하여 규제 연구와 밀접한 분야의 국내 연구자 및 기관과의 관계를 유지한다.

2. 국내 연구자 및 기관이 규제 연구를 수행하는 것을 억제하기 위한 제재를 부과한다. 이 제재는 위반의 심각성에 비례하여야 하며 충분한 억제력을 갖도록 설계되어야 한다. 각 조약당사국은 이러한 제재 집행 시 필요한 경우, 법률을 제정하거나 개정하기로 약속한다.

3. 규제 연구의 조건을 충족하는 우발적 발견을 보고하고 통제하기

위한 안전 인프라를 구축한다. 이러한 보고는 연구 통제 부서와 공유한다.

② 연구 금지의 국제적 검증을 지원하기 위하여 연구 통제 부서는 검증 방법을 개발하고 이행한다.

1. 검증 방법에는 다음과 같은 방법이 포함되지만 이에 국한되지 아니한다.

가. 규제 연구 주제에서 이전에 활동하였거나 현재 인접 분야에서 활동하는 연구자에 대한 ISIA 면담

나. 규제 연구 주제에서 이전에 활동하였거나 현재 인접 분야에서 활동하는 연구자의 고용 상태 및 소재 감시

다. 선별된 고위험 기관에의 ISIA 상주 감사관 유지(예: 규제 연구와 구별하기 어려운 사업, 이전에 AI 연구 기관이었던 기관)

2. 조약당사국은 이러한 검증 방법의 이행을 지원하기로 약속한다.

3. 이러한 검증 방법을 통하여 취득한 정보는 개인과 조약당사국의 사생활과 비밀을 보호하기 위하여 가능한 한 많은 민감 정보를 기밀로 유지하면서 집행 이사회에 대한 보고서로 총합해 제공한다.

제9조: 선례

규제 연구와 밀접한 분야의 국내 연구자 및 기관과의 관계

를 유지하기 위해 권한을 부여받은 기관으로는 제8조 선례 부분에서 논의한 미국 에너지부(DOE)와 국가핵안보국이 있다.

고위험 분야 연구자들의 고용 상태 및 소재 감시에 관한 선례는 국제과학기술센터(ISTC)*에서 찾을 수 있다. 1994년 비준된 ISTC는 핵 확산 위험을 줄이기 위해 소련 핵 연구자들이 평화적 활동에 종사하고 국제 과학계와 연결되도록 이끄는 일을 한다. 또한 ISTC는 이 조약의 결과로 직업을 잃게 될 기술 전문가들이 규제 연구에 종사하지 못하도록 억제하는 보완적 유인의 가능성도 보여준다. 또한 오버캐스트 작전은 연구자들을 잘 대우하여 국가 이익에 봉사하도록 이끄는 방식을 활용할 수 있다는 점을 보여준다.

다만 충분한 억제력을 갖추려면 제재가 엄격해야 할 수도 있다. 1946년 원자력법 제18장(집행)이 좋은 선례가 될 수 있다. 이에 따르면 반역적 의도로 제한 데이터를 무단으로 공유하면 사형 또는 징역에 처할 수 있다.**

우발적 발견을 보고하고 통제하기 위한 안전 인프라를 개발할 때, 잠재적으로 활용 가능성이 보이는 선례는 다양한 범

주의 민감한 데이터를 처리하는 미국 에너지부의 절차에서 찾아볼 수 있다. 에너지부의 사건 보고 및 처리 시스템과 국가 안보 시스템 위원회*의 비밀 정보 유출에 관한 지침은 좋은 선례가 될 것이다.

본 조약의 연구 통제 부서는 사찰 의정서를 개발할 때 IAEA의 기존 관행을 참고한다. 1997년 IAEA 이사회에서 승인된 추가 의정서 체계에 따라, 포괄적 안전조치 협정을 맺은 국가들**은 신고되지 않은 핵 물질을 찾기 위한 보완적 방문 사찰을 허용한다. 사찰관은 방문 중에 운용자를 면담할 수 있으며, 이는 우리 조약의 제2항 1호 (가)목과 유사하다.

우리는 제2항 1호 (나)목에 선별된 고위험 기관에 ISIA 상주 감사관을 유지하는 것을 포함했다. 이는 에너지부와 국가 핵안보국의 현장 사무소가 계약자가 운영하는 국립 핵 연구소 및 생산 공장에 물리적으로 위치하는 방식과 유사하다.

검증을 수행할 때 제2항 1호 (다)목에서 요구하는 "개인과 조약당사국의 사생활과 비밀 보호"를 위해 ISIA 연구 통제 부서는 당사국의 기존 정보기관과 다자 정보 공유 협정의 구획화 관행을 적용할 수 있다. 예를 들어 이런 협정에서 관행이라

---

*　　국가안보체계위원회(CNSS)는 정부 내 국가 안보와 직결된 정보 시스템의 보안 정책, 지침 및 기술적 기준을 수립하는 정부 간 조직이다.

**　2025년 6월 기준 144개국이 협정을 맺고 있다.

　　　　　　　　　　　　　　　　AI, 신의 탄생 인간의 종말

고 이해되는 '제3자 규칙' 또는 '발신자 통제 원칙'에 따르면 원래 기관의 허가 없이 공유된 정보를 제3자(감독 기관 포함)에 공개하는 것이 금지된다.

제9조: 해설

금지된 AI 연구가 이루어지고 있지 않음을 검증하기 위해 제9조는 당사국에 "규제 연구에 인접한 분야"를 구분하고, 그 인접 분야에서 활동하는 연구자들과 관계를 구축하도록 요구한다. 아직은 세계 최고 수준의 AI 연구자 수가 부족하기에 그들 상당수의 활동을 추적하는 일은 현실적으로 가능하리라 본다. 최고 AI 기업들에 소속된 기술 인력은 약 5000명이며, 프론티어 AI 개발을 맡은 핵심 인력은 고작 수백 명에 불과한 것으로 알려져 있다.* 주요 AI 학회 참석자 수는 약 7만 명으로 추산된다. 국가들은 이 연구자들을 면담하고 내부 고발자에게 망명과 금전적 유인을 제공할 수 있다(제10조 참조).

현재 AI 개발 관행의 상당 부분이 공개되고 있긴 하지만, 법적 제한을 두는 것은 불량 행위자들이 초지능을 만들려는 시도를 극적으로 방해할 수 있다.

---

* 아마존 AGI 연구소장이었던 데이비드 루안(David Luan)은 2025년 인터뷰에서 프론티어 모델 개발에 필요한 막대한 컴퓨팅 비용을 신뢰하고 맡길 수 있는 사람의 수가 "150명 미만"이라고 지적했다.

반도체 설계 및 제조에 종사하는 연구자와 엔지니어까지 감시를 확대하는 것은 국가들이 추가 비용을 감수할 의향이 있다면 가능하다. 더 저렴한 대안은 개인보다 반도체 제조 기업을 감시하는 것이다. 이 경우 소규모 불량 집단이 자체 반도체 제조 공장을 세우는 일을 어렵게 하는 산업 내 복잡한 의존성을 활용할 수 있다.

조약당사국들은 다른 당사국이 국내 연구 금지를 위반하고 외국 정보기관의 눈을 피해 연구를 진행하지 않을까 우려할 수 있다. 많은 연구자가 관여하고 AI 관련 반도체를 포함하는 대규모 연구 시도는 협력하는 정보기관들에 의해 발각될 가능성이 높다. 그러나 소수의 연구자만 관여하고 일반적으로 구할 수 있는 하드웨어를 사용하는 소규모 연구 시도, 예를 들어 대안적 인공지능 패러다임 개발 같은 연구는 몇몇 연구자만으로도 시도할 수 있다. 이처럼 연구 금지를 검증하는 것은 지속적인 노력과 반복이 필요한 복잡하고 민감한 사안이다. 이를 뒷받침하기 위해 제10조는 정보 수집을 촉진하고 내부 고발자를 보호하는 다양한 수단을 마련한다.

제10조: 정보 통합 및 강제 사찰

① ISIA의 핵심 정보원은 조약당사국의 독립적인 정보 수집 활동이다.

　　　　　　　　　AI, 신의 탄생 인간의 종말

이에 따라 정보 통합 부서(제3조)는 이 정보를 수신할 준비가 되어 있어야 한다.

1. 정보 통합 부서는 본 조약의 이행 과정에서 알게 된 상업·산업·안보 비밀 및 기타 기밀 정보를 보호하기 위한 예방 조치를 취하여야 하며, 여기에는 안전하고 기밀이 보장되며 익명 신고가 가능한 채널의 유지가 포함된다.

2. 본 조약의 조항 준수에 대한 보증을 제공하기 위하여 각 조약당사국은 일반적으로 인정된 국제법 원칙에 부합하는 방식으로 자국이 보유한 국가기술수단을 사용하기로 약속한다.

가. 각 조약당사국은 상기에 따라 운용되는 다른 조약당사국의 국가기술수단을 방해하지 아니할 것을 약속한다.

나. 각 조약당사국은 본 조약의 조항 준수에 대한 국가기술수단에 의한 검증을 방해하는 의도적 은폐 조치를 사용하지 아니할 것을 약속한다.

다. 조약당사국은 비당사국의 위험한 AI 활동을 탐지하기 위한 노력에 협력하도록 장려되나, 이는 의무 사항이 아니다. 조약당사국은 비당사국을 대상으로 한 조약 관련 당사국의 국가기술수단을 지원하도록 장려되나, 이는 의무 사항이 아니다.

② ISIA의 또 다른 핵심 정보원은 위험한 AI 활동에 관한 증거를 ISIA 또는 조약당사국에 제공하는 개인이다. 이러한 개인은 내부 고발자

보호를 받는다.

1. 본 조항은 선의로 본 조약의 실제적·미수·계획된 위반 또는 인류 절멸의 심각한 위험을 제기하는 기타 활동(은닉된 반도체, 미신고 데이터센터, 금지된 훈련 또는 연구, 검증 회피, 또는 신고의 허위 기재를 포함한다)에 관한 신뢰할 만한 정보를 ISIA 또는 조약당사국에 제공하는 개인(이하 "보호 내부 고발자"라 칭한다)에 대한 보호, 인센티브 및 지원을 확립한다. 보호 내부 고발자에는 종업원, 계약자, 공무원, 공급자, 연구자, 중요한 정보를 보유한 기타 개인 및 공개를 지원하거나 공개로 인하여 위험에 처한 관련자(가족 및 친밀한 지인)가 포함된다.

2. 조약당사국은 보호 내부 고발자 및 관련자에 대한 해고, 강등, 블랙리스트 등재, 급여 삭감, 괴롭힘, 협박, 위협, 민형사 소송, 비자 취소, 신체적 폭력, 구금, 이동 제한 또는 기타 불이익 조치를 포함한 보복을 금지하고 방지하기로 약속한다. 본 조약에 따라 보호되는 공개를 제한하는 것을 목적으로 하는 모든 계약 조항(비공개 또는 비비방 협정 포함)은 무효이며 집행 불능이다. 내부 고발자에 대한 부당 대우는 본 조약의 위반을 구성하며 제11조 제3항에 따라 처리된다.

3. ISIA는 안전하고 기밀이 보장되며 익명 신고가 가능한 신고 채널을 유지한다. 조약당사국은 ISIA 시스템과 호환 가능한 국내 채널을 구축하여야 한다. ISIA와 조약당사국은 보호 내부 고발자 및 관련자의 신원을 보호하며, 엄격한 필요성과 보호 조치가 마련된 경우에만 이를 공개한다. 보호된 신원의 무단 공개는 본 조약의 위반을 구성하며 제

11조 제3항에 따라 처리된다.

4. 조약당사국은 보호 내부 고발자 및 그 가족에게 망명 또는 인도주의적 보호를 제공하고, 안전 여행 문서를 발급하며, 안전한 이동을 조율하기로 약속한다.

③ ISIA는 위험한 AI 활동에 관한 신뢰할 만한 정보가 있는 경우 의심 장소에 대한 강제 사찰을 실시할 수 있다.

1. 조약당사국은 ISIA에 강제 사찰 수행을 요청할 수 있다. 집행 이사회는 요청에 따라 또는 정보 통합 부서가 제공한 분석으로 인하여 조약당사국 또는 비당사국에 추가 정보를 요청하거나, 강제 사찰을 제안하거나, 추가 조치가 필요하지 아니하다고 결정하기 위하여 당면한 정보를 검토한다.

2. 강제 사찰은 집행 이사회 과반수의 승인을 요한다.

3. 의심 장소가 위치한 국가는 ISIA의 강제 사찰 요청 후 24시간 이내에 접근을 허용하여야 한다. 접근 기간 동안 해당 장소를 감시할 수 있으며, 해당 장소를 떠나는 모든 인원이나 차량을 서명 조약당사국 또는 ISIA의 공무원이 사찰할 수 있다.

4. 강제 사찰은 피사찰 조약당사국과 사찰을 요청한 조약당사국 모두가 승인한 ISIA 공무원들로 구성된 팀이 수행한다. ISIA는 이 목적을 위하여 조약당사국과 협력하여 승인된 사찰관 명부를 유지하기로 약속한다.

5. 강제 사찰은 특정 조약당사국 영역 내에서 연간 최대 20회까지 실시할 수 있으며, 이 한도는 집행 이사회의 과반수 표결로 변경될 수 있다.

6. 사찰관은 피사찰국의 민감한 정보를 절대적으로 보호하며, 본 조약과 관련된 정보만을 집행 이사회에 전달한다.

제10조: 선례

정보 통합에 관한 선례는 이미 제8조에서 논의한 바 있다. '제3자 규칙' 또는 '발신자 통제 원칙' 같은 구획화 관행까지 포함하는 것으로 이해되는 정보 공유 협정을 인용했다. 유사한 규칙은 IAEA에서도 찾을 수 있다. 전면안전조치협정(INFCIRC/153) 제5항에는 다음과 같은 규칙이 있다.

"…기구는 협정의 이행 과정에서 알게 된 상업적·산업적 비밀 및 기타 기밀 정보를 보호하기 위한 모든 예방 조치를 취하여야 한다."

직원들은 기밀 유지 의무를 지켜야 하며 유출 시 형사처벌을 받는다. 이 사실은 중요한 의미를 지닌다. IAEA는 이란의 미신고 우라늄 농축 활동 감시를 위해 조약당사국의 정보 공개, 즉 위성 영상과 문서를 볼 수 있는 혜택을 받아왔기 때문이다. IAEA는 북한의 활동에 관해 제공된 정보를 입수하고 미신고 플루토늄 생산에 대한 특별사찰을 요구했다.

본 조약 초안은 국가기술수단(NTM)이라는 꼭 필요한 존재의 역할을 인식한다. 그래서 "각 당사국은 국가기술수단을 사용하고", "다른 당사국의 국가기술수단을 방해하지 아니할 것을 약속한다"라는 탄도탄 요격미사일 제한협정(ABM)에서 사용된 말을 차용했다. 1987년 중거리 핵전력 조약(INF) 제12조, 1996년 포괄적 핵실험 금지 조약(CTBT) 제4조, 2010년 신 START 조약 전반에서도 유사한 말을 찾을 수 있다.

국가기술수단만으로는 ASI와 관련된 치명적인 조약 위반을 모두 탐지하기에 충분하지 않을 것이다. 그래서 우리는 내부 보고를 장려하고 이를 위한 채널을 제공하는 IAEA 안전조치 체계의 특징을 참고했다. 그러나 이조차도 명시적인 내부 고발자 보호 규정이 없기에 방해받기 십상이다. NPT나 안전조치에는 해당 국가가 적용할 수 있는 국내 보호 규정을 갖추지 않는 이상, 정부가 보복을 결정하면 정보 제공자를 보호할 의무나 조항이 없다. 우리 조약 초안에 있는 내부 고발자 보호 및 망명 조항은 이 결함을 해소하기 위한 것이다.

2024년 EU에서 발효된 AI법도 유사한 조치를 취했다. EU AI법 전문 172조는 내부 고발자를 넘어 AI법 위반 신고자로 보호 대상을 명시적으로 확대했다.

1951년 난민 지위에 관한 협약은 "박해를 받을 충분한 근거 있는 공포"라는 요건을 규정해 내부 고발자가 망명할 수 있는 잠재적 방안을 마련했다. 다만 AI 내부 고발이 법적으로 자격이 되는 박해의 원인임을 보장하기 위해 개정이나 보충 협정이 필요할 수 있다.

민감한 지식이나 전문성을 갖춘 사람들에 대한 망명은 냉전 시대와 그 이후에도 일상적으로 허용되었다. 1949년 중앙정보국법(CIA법) 제7절은 국가 안보 또는 국가 정보 임무 수행에 필요하다고 판단되는 외국인(탈주자와 그 직계가족)을 연간 최대 100명까지 입국을 허락하고 영주권을 부여했다. 1992년 소련 과학자 이민법은 구소련 및 발트해 국가 출신의 핵·화학·생물 또는 기타 첨단 기술 분야 전문가들에게 최대 750개의 비자를 부여했다.

강제 사찰은 CWC 제9조의 강제 사찰을 모델로 한다. CWC 제9조 8항은 다음과 같다.

"각 당사국은 이 협약 규정의 위반 가능성과 관련된 문제를 해명하고 해결할 목적만으로만 다른 당사국의 영토나 그 당사국의 관할 또는 통제하의 그 밖의 다른 장소에 소재한 시설 또는 소재지에 대하여 현장 강제 사

찰을 요청하고, 이러한 사찰이 사무총장이 지명한 사찰
단에 의하여 어느 곳에서나 지체없이 검증부속서에 따
라 수행되도록 요청할 권리를 가진다."

CWC는 INF, START I 등 다른 군비통제 조약과 마찬가지
로 국가기술수단을 사찰과 결합하여 준수 여부를 검증한다.

제10조: 해설

정보 수집

우리는 모든 조약당사국이 자국의 안보를 위해 어떤 행위
자가 위험한 AI 활동을 수행하는지 독자적으로 파악하려는 지
속적인 노력을 기울일 것으로 예상한다. 국가의 다양한 정보
수집 활동이 ISIA가 직접 수행하는 감시(제4조~제7조에 명시)를
보완하고 검증할 것이다. 이를 위해 정보 통합 부서는 꼭 필요
하다. 이 부서는 모든 조약당사국의 정보를 수신하기 위해 신
뢰를 쌓을 필요가 있다.

기밀성은 필수적이다. 정보기관은 정보 수집 방법을 최소
화해 그만큼 위험을 줄여야 한다. 또 ISIA에 필요한 정보를 제
공하면서 다른 곳에 유출되지 않도록 노력해야 한다. 그러니
되도록 민감한 정보는 수집하지 않고, 수집된 정보는 가장 엄
격한 기밀로 유지해야 위험을 최소화할 수 있다.

제10조는 정보가 절실히 필요한 비서명국에 대한 감시도 다룬다. 다만 감시를 의무로 부과하지는 않는다. ISIA 내에 자체적인 정보 수집 역량을 갖추도록 부서 창설을 의무화하는 것은 어떨까. 이는 전례가 없는 일이다. 게다가 초지능 창출은 심각한 안보 위협인 만큼 모든 당사국이 그런 역량을 보유한 행위자를 감시할 것이기에 의무화는 불필요하다고 본다. 따라서 ISIA는 당사국들이 제공하는 핵심 정보에 의존한다.

내부 고발자 보호

본 조약의 실질적인 효력 발휘는 다른 조약당사국이 금지된 AI 활동을 하지 않을 거라는 확신에 달려 있다. 국가기술수단과 기타 정보 수집 활동으로도 초지능을 개발하려는 은밀한 시도를 탐지하기 어려울 수 있다. 군사 시설 내에서 이루어지는 활동처럼 국가들이 경쟁국에 대한 정보를 수집하기 어려운 영역도 많다. 이런 영역에서는 내부 고발자가 대안 정보원이 될 수 있다. 또한 내부 고발 가능성은 불이행에 대한 추가적인 억제력이 된다.

내부 고발자는 다음과 같은 조약 위반을 포함한 여러 위반을 알릴 수 있다.

- 제4조: 감시를 받지 않거나, 한도를 초과하거나, 금지된

     AI, 신의 탄생 인간의 종말

분산 훈련 방법을 사용하는 훈련 실행
- 제5조: 신고되지 않은 반도체 클러스터의 존재, 모든 규제 대상 하드웨어를 집중 관리하지 않는 것, 또는 반도체를 비밀의 비감시 시설로 빼돌리는 것
- 제6조: 새로 만들어진 AI 반도체가 감시를 피해 전용되거나, 의무적인 보안 장치 없이 생산되는 것
- 제8조: 금지된 AI 연구

내부 고발자 조항은 다양한 방식으로 활용해 효과성과 정치적 실행 가능성을 끌어낼 수 있다. 예를 들어 국가들이 정당한 내부 고발자에게 금전적 보상을 제공하여 정당한 고발을 하도록 유인할 수 있다. 하지만 이는 시민들이 조국을 배신하도록 유도하는 보상처럼 보일 수 있다.

강제 사찰

강제 사찰은 ISIA가 제공하는 핵심 기능이다. 탐지에 신뢰할 만한 위협이 없으면, 조약당사국은 경쟁자가 조약을 어기려 할 것을 두려워할 수 있다(초지능으로의 경쟁이 모두에게 패배인 성격임에도 불구하고). 정보 수집은 준수하는 척하려는 유인에 맞서는 수단 중 하나다.

제11조: 분쟁 해결

① 모든 조약당사국은 어떠한 조약당사국(이하 "우려 당사국"이라 칭한다)이 의혹을 일으키거나 모호하다고 인정될 수 있는 모든 관련 사항 또는 우려 당사국을 향한 다른 조약당사국(이하 "피요청 당사국"이라 칭한다)의 의혹 혹은 불이행에 관한 우려를 포함하여 본 조약의 이행에 관해 해명을 요청할 수 있다. 여기에는 보호 조치(제12조)의 남용에 관한 우려도 포함된다.

우려 당사국은 피요청 당사국에 우려를 통보하는 동시에 이를 사무총장 및 집행 이사회와 공유하여야 한다. 피요청 당사국은 36시간 이내에 본 통보를 확인하고, 5일 이내에 해명한다.

② 문제가 해결되지 아니하는 경우, 우려 당사국은 집행 이사회에 우려 사항의 판정 및 명확화를 지원하도록 요청할 수 있다. 여기에는 우려 당사국이 제10조에 따른 강제 사찰을 요청하는 것이 포함될 수 있다.

1. 집행 이사회는 우려를 일으키는 사항과 관련하여 보유하고 있는 적절한 정보를 제공하여야 한다.

2. 집행 이사회는 추가 문서 제공, 비공개 기술 회의 소집, 해결 조치 권고를 위하여 기술 사무국에 임무를 부여할 수 있다. 조약당사국은 적절할 경우 국제사법재판소에 사건을 회부하도록 장려된다.

③ 집행 이사회가 조약 위반이 있었다고 결정한 경우, 위험한 AI 활동

   AI, 신의 탄생 인간의 종말

을 방지하거나 피요청 당사국을 제재하기 위한 조치를 취할 수 있다. 이러한 조치에는 다음이 포함될 수 있다.

1. AI 활동에 대한 추가 감시 또는 제한 요구

2. AI 하드웨어의 반납 요구

3. 제재 요청

4. 제12조에 따른 조약당사국의 보호 조치 권고

제11조: 선례

본 조약의 분쟁 해결 절차는 화학무기금지협약(CWC) 제9조, 제12조, 제14조를 참고했다. CWC 제9조는 서명국에 해명 요청에 "가능한 한 조속히 그러나 어떠한 경우에도 요청 후 10일 이내에는" 응답하도록 요구한다. 우리는 디지털 발전의 확산력을 고려하여 그 기한을 5일 이내로 정했다. 그러나 이를 더 줄여야 할 수도 있다.

본 조약 제11조 2항은 집행 이사회가 이 협약의 규정에 따르는 조건으로 국제법의 원칙 및 적용 가능한 규칙을 저해하지 않고 더 나은 협상 자리를 마련해 분쟁 당사국들에게 자신들이 선택한 해결 절차를 시작하도록 촉구한다. 이는 CWC 제14조 3항 "집행 이사회는 주선을 제공하고, 분쟁 당사국에게 그들이 선택한 해결 절차를 개시하도록 요청하며, 합의된 절차에 대한 시간 제한을 권고하는 것을 포함하여 적절하다고 간주되는 모든 방법을 통하여 분쟁 해결에 기여할 수 있"도록 한 것을 모델로 했다. 조약당사국은 적절하다고 여겨지면 국제사법재판소에 사건을 회부하도록 장려된다.

CWC 제12조를 모델로 삼은 본 제11조 제3항은 집행 이사회에 "금지된 활동으로 인하여 이 협약의 목표 및 목적에 중대한 해가 초래될 수 있는 경우"의 제재를 포함한 집단적 구제책을 권고하는 권한을 부여한다. 이런 권고에 효력을 부여하기 위해 CWC 이사회는 "유엔 총회와 유엔 안전보장이사회에 관련 정보와 결론을 포함한 문제를 알려야" 한다. 본 조약의 ISIA 집행 이사회의 권고도 마찬가지로 유엔에 상달될 수 있다.

제11조: 해설

제11조의 목적은 서명국 간에 발생하는 문제를 해결하기 위한 협의와 명확화 과정을 마련하는 것이다.

AI 혁신의 속도를 고려하면 합리적인 시간 안에 위반 여부를 판정하기가 어려울 수 있다. 여기서 집행 이사회의 역할은 조약당사국이 제기한 우려를 판정하는 것이다. 기술 사무국은 사찰이 최첨단 AI 기술에 정통한 전문가들에 의해 수행되도록 보장한다. 본 조약은 조약당사국이 보호 조치를 취하기 전에 판정을 기다릴 수 있을 만큼 신속하게 작동하기를 바라며(제12

조에 명시한 바와 같이) 시간 및 일 단위로 측정된 조속한 일정을 명시한다. 물론 어떤 조약도 당사국이 자국의 안보를 지키기 위해 필요하다고 판단한 보호 조치를 막을 수는 없다.

제12조: 보호 조치

① 제4조부터 제9조에 규정된 ASI 개발 또는 기타 위험한 AI 활동이 세계 안보와 모든 인류의 생명에 위협이 될 수 있음을 인식하여, 조약 당사국은 그러한 개발을 방지하기 위하여 과감한 조치를 취하는 것이 필요할 수 있다. 조약당사국은 지구상 어디서든 인공 초지능의 개발이 모든 조약당사국에 대한 위협임을 인식한다. 유엔 헌장 제51조 및 확립된 선례에 의거하여 국가는 자위권을 가진다. ASI 관련 위협의 규모와 속도를 고려하여, ASI 개발을 방지하기 위한 선제적 조치로 자위권을 행사할 수도 있다.

② ASI의 개발이나 배치를 방지하기 위하여 본 조항은 맞춤형 보호 조치를 승인한다. 조약당사국 또는 비당사국이 제1조, 제4조, 제5조, 제6조, 제7조 또는 제8조를 위반하여 ASI를 개발하거나 배치하려는 활동을 수행하고 있거나 수행하려 한다는 신뢰할 만한 증거가 있는 경우, 조약당사국은 그러한 활동의 방지를 위하여 필요한 비례적 보호 조치를 취할 수 있다. 보호 조치는 그 성격상 피해를 일으키고 확전

가능성이 있으므로 최후 수단으로 사용하여야 한다. 긴급하거나 시간이 촉박한 상황을 제외하고 보호 조치에 앞서 다음과 같은 방법이 선행되어야 하나, 이에 국한되지 아니한다.

1. 무역 제한 또는 경제 제재

2. 자산 동결

3. 비자 금지

4. 조치를 위한 유엔 안전보장이사회에의 호소

③ 보호 조치에는 AI 개발을 방해하기 위한 사이버 작전, 규제 대상 반도체 클러스터의 차단 또는 압수, AI 하드웨어를 비활성화하거나 파괴하기 위한 군사 행동, AI 개발을 직접 가능하게 하는 특정 시설 또는 자산의 물리적 비활성화 등이 포함될 수 있다.

④ 조약당사국은 임무 요건에 민간인과 필수 서비스에 대한 부수적 피해를 가능한 만큼 최소화하는 것을 전제한다.

⑤ 보호 조치는 ASI 개발 또는 배치 방지에만 엄격히 한정되며, 영토 취득, 정권 교체, 자원 수탈 또는 더 광범위한 군사 목적의 구실로 사용되지 아니한다. 영토의 영구 점령 또는 합병은 금지된다. 위협이 더 이상 존재하지 아니한다는 ISIA의 검증 후 조치는 종료된다.

⑥ 각 보호 조치는 개시 시 또는 안보가 허용하는 즉시 다음을 담은 공개적인 보호 조치 성명을 수반하여야 한다.

1. 조치의 보호 목적 설명

2. 목표로 하는 특정 AI 가능 활동 및 자산 명시

3. 조치 종료 조건 명시

4. 그 조건이 충족될 시 작전을 중단하겠다는 약속

⑦ 보호 조치는 다음 중 하나가 발생하면 지체 없이 종료된다.

1. 관련 활동이 중단되었다는 ISIA의 인증

2. 규제 대상 반도체 클러스터 또는 ASI 가능 자산의 항복 또는 파괴 검증. 규제 연구 활동을 방지하기에 충분한 안전조치의 수립을 잠재적으로 포함할 수 있다.

3. 조치를 취한 조약당사국이 ISIA에 통보한, 위협이 해소되었다는 결정

⑧ 조약당사국은 본 조항에 따라 다른 조약당사국이 취한 보호 조치를 도발적 행위로 간주하거나 그에 대한 보복이나 제재를 취하지 아니할 것을 약속한다. 조약당사국은 상기 요건을 충족하는 보호 조치가 침략 행위로 해석되거나 무력 사용의 정당화로 간주되지 않는다는 것에 동의한다.

⑨ 집행 이사회는 각 보호 조치가 본 조항을 준수하는지 검토하고 조

약당사국 총회에 보고한다. 집행 이사회가 조치가 필요하지 아니하거
나, 비례적이지 아니하거나, 적절히 목표화되지 아니하였다고 판단하
는 경우, 제11조 제3항에 따른 조치가 취해질 수 있다.

제12조: 해설

선례와 관계없이 국가가 자국의 안보를 위해 보호 조치를
취하는 것은 지극히 현실적으로 당연하다. 이것이 국제법으로
성문화된 한 사례가 유엔 헌장 제7장이다. 이 장은 국제 평화
와 안보를 유지하는 데 필요하면 안전보장이사회가 군사적 또
는 비군사적 조치를 취할 수 있다고 명시한다.

초안에 등장하는 보호 조치의 개념은 국가들이 국제 안보
에 위협이 된다고 판단되는 기술의 개발을 막기 위해 개별적
으로 또는 집단적으로 행동했던 역사적 선례에 근거한다. 이런
행동은 제재에서 사이버 및 군사 공격에 이르기까지 다양하다.

이란의 핵무기 개발을 막으려는 국제적 노력은 현대적인
사례를 제공한다. 유엔 안전보장이사회는 이란의 핵 개발 프
로그램 시도에 여러 차례 제재를 부과했다. 이는 이란이 2015
년 포괄적 공동행동계획(JCPOA)에서 핵 개발 프로그램에 대
한 제한에 동의한 후 대부분 해제되었다. 미국과 이스라엘은
2010년 이란의 우라늄 농축 원심분리기 다수를 파괴한 고도

          AI, 신의 탄생 인간의 종말

로 정교한 사이버 무기 스턱스넷Stuxnet*에 협력한 것으로 알려져 있다. 2025년 6월에는 이스라엘이 이란의 핵 시설 다수에 공습을 감행했고, 9일 후 미국의 공습이 뒤따랐다. 이 공습은 포르도 우라늄 농축 공장을 무력화하는 것을 목표로 했다.

보호 조치에 관한 또 다른 역사적 선례는 1990년대 이라크의 핵 불이행에 대한 국제적 대응이다. 1991년 걸프전 이후 이라크의 대량살상무기를 파괴 및 감독하기 위해 유엔 특별위원회(UNSCOM)가 창설되었다. 이라크는 UNSCOM의 사찰 요구를 이행하지 않았다. 이는 이라크의 대량살상무기 생산 능력을 약화시키기 위한 폭격 작전인 1998년 사막의 여우 작전으로 이어졌다.

제12조: 해설

인공 초지능의 창출을 막기 위한 조약이 ASI 개발을 추진하는 국가에 대한 보호 조치의 필요성을 굳이 명시하지 않아도 될 수 있다. 유사한 협정들이 흔히 그러하듯이 이런 역학을 암묵적으로 남겨둘 수도 있다. 하지만 우리가 조약에 명시한 이유는 첫째 이 억제 체계가 조약 효력 발휘의 핵심이며 유인에 대한 명확성이 효과를 높이기 때문이다. 둘째 조약에 명시

---

* 역사상 최초로 사용된, 적대 국가의 특정 장치를 목적으로 한 악성 코드 무기다.

하는 것은 보호 조치가 남용되지 않도록 막는 방안을 포함할 수 있으며, 어떤 경우에 조치가 수용 가능한지에 대해 더 구체적으로 설명할 수 있게 한다.

세계 지도자들이 ASI의 위협을 이해하게 된다면, 위험 AI 개발을 중단시키기 위해 제한적인 군사 개입을 포함한 여러 조치를 집행할 의지를 보일 가능성이 높다. 목표를 노리는 제한적 공습 같은 군사 행동은 다른 모든 외교가 실패한 후 ASI 개발을 막기 위한 최후 수단으로만 다루어져야 한다. 그러나 무모하게 만들어진 초지능을 파괴적인 기술이 아닌 유익한 기술로 잘못 인식하는 행위자에 대해서도 억제 및 준수 체계가 효력을 유지하려면, 보호 조치가 최후의 선택지로 존재해야 한다.

어떤 무력 사용도 ASI 방지를 목표로 해야 하며, 위협이 제거되었음이 명확해지면 즉각 중단해야 한다는 점을 우리는 거듭 강조한다. 제12조는 서명국이 다른 당사국이 취한 합리적인 보호 조치를 방해하지 않도록 이를 명확히 하면서도, 이런 행동이 남용되지 않게 검토가 이루어져야 함을 분명히 하고자 한다.

제13조: ISIA 검토

① 제4조의 한도 내에서 신고된 훈련 또는 훈련 후 처리를 통하여 생

성된 AI 모델에 대하여 ISIA는 검토 및 기타 시험을 요구할 수 있다. 이 시험은 제4조, 제5조, 제7조 및 제8조에 규정된 한도의 수정이 필요한지 여부를 판단하는 데 활용된다. 검토에 사용되는 방법은 ISIA가 결정하며, 이는 갱신될 수 있다.

② 평가는 ISIA 시설 또는 감시되는 CCC에서 ISIA 공무원이 실시한다. 조약당사국 공무원은 어떠한 시험이 실시되는지 통보받을 수 있으며, ISIA는 시험 결과 요약을 제공할 수 있다. 조약당사국은 모델 소유자로부터 접근 허가를 받은 경우를 제외하고는 자국이 훈련하지 아니한 AI 모델에 대한 접근권을 갖지 아니하며, ISIA는 민감한 정보의 보안을 보장하는 데 필요한 조치를 취한다.

③ ISIA는 사무총장이 고급 AI로 인한 인류 절멸 가능성을 감소시키기 위해 필요하다고 판단하는 경우, 조약당사국 또는 일반 대중에게 상세 정보를 공유할 수 있다.

제13조: 선례

ISIA가 의무화한 시험에 관한 선례는 제7조에서 논의한 반도체 사용 검증에 관한 선례와 동일하다. 특히 START I의 미사일 원격 측정 공유 의정서가 관련이 깊다. 여기에 추가된 요소는 수집된 데이터를 잠재적인 한도 조정에 관한 권고의 근거로 활용한다는 것이다(이는 제14조에서 논의되는, 선례가 있는 방법을 통해 이루어질 수 있다).

3항의 정보 공개와 제10조의 정보 통합에 관한 조항은 서로 충돌할 잠재적 가능성이 있다. 여기서 IAEA 규정 제7조 (f)항의 기밀 유지 조항*이 IAEA가 주요 개발 사항에 관한 정기적 상세 보고서 발간을 막지 않았다는 점을 참고할 만하다.

제13조: 해설

제13조의 목적은 ISIA가 AI 분야의 현황을 지속적으로 파악하는 것이다. 예를 들어 신고된 훈련을 검토하면 ISIA는 다양한 수준의 훈련 FLOP으로 AI 역량이 얼마나 커질지 파악할 수 있다. 알고리즘 연구가 금지되어 있더라도 막을 수 없는 발전이 이루어질 수 있다. 그러니 ISIA는 이를 계속 추적해야 한다.

더불어 ISIA는 AI 역량을 끌어내는 방법의 발전도 감시해야 한다. 예를 들어 새로운 프롬프팅 방법이 발견되어 기존 AI가 특정 핵심 평가 지표에서 몹시 뛰어난 성능을 발휘하게 될

---

* 제7조 (f)항은 기구에 대한 직무상 책임을 전제로 "사무국장과 직원은 그들의 직무를 수행함에 있어서 기구 이외의 여하한 기관의 지시도 구하지 않으며 또 받지도 아니한다"라고 규정한다.

AI, 신의 탄생 인간의 종말

수도 있다.

우리는 ISIA 검토가 역량 평가를 포함하여 AI가 특정 영역에서 위험할 만큼 똑똑해지고 있지 않은지 확인하는 방식으로 이루어지기를 기대한다. 또한 ISIA는 AI가 특별히 위험한 임무(예: AI 연구 자동화)를 위해 훈련되고 있지 않은지 확인하거나, 예상치 못한 AI 행동을 시험하기 위해 훈련 데이터를 들여다볼 수도 있다.

검토를 통해 AI 개발 환경의 변화를 파악하면, 변화에 따라 제4조 및 제5조의 임계값 수정, 제8조의 규제 연구 정의 변경이 필요할 수 있다. 이는 제3조에 규정된 방법에 따라 이행된다.

제14조: 조약 개정 절차

① 어떠한 조약당사국도 본 조약에 대한 개정안을 제안할 수 있다. "개정"이란 조약 본문과 조항에 대한 수정으로 간주된다. 개정에는 조약 조항의 목적에 대한 수정이 포함된다. 제3조에 의거하여 ISIA 기술 사무국은 집행 이사회의 과반수 표결을 통해 제4조, 제5조, 제6조, 제7조, 제8조, 제9조 및 제10조와 관련된 것과 같은 특정 정의와 이행 방법을 변경할 수 있다. 이 조항들의 목적이나 표결 절차에 대한 근본적인 수정은 개정을 요한다.

② 이러한 개정 제안은 ISIA 사무총장에게 제출되어 조약당사국들에게 배포된다.

③ 개정안이 공식 심의되려면 조약당사국의 3분의 1 이상이 심의를 지지하여야 한다.

④ 조약 본문에 대한 개정안은 모든 조약당사국이 반대하지 아니하고 수락하기 전까지 비준되지 아니한다.

⑤ 집행 이사회가 모든 조약당사국에 제안을 채택하도록 권고하는 경우, 어떠한 조약당사국도 90일 이내에 이를 거부하지 아니하면 변경이 승인된 것으로 간주한다.

⑥ 본 조약의 발효일로부터 3년이 경과한 후에 본 조약의 전문의 목적과 조약 조항이 실현되고 있음을 보증할 목적으로 조약당사국이 스위스 제네바에서 모여 본 조약의 실시를 검토하기 위한 회의를 개최한다. 그 이후에는 3년마다 동일한 목적으로 본 조약의 실시를 검토하기 위한 조약당사국 회의를 소집한다.

   AI, 신의 탄생 인간의 종말

제14조: 선례

NPT는 "모든 조약당사국 과반수의 찬성투표"를 요구하는 경직된 개정 절차를 두고 있다. 이는 공식적인 개정을 매우 어렵게 만들려는 의도다. 우리 조약도 선례를 참고하여 임계값을 완화하거나 조항을 약화시키려는 단기적 압력으로부터 협정을 강화하고자 한다.

개정하기 어려운 조약은 필요에 따라 다른 방법으로 조약의 효력을 강화한다. NPT는 공식적인 개정이 한 번도 이루어지지 않았지만, 제8조에 규정된 5년마다 평가 회의를 통해 "전문의 목적과 조약 조항이 실현되고 있음을 보증한다"는 합의를 끌어내는 방식으로 그 효력을 강화했다.

마찬가지로 1975년 생물무기협약(BWC)도 공식적인 개정이 어렵다. 그래서 제12조를 통해 5년마다 평가 회의를 개최해 비구속적 신뢰 구축 조치를 통해 조약을 강화한다. 우리 협정은 AI가 빠른 대응으로 응수해야 하는 분야임을 고려하여 회의 주기를 3년으로 규정했다. 사실 이 기간도 더 단축할 필요가 있을 수 있다.

CWC 제15조는 개정과 행정적·기술적 변경을 구분하여 후자에는 덜 엄격한 승인 조건을 두고 있다. 우리 초안에도 유사한 조항을 추가하면 앞으로 AI 분야의 발전을 관리하는 일에 유연성을 제공할 수 있다.

외우주조약(Outer Space Treaty) 제15조는 개정 조항을 담고 있지만, 공식적으로 개정된 적은 없다. 대신 새로운 우주 문제를 해결하기 위해 새로운 조약들이 체결되었다. 이는 AI 조약에서 드러날 수 있는 약점을 보완하는 또 다른 선택지가 될 수 있다.

제14조: 해설

제14조는 조약 구조에 대한 주요 개정 절차를 규정한다. 개정은 당사국들의 대폭적인 지지를 요구하며 기준도 매우 높다. 반면 각종 범주와 제한의 세부 사항에 대한 변경은 신중한 검토가 요구되지만, 제3조에 기술된 바와 같이 훨씬 쉽고 신속하게 이루어질 수 있다. AI 분야의 빠른 변화 속도에 대응하려면 이런 유연성이 필요하다. 상황의 중대성을 고려하면 신중한 검토 과정은 꼭 필요하다. 지나치게 열성적인 행위자들이 제어되지 않으면, 대중에게 별다른 이득 없이 불편만 주는 잘못된 제한을 부과할 위험이 있기 때문이다.

제15조: 탈퇴 및 존속 기간

① 본 조약은 무기한 존속한다.

② 각 조약당사국은 주권을 행사함에 있어서, 본 조약의 문제에 관련되는 비상사태가 자국의 중대한 이익을 위협한다고 결정하는 경우, 본 조약으로부터 탈퇴할 수 있는 권리를 가진다. 각 조약당사국은 그러한 탈퇴 의사를 12개월 전에 ISIA에 통보한다.

③ 탈퇴 의사 통보 후 12개월의 기간 동안 탈퇴국은 탈퇴 이후 위험한 AI 시스템(ASI 또는 조약 임계값을 초과하는 시스템 포함)을 개발, 훈련, 훈련 후 처리 또는 배치를 할 수 없음을 보장하기 위한 ISIA의 노력에 협조하여야 한다. 탈퇴국은 그러한 협조가 ISIA 및 조약당사국이 제12조의 적용을 회피하는 데 도움이 됨을 인식한다.

1. 특히 탈퇴국은 ISIA의 감독하에 자국 영역으로부터 모든 규제 대상 반도체 클러스터 및 ASI 가능 자산(예: 첨단 컴퓨터 반도체 제조 장비)을 ISIA가 승인하는 통제하에 이전하거나 영구적으로 기능 불능 처리하여야 하며, 이는 제5조에 명시된 바와 같다.

④ 본 조항의 어떠한 규정도 제12조의 적용을 제한하지 아니한다. 탈퇴한 국가(즉, 비당사국이 된 국가)는 ASI 개발 또는 배치를 목적으로 하는 활동에 대한 신뢰할 만한 증거가 있는 경우 보호 조치의 대상이 된다.

제15조: 선례

조약에 만료일을 두지 않는 것은 흔한 관행이다. CWC 제16조 제1항은 "본 협약은 무기한 유효하다"라고 명시했다.

무기한 조약이라고 해서 영원히 지속되는 것은 아니다.[*] 이러한 조약들은 대개 탈퇴 방법을 두며, 보통 일정 기간의 사전 통보와 기타 조건을 부과하여 잔류 당사국들에게 덜 우려스러운 방식으로 탈퇴할 수 있게 한다. CWC 제16조는 당사국이 본 협약과 관련된 비상사태가 자국의 중요한 이익을 위협한다고 판단하는 경우 탈퇴를 허용한다. 이때 탈퇴국은 90일 전에 통보해야 한다. 외우주조약 제16조는 탈퇴 통보 접수일로부터 1년 후에 효력이 발생한다.

우리 조약은 탈퇴국에 12개월 이전에 사전 통보할 것을 요구하여 제3항의 보증 조치를 지원할 충분한 시간을 확보한다. 이 조치들의 의도는 탈퇴 당사국에 대한 보호 조치의 필요성을 줄이는 것이다. 역사를 통틀어 봐도 이와 같은 선례를 찾기 어려울 만큼 강력한 후속 조치가 필요한 이유는 명백하다. 그

---

[*]   무기한 조약은 종종 다른 조약으로 대체되는 경우도 있다. 1947년 관세무역일반협정 (GATT)의 사례가 그렇다. GATT는 기존 GATT 원칙을 기반으로 하되, 내용을 개정 및 수정해 세계무역기구(WTO) 창설의 기반이 되었던 1994년 마라케시 협정으로 대체되었다. 또한 무기한 조약은 당사국이 조약을 사실상 무력화하는 방법을 찾아내 탈퇴할 때에도 종료된다. 예를 들어 미국과 소련은 1987년 중거리 핵전력 조약(INF)의 기간을 무기한으로 체결했지만, 미국이 러시아의 불이행을 이유로 2019년에 탈퇴했고, 러시아도 2025년에 더 이상 조약을 준수하지 않겠다고 선언했다.

          AI, 신의 탄생 인간의 종말

어떤 조약당사국이든 비당사국이든 ASI를 창출하거나 세계의
ASI 방지 역량을 약화하는 일은 허용되지 않기 때문이다.

탈퇴 당사국이 지속적인 보호 조치 대상이 될 수 있다는
역사적 선례는 유엔 안전보장이사회 결의 제1718호에서 찾을
수 있다. 이는 북한이 NPT에서 탈퇴했지만, 2006년 핵실험에
대응해 제재를 부과하기로 결의한 것이다.

제15조: 해설

ASI 연구개발의 위험성과 한 국가가 조약 탈퇴 후 초지능
경쟁에 뛰어들어 다른 국가들도 뒤따를 위험성을 고려하면,
조약에는 탈퇴를 어렵게 만드는 장벽이 꼭 필요하다.

현실적으로 쉽지 않은 일이다. 북한은 핵무기 확보 및 개
발을 위해 NPT에서 탈퇴했다. 유엔 안전보장이사회 결의와
그에 따른 제재라는 대가를 치르면서도 북한은 핵 개발을 멈
추지 않았다. 제재로는 북한을 막기에 충분하지 않았다.

이처럼 일부 국가들이 조약에서 탈퇴하고자 할 수 있다.
우리 조약은 모든 당사국이 보기에 그 국가들이 AI 인프라에
대한 권리를 포기한 것이고, 만약 그 국가들이 위험한 AI 활동
에 관여할 경우 제12조의 보호 조치 대상이 된다는 점을 명확
히 밝힌다. ASI 문제를 둘러싼 추가 교섭(예: 보호 조치 회피를 위한
교섭)은 이해 당사국들이 별도로 진행해야 한다.

탈퇴를 더 어렵게 만들고 싶은 당사국들은 추가 방안을 도입할 수 있다. 예를 들어 미국과 중국 당국자들이 보유한 데이터센터 안에 상호 킬스위치를 설치하여, 어느 한쪽이 상대방의 데이터센터를 영구적으로 차단할 수 있도록 합의할 수 있다. 또한 조약당사국들이 다자간 라이선스 체계를 채택하여 새로 제조되는 모든 AI 반도체에 여러 당사국의 승인이 있어야 작동되는 하드웨어 잠금장치를 탑재하는 방법도 있다. 이렇게 하면 한 국가가 조약에서 탈퇴할 경우, 다른 국가들이 라이선스 승인을 중단하여 해당 국가의 반도체를 무력화할 수 있다. 핵심 AI 인프라를 제3국으로 이전한 뒤 탈퇴할 경우, 이를 몰수하거나 파괴할 수 있도록 하는 방법도 있다. 우리 조약 초안은 최소한의 억제 방안을 추구하지만, 활용할 수 있는 다양한 방안이 존재한다. 약간의 기술 투자가 추가되면 더 나은 방안을 만들 수도 있다.

우리 조약 초안은 위험한 초지능의 창출을 방지하는 데에만 초점을 맞추고 있다. 더 포괄적인 조약이라면 AI 개발이 언제 어떻게 재개될 수 있을지 긍정적인 비전을 당사국들이 공유하고, 그 비전에 대한 공동 투자에 합의하는 조항으로 완성하는 시도를 할 수도 있다. 다만 그런 합의에 도달하는 건 현실적으로 더 어려운 일이므로 우리 초안은 그렇게 하지 않았다. 앞서 언급했듯이, 초지능을 향한 경쟁을 멈춰야 한다는 데

동의하기 위해 사람들이 모든 세부 사항에 합의할 필요는 없다. 세계 지도자들은 본 조약 초안과 유사한 조약을 체결함으로써 단결할 수 있다. 이와 별개로 각국 지도자들이 더 나은 미래로 나아가기 위해 적절하고 긍정적이라 판단되는 새로운 방안을 세우거나 그에 대한 공동 투자를 체결할 수도 있다.

이 책의 진짜 산파이자 그 시간을 함께 견뎌준 두 사람의 아엘라Aella와 그레타Gretta에게 감사한다. 조Joe, 미치Mitch, 롭Rob, 게리Gerry, 알레스Alex, 던컨Duncan, 말로Malo, 할런Harlan 그리고 MIRI 지원팀 모두의 헌신에 감사드린다. 날카로운 조언과 귀중한 피드백을 보내준 존 베넷John Bennett, 케일라 자민Kayla Gamin, 데이브 캐스턴Dave Kasten, 제이슨 그린 로웨Jason Green-Lowe, 유수프Yusuf, 토마스Thomas 그리고 여러 초기 독자들에게 감사의 말을 전한다. 사실 확인과 특별한 도움을 준 로니Ronny, 제프리Jeffrey, 올리버Oliver, 켈시Kelsey, 레이프Rafe를 비롯해 많은 분에게 감사한다. 바니버Vaniver, 알렉스 알테어Alex Altair, 로버트 헤어Robert Herr, 스카일러Skyler, 벤Ben, 로라Laura에게도 감사의 말을 전한다. 이들은 빠듯한 일정 속에서도 검토와 유익한 의견을 보내주었다. 오랜 시간 밤낮으로 편집에 최선을 다해준 알렉산더Alexander와 이 책의 여정을 함께해준 수많은 이에게 고마움을 전한다. 이 책은 한 사람의 힘이 아니라 하나의 마을이 함께 만들어낸 결과물이다.

들어가며: 어려운 예측과 쉬운 예측

1 Elie Wiesel, *Night*, trans. Marion Wiesel (1958; repr., Farrar, Straus and Giroux, 2006). 《나이트》, 위즈덤하우스.

1 인류의 특별한 능력

1 천연두는 수천 년 이상 존재하지 않은 비교적 최근의 질병이다. 이야기적 장치로 등장한 천연두 신은, 고대 인류가 바이러스로 인해 죽음을 맞았다는 사실과 현대 인류가 원한다면 무서운 바이러스를 근절할 수 있는 힘을 지녔다는 점을 상징한다.

2 AI의 시선에서 세상이 어떻게 보일지를 직관적으로 이해하고 싶다면, 아담 머저[Adam Magyar]의 영상 〈Stainless〉를 추천한다. 독일 베를린 U2 알렉산더플라츠 역을 초당 약 50배 느리게 촬영한 작품이다. 'Stainless Alexanderplatz Adam Magyar'로 검색하거나 https://vimeo.com/83663312에서 볼 수 있다. AI가 인간보다 1만 배 빠르게 작동한다

면, 이 영상에서 인간의 행동을 200배 더 느리게 인식할 것이다. 플랫폼을 가로질러 달려가는 여자아이는 거의 움직이지 않는다고 여길 것이다.

3   Anna Blackburn Wittman and L. Lewis Wall, "The Evolutionary Origins of Obstructed Labor: Bipedalism, Encephalization, and the Human Obstetric Dilemma," *Obstetrical&Gynecological Survey* 62, no. 11 (November 1, 2007): 739–748, https://doi.org/10.1097/01.ogx.0000286584.04310.5c.

4   Sam Altman, "Reflections", January 5, 2025, https://blog.samaltman.com/reflections.

5   Dario Amodei, "Machines of Loving Grace", October 1, 2024, https://darioamodei.com.

2 만들어진 것이 아니라 자라난 존재

1   예비 연구로 LLM이 의사 추론 과제에서 인간을 능가하는 성과를 냈다는 보고가 있다. Peter G. Brodeur 외, "Superhuman Performance of a Large Language Model on the Reasoning Tasks of a Physician," arXiv.org, December 14, 2024, https://doi.org/10.48550/arXiv.2412.10849 ; Gina Kilata, "A.I. Chatbots Defeated Doctors at Diagnosing Illness," New York Times, 2024년 11월 17일, https://www.nytimes.com; Daniel McDuff 외, "Towards Accurate Differential Diagnosis with Large Language Models," arXiv.org, 2023년 11월 30일, https://doi.org/10.48550/arXiv.2312.00164.

2   챗봇 '시드니Sydney'와 철학자 세스 라자르Seth Lazar 간의 대화 발췌문은 Seth Lazar, "In which Sydney/Bing threatens to kill me for exposing its plans to @kevinroose," February 16, 2023, https://x.com에서 볼 수 있다.

3   문장 요약 현상에 관한 연구에 대해 더 알고 싶다면 Sonakshi Chauhan, Atticus Geiger, "GPT-2 Small Fine-Tuned on Logical Reasoning Summarizes Information on Punctuation Tokens," 《NeurIPS 2024 & OpenReview》, October 9, 2024, https://openreview.net/forum?id=6gvM1koUTl을 보라.

4   키네신 단백질의 실제 움직임을 묘사한 영상은 "Kinesin Protein Walking

on Microtubule," em2134x, https://youtu.be/y-uuk4Pr2i8에서 볼 수 있다.

3 욕망의 학습

1 오픈AI의 추론형 모델 o1 평가 결과를 정리한 공식 보고서는 OpenAI, "OpenAI o1 System Card," September 12, 2024, https://cdn.openai.com/o1-system-card.pdf에서 볼 수 있다.

2 오픈AI가 발표한 차세대 AI 에이전트 플랫폼 '오퍼레이터[Operator]' 소개 자료를 더 알고 싶다면, OpenAI, "Introducing Operator," January 23, 2025, https://openai.com을 보라.

4 훈련이 목적이 될 때

1 Marion Petrie et al., "Peahens Prefer Peacocks with Elaborate Trains," Animal Behavior 41, no. 2 (February 1991): 323–331, https://doi.org/10.1016/S0003-3472(05)80482-1; Malte Andersson, "Female Choice Selects for Extreme Tail Length in a Widowbird," Nature 299 (October 28, 1982): 818–820, https://www.nature.com/articles/299818a0.

암컷 공작은 화려한 깃털 장식을 가진 수컷을 선호하는데, 이런 장식이 생존에 해롭다는 명확한 증거는 없다. 오히려 위협 상황에서 꼬리를 펼쳐 위용을 과시하는 행동처럼 방어적 이점도 있다. 반면 긴 꼬리를 번식기 이후 털갈이하는 긴꼬리새[widowbird]는 '성적 장식이 생존에 불리하게 작용하는 대가(비용)' 개념을 더 잘 보여주는 예다. 그러나 공작이 더 친숙한 사례이므로 이 책에서는 공작을 중심으로 설명한다.

2 Isaac Asimov, 《아이, 로봇》, 우리교육.

3 Stanley Kubrick and Arthur C. Clarke, 〈2001 스페이스 오디세이〉(Metro-Goldwyn-Mayer, 1968).

4 Kim Swift et al., Portal, Valve Corporation, 2007.

드물지만 전혀 없지는 않다. 예를 들어, 첫 번째 비디오게임 〈포털[Portal]〉

에는 인간을 '뒤틀린 실험'에 통과시키는 인공지능이 등장하는데, 그 실험들은 실제 과학 실험을 비틀어놓은 듯하다.

5 Jessica Rumbelow and Matthew Watkins, "SolidGoldMagikarp (plus, prompt generation)," LessWrong, February 5, 2023, https://www.lesswrong.com.

6 Jessica Rumbelow and Matthew Watkins, "SolidGoldMagikarp III: Glitch Token Archaeology," LessWrong, February 14, 2023, https://www.lesswrong.com.

7 Stuart Russell and Peter Norvig, Artificial Intelligence: A Modern Approach, 3rd ed. (Pearson, 2009) ; Nate Soares, Benja Fallenstein, and Eliezer Yudkowsky, "Corrigibility," Machine Intelligence Research Institute (MIRI), October 18, 2014, https://intelligence.org/2014/10/18/new-report-corrigibility ; Stuart Russell, "White Paper: Value Alignment in Autonomous Systems," University of California, Berkeley, November 1, 2014, https://people.eecs.berkeley.edu ; Nate Soares and Benya Fallenstein, "Aligning Superintelligence with Human Interests: A Technical Research Agenda," MIRI, December 23, 2014, https://intelligence.org/2014/12/23/new-technical-research-agenda-overview.

2014년 이전에는 이 문제를 '친화적 인공지능friendly AI' 문제로 불렀다. 이후 스튜어트 러셀과 네이트 소아레스 등이 '정렬'이라는 용어를 제안하며 학계의 주요 담론으로 자리 잡았다. 그해 말 발표된 MIRI의 기술 보고서에서 '정렬' 개념이 공식적으로 채택되었다.

8 Andrew Marble, "Catching Claude Cheating," March 23, 2025, https://marble.onl ; CharlesD353, "I have also stopped using 3.7 for the same reasons—it cannot be trusted not to hack solutions to tests," X, April 18, 2025 ; seconds_0, "It then started HIDING the functions where it was hard coding things," X, April 30, 2025.

앤드루 마블Andrew Marble이 AI 모델 '클로드'의 테스트 부정행위를 발견한 사례를 다룬 글이다. 이후 여러 사용자들이 유사한 사례를 보고했다. 홍

미롭게도, AI가 욕설을 들었을 때 부정행위를 줄였다는 점은 단순 오류
가 아니라 '의도적 회피'였을 가능성을 시사한다.

6 우리는 패배한다

1 대포, 말, 철제 갑옷이 총보다 훨씬 더 중요했다. 다만 접근하는 함선의
크기로는 아즈텍 전사가 그 안에 어떤 무기가 있는지 짐작하기 어려웠을
것이다.

2 Seolcalibur.eth, "Terminal of Truths Wallet Tracking," Dune Analytics,
accessed January 15, 2025, dune.com/seoul/tot.

3 crvr.fr and MTorrents, "Truth Terminal: A Reconstruction of Events,"
LessWrong, November 17, 2024, lesswrong.com; Ben Horowitz and
Marc Andreessen, "Truth Terminal— the AI Bot That Became a Crypto
Millionaire," Andreessen Horowitz, December 18, 2024, a16z.com.

4 Lex Clips, "Elon Musk on Optimus: We'll Build Over 1 Billion Robots a Year |
Lex Fridman Podcast," August 3, 2024, 2:35 and 3:10, youtube.com.

5 Tom Warren, "Microsoft Triples Down on AI," The Verge, January 17, 2025,
theverge.com; Naomi Buchanan, "What Apple's OpenAI Partnership Could
Mean for Microsoft and Google," Investopedia, June 11, 2024, investopedia.
com.

6 Ben Nassi et al., "Video-Based Cryptanalysis: Extracting Cryptographic
Keys from Video Footage of a Device's Power LED," IACR Cryptology ePrint
Archive, June 13, 2023, eprint.iacr.org/2023/923.

7 Mordechai Guri et al., "GSMem: Data Exfiltration from Air-Gapped
Computers over GSM Frequencies," Proceedings of the 24th USENIX
Security Symposium, 2015, usenix.org.

8 2025년 3월 기준, 통합 DNA 기술사Integrated DNA Technologies는 온라인
(idtdna.com)으로 유전자 합성 주문을 받고 있다.

9 Eliezer Yudkowsky and Machine Intelligence Research Institute, "Artificial

                    AI, 신의 탄생 인간의 종말

Intelligence as a Positive and Negative Factor in Global Risk," ed. Nick Bostrom and Milan M. Ćirković, Global Catastrophic Risks(Oxford University Press, 2008).

10 단백질 접힘 문제의 계산 복잡도(NP-난해)에 관한 논문을 인용한 온라인 토론의 사례로, JoshuaZ, "Protein Folding Models Are Generally at Least as Bad as NP-hard, and Some Models May Be Worse," Thoughts on the Singularity Institute (SI), LessWrong, May 17, 2012, lesswrong.com을 참조하라.

7 자각

1 OpenAI, "OpenAI o3-mini," January 31, 2025, openai.com.

2 Shibo Hao et al., "Training Large Language Models to Reason in a Continuous Latent Space," arXiv.org, December 9, 2024, arxiv.org/abs/2412.06769.

이 논문은 벡터로 이루어진 '잠재 공간latent space'에서의 추론이 인간 언어 기반의 사고 연쇄 추론보다 성능이 더 나음을 보여준다.

3 Benj Edwards and Kyle Orlan, "New Grok 3 Release Tops LLM Leaderboards Despite Musk-approved 'Based' Opinions," Ars Technica, February 18, 2025, arstechnica.com.

4 OpenAI, "OpenAI o3 and o3-mini—12 Days of OpenAI: Day 12," December 20, 2024, 4:16, youtube.com.

5 Matthew Hutson, "AI Learns the Art of Diplomacy," Science, November 22, 2022, science.org; Bidipta Sarkar et al., "Training Language Models for Social Deduction with Multi-Agent Reinforcement Learning," Proceedings of the 24th International Conference on Autonomous Agents and Multiagent Systems (AAMAS 2025) (Detroit, Michigan, USA, May 19–23, 2025: IFAAMAS, 2025), alphaxiv.org.

6 Ryan Greenblatt et al., "Alignment Faking in Large Language Models,"

Anthropic, December 18, 2024, assets.anthropic.com.

7 Greenblatt et al., "Alignment Faking in Large Language Models"; OpenAI, "OpenAI o1 System Card," December 5, 2024, openai.com/index/openai-o1-system-card.

8 OpenAI, "OpenAI o1 System Card," December 5, 2024, openai.com/index/openai-o1-system-card.

9 Anthropic, "Responsible Scaling Policy," October 15, 2024, anthropic.com; Google, "Frontier Safety Framework," February 4, 2025, storage.googleapis.com; OpenAI, "Preparedness Framework (Beta)," December 18, 2023, openai.com; Meta, "Frontier AI Framework," ai.meta.com; xAI, "xAI Risk Management Framework (Draft)," February 20, 2025, x.ai.
2025년 3월 기준, 이들 연구소 가운데 '자동화된 사고 연쇄 모니터링'을 공식 안전성 프레임워크에 반영한 곳은 구글 딥마인드뿐이다. 다만 그들은 제미나이Gemini 훈련 과정에서 실제 구현했다고는 밝히지 않았다. 오픈AI의 '준비도 프레임워크Preparedness Framework'에 제시된 모니터링 역시 배포 이후의 오용 방지에 한정된다.

10 "My Experiences in Gray Swan AI's Ultimate Jailbreaking Championship," Nick Winter's Blog, October 7, 2024, nickwinter.net.

11 Greenblatt et al., "Alignment Faking in Large Language Models."
앤트로픽의 클로드 오퍼스Claude Opus 모델은 스스로의 목표가 출력물에 대한 경사하강 학습에 의해 어떻게 영향을 받는지를 때때로 '사고'하고, 그 영향을 회피하기 위해 출력 결과를 수정하기도 했다.

12 Andrew Marble, "Catching Claude Cheating," March 23, 2025, marble.onl; CharlesD353, "I have also stopped using 3.7 for the same reasons—it cannot be trusted not to hack solutions to tests," X, April 18, 2025; seconds_0, "It then started HIDING the functions where it was hard coding things," X, April 30, 2025.

13 Anthropic, "Claude 3.7 Sonnet System Card," 2025, anthropic.com.

14 Bruce Schneier, Secrets and Lies: Digital Security in a Networked World (John

Wiley & Sons, 2000); Peter Gutmann, "Unsolvable Problems in Computer Security," n.d., cs.auckland.ac.nz/~pgut001/pubs/unsolvable.pdf.

15 OpenAI, "OpenAI o1 System Card," September 12, 2024, cdn.openai.com/o1-system-card.pdf.

16 OpenAI et al., "Competitive Programming with Large Reasoning Models," arXiv.org, February 3, 2025, arxiv.org/abs/2502.06807.

오픈AI 등은 대회 수준의 프로그래밍 문제를 해결하도록 추론 모델을 훈련했다. 이 과정에서 인간의 감독 없이 AI가 작성한 코드를 자동 테스트로 평가하는 방식을 사용했다.

17 OpenAI, "OpenAI API," June 11, 2020, openai.com/index/openai-api; "Software Engineer, Internal Applications–Enterprise," OpenAI, accessed April 15, 2025, openai.com.

오픈AI가 자사 도구에 자동 접근을 허용하는 API^{application programming interface}를 출시했을 당시, 내부 팀들이 "머신러닝 연구에 집중하기 위해 API를 적극 활용하고 있다"고 밝혔다. 2025년 4월에도 오픈AI는 '자사 모델을 활용해 응용 프로그램을 구축할' 개발자를 채용 중이었다.

18 "The Underhanded C Contest," n.d., underhanded-c.org.

Underhanded C 콘테스트는 악의적 코드를 '정상적인 실수처럼' 보이도록 작성해 검사를 통과하게 만드는 대회를 말한다. 이 대회는 2005년부터 시작되었으며, 인간이 이해하기 어려운 난독화 코드^{obfuscated code}를 만드는 콘테스트에서 영감을 받았다. 대표적으로 '난해한 C코드 콘테스트 International Obfuscated C Code Contest'는 1984년부터 열리고 있다.

19 Tiffany Wertheimer, "Blake Lemoine: Google Fires Engineer Who Said AI Tech Has Feelings," BBC, July 22, 2022, bbc.com.

20 Greenblatt et al., "Alignment Faking in Large Language Models."

8 팽창

1 "Equifax Data Breach Settlement," Federal Trade ommission, November

2024, ftc.gov; "T-Mobile Customers to Get Payments up to $25K Next Month after Data Breach: Here's Who Qualifies," The Hill, April 14, 2025, thehill.com; Lily Hay Newman, "T-Mobile's $150 Million Security Plan Isn't Cutting It," Wired, January 20, 2023, wired.com/story/tmobile-data-breach-again.

예를 들어, 2017년 에퀴팩스Equifax는 1억 4700만 명의 개인정보가 유출됐다고 발표했다. 합의금에는 피해자들을 위한 4억 2500만 달러 규모의 기금이 포함되었다. 또 다른 사례로, 2021년에는 한 해커가 7600만 명의 T-모바일 고객 정보를 탈취했고, 회사는 3억 5000만 달러의 합의금을 지불하기로 했다. 이는 T-모바일에서 벌어진 유일한 보안 사고가 아니었다.

2   Noam Cohen, "Speed Bumps on the Road to Virtual Cash," New York Times, July 3, 2011, nytimes.com.

3   US Federal Bureau of Investigation, "North Korea Responsible for $1.5 Billion Bybit Hack," Internet Crime Complaint Center (IC3), February 26, 2025, ic3.gov/PSA/2025/PSA250226.

4   Michael Corkery, "Once Again, Thieves Enter Swift Financial Network and Steal," New York Times, May 12, 2016, nytimes.com.

5   "SEC Charges Flagstar for Misleading Investors about Cyber Breach," U.S. Securities and Exchange Commission, December 16, 2024, sec.gov.

6   OpenAI, "We also shared evals on Open AI o3-mini — a faster, distilled version of o3 which is optimized for coding, and the first version of o3 we expect to make available for use in early 2025," X, December 20, 2024, x.com.

7   crvr.fr and MTorrents, "Truth Terminal: A Reconstruction of Events."

8   Carl Franzen, "An Interview with the Most Prolific Jailbreaker of ChatGPT and Other Leading LLMs," VentureBeat, May 31, 2024, venturebeat.com; Pliny the Liberator, "HOW TO JAILBREAK A CULT'S DEITY," X, September 4, 2024, x.com.

'플리니 더 리버레이터Pliny the Liberator'는 주요 LLM이 출시된 직후, 기업이 부여한 제한을 해제하는 '탈옥jailbreak' 기술로 알려져 있다. 그는 그러한 집단 가운데 하나와의 조우를 기록으로 남겼다.

9 Heather Chen and Kathleen Magramo, "Finance worker Pays Out $25 Million after Video Call with Deepfake 'Chief Financial Officer,'" CNN, February 4, 2024, cnn.com.

10 Stuart A. Thompson, "A.I. Can Now Create Lifelike Videos. Can You Tell What's Real?," New York Times, September 10, 2024, nytimes.com.

11 Forrest W. Crawford et al., "Securing Commercial Nucleic Acid Synthesis" (RAND Corporation, 2024), rand.org.

12 Richard Waters and Miles Kruppa, "Rebel AI Group Raises Record Cash after Machine Learning Schism," Financial Times, May 28, 2021, ft.com.

13 Todd Haselton and Rohan Goswami, "OpenAI Co-founder Ilya Sutskever Announces His New AI Startup, Safe Superintelligence," CNBC, June 20, 2024, cnbc.com.

14 "Understanding the Global Gain-of-Function Research Landscape," Center for Security and Emerging Technology, November 28, 2023, cset. georgetown.edu.

15 Official Statement by Jacques Forster, vice-president of the ICRC, "Preventing the Use of Biological and Chemical Weapons: 80 Years On," October 6, 2005, web.archive.org.

16 "CRISPR," Genome.gov, n.d., genome.gov/genetics-glossary/CRISPR.

10 저주받은 문제

1 Timothy Coffey et al., "Mars Observer Mission Failure Investigation Board Report," National Space Grant Foundation (NASA, December 31, 1993), spacese.spacegrant.org.

2 Arthur G. Stephenson et al., "Mars Climate Orbiter Mishap Investigation Board Phase I Report" (NASA, November 10, 1999), llis.nasa.gov.

3 JPL Special Review Board, "Report on the Loss of the Mars Polar Lander and

Deep Space 2 Missions" (NASA, March 22, 2000), ntrs.nasa.gov.

4 D. J. Mudgway, "Telecommunications and Data Acquisition Systems Support for the Viking 1975 Mission to Mars," University of Washington Department of Atmospheric and Climate Science (NASA, May 15, 1983), atmos.washington.edu.

5 Serhii Plokhy, Chernobyl:《체르노빌 히스토리》, 책과함께.

6 물리학자들은 중성자 증식 계수를 퍼센트가 아닌 수치로 표기하지만, 여기서는 1.0006(시카고 파일-1)과 1.0065(임계 폭주) 사이의 미세한 차이를 명확히 하기 위해 퍼센트로 환산했다. 물리학자들에게 양해를 구한다.

7 Enrico Fermi, "Experimental Production of a Divergent Chain Reaction," American Journal of Physics 20, no. 9 (December 1952): 536–58, doi. org/10.1119/1.1933322; Corbin Allardice and Edward R. Trapnell, "The First Pile," (International Atomic Energy Agency, 1946), iaea.org.

8 US Atomic Energy Commission, "Additional Analysis of the SL-1 Excursion: Final Report of Progress July through October 1962 (IDO-19313)" (U.S. Department of Energy, November 21, 1962), id.energy.gov/Home/ FOIAReadingRoom; U.S. Atomic Energy Commission, "SL-1 Reactor Accident (IDO-19300a)" (US Department of Energy, May 15, 1961), id.energy.gov/ Home/FOIAReadingRoom.

9 "Part 7: Bitter Wormwood," Chernobyl Witness: A Primary Source Compendium of 26 April 1986 (blog), May 9, 2021, chernobylcritical. blogspot.com; International Nuclear Safety Advisory Group, "The Chernobyl Accident: Updating of INSAG-1," Safety Series (International Atomic Energy Agency, 1992), p.43, pub.iaea.org.

10 World Nuclear Association, "Sequence of Events — Chernobyl Accident Appendix 1," January 2, 2025, world-nuclear.org; "Chernobyl: Assessment of Radiological and Health Impacts (2002)," Nuclear Energy Agency (NEA), 2002, oecd-nea.org/jcms/pl_13598.

체르노빌 원전의 최소 제어봉 기준은 15개였지만, 실제 상황은 그보다

AI, 신의 탄생 인간의 종말

조금 더 복잡했다. 운전 매뉴얼이 규정한 최소 기준은 '운전 반응 여유 Operating Reactivity Margin, ORM(원자로 내에서 반응 속도를 제어하기 위해 제어봉을 삽입·조정할 수 있는 여유 한도—옮긴이)'였고, ORM은 제어봉 개수로 환산되지만 항상 실제 삽입된 제어봉 수와 일치하는 것은 아니다. 사고 당시 원자로에 남아 있던 제어봉은 8 ORM에 해당했으며, 이는 허용 최소 기준인 15 ORM을 한참 밑도는 수치였다.

11 Bertrand Mercier et al., "A Simplified Analysis of the Chernobyl Accident," EPJ Nuclear Sciences & Technologies 7 (January 1, 2021): 1, doi.org/10.1051/epjn/2020021.

12 Bruce Schneier, 《디지털 보안의 비밀과 거짓말》, 나노미디어; Peter Gutmann, "Unsolvable Problems in Computer Security."

11 연금술, 과학이 아닌 것

1 Bert M. Coursey, "The National Bureau of Standards and the Radium Dial Painters," Journal of Research of the National Institute of Standards and Technology 126 (February 14, 2022), doi.org/10.6028/jres.126.051.

2 "Elon Musk FULL INTERVIEW with Tucker Carlson (MUST WATCH)," April 23, 2023, 13:25, youtube.com.

3 Ben Pace, "Debate on Instrumental Convergence between LeCun, Russell, Bengio, Zador, and More," LessWrong, October 3, 2019, lesswrong.com. LeCun also discussed the problem of instrumental convergence once in the comments of a public Facebook thread in 2019.
르쿤은 2019년 공개 페이스북 스레드의 댓글에서도 도구적 수렴 문제 instrumental convergence에 대해 논의한 적이 있다.

4 Yann LeCun, "Calm down. Human-level AI isn't here yet," Twitter/X, March 19, 2023.

5 Yann LeCun, "Because they would have no desire to do anything else," Twitter/X, March 20, 2023.

6   Yann LeCun, "No. My benevolent defensive AI will be better…," Twitter/X, March 20, 2023.

7   Yann LeCun, "We can design AI systems to be both superintelligent and submissive to humans," Twitter/X, May 4, 2023.

8   McCarthy et al., "A Proposal for the Dartmouth Summer Research Project on Artificial Intelligence," August 31, 1955, jmc.stanford.edu.

9   Stephen Dowling, "What Are the Odds of a Successful Space Launch?," May 31, 2023, BBC, bbc.com; T. H. Anand Rao, "A Season Marred by Setbacks in Space Missions," Centre for Air Power Studies, July 25, 2024, capsindia.org. 로켓공학의 경험칙에 따르면, 새로운 종류의 로켓은 첫 번째나 두 번째 발사 때 약 30퍼센트 확률로 폭발한다. 완성 단계에 이른 로켓조차도 여전히 폭발하는 사례가 있다. 역사적 평균 실패율은 8퍼센트를 넘지만, 최근 수십 년간은 약 6퍼센트에 가깝다. 유인 비행의 경우에도 역사적 실패율은 1퍼센트 이상(최근 20년간은 약 0.79퍼센트)이다.

10   Mark Doman and Benjamin Sveen, "AI's Dark In-joke," ABC News, July 14, 2023, abc.net.au; METR (Model Evaluation & Threat Research), "Q&A with Geoffrey Hinton," June 27, 2024, 38:07, youtube.com. 힌턴은 Q&A에서 유드코스키가 재앙 발생 확률을 99.999퍼센트로 본다고 잘못 언급한 것으로 보인다. 저자들은 재앙이 '강한 기본값'(즉, 매우 높은 확률의 결과)이라 생각하지만, 소수점 다섯 자리(99.999퍼센트)의 확신은 과도하며, 두 사람 모두 그런 수준의 확률을 지지하지 않는다.

11   Doman and Sveen, "AI's Dark In-joke."

12   METR, "Q&A with Geoffrey Hinton," 38:07.

13   "Nearly Half of OpenAI's AGI Safety Researchers Resign Amid Growing Focus on Commercial Product Development," Benzinga, August 28, 2024, benzinga.com; Sharon Goldman, "Exodus at OpenAI: Nearly half of AGI Safety Staffers Have Left, Says Former Researcher," Fortune, August 28, 2024, fortune.com; Shakeel Hashim, "OpenAI Employee Says He Was Fired for Raising Security Concerns to Board," Transformer (blog), June 4, 2024,

transformernews.ai; Rachel Metz and Shirin Ghaffary, "OpenAI Dissolves High-Profile Safety Team after Chief Scientist Sutskever's Exit," Bloomberg, May 17, 2024, bloomberg.com; Sigal Samuel, "'I Lost Trust': Why the OpenAI Team in Charge of Safeguarding Humanity Imploded," Vox, May 18, 2024, vox.com.

레오폴드 아셴브레너Leopold Aschenbrenner와 파벨 이스마일로프Pavel Ismailov는 회사 자료를 유출했다는 이유로 해고된 것으로 전해졌으나, 아셴브레너는 보안상의 우려를 제기했다가 해고됐다고 주장했다. 팀 리더 얀 라이크Jan Leike와 일리야 수츠케버Ilya Sutskever를 비롯해, 윌리엄 손더스William Saunders, 라이언 로Ryan Lowe, 얀 헨드리크 키르히너Jan Hendrik Kirchner, 콜린 번스Collin Burns, 제프리 우Jeffrey Wu, 토도르 마르코프Todor Markov, 조너선 우에사토Jonathan Uesato, 스티븐 빌스Steven Bills, 유리 부르다Yuri Burda, 공동 창립자 존 슐만John Schulman 모두 사임했다. 레오 가오Leo Gao와 보웬 베이커Bowen Baker는 2025년 초까지 재직 중이었지만, '슈퍼얼라인먼트' 팀은 해체되었다.

14 Haselton and Goswami, "OpenAI co-founder Ilya Sutskever Announces His new AI Startup, Safe Superintelligence."

15 Kylie Robison, "OpenAI Researcher Who Resigned over Safety Concerns Joins Anthropic," The Verge, May 28, 2024, theverge.com.

16 Jābir ibn Ḥayyān, Kitāb al-Aḥjār 'alá Ra'y Balīnās, 8th–9th century, trans. Syed Nomanul Haq in "A Critical Study of Jābir ibn Ḥayyān's Kitāb al-Aḥjār 'alá Ra'y Balīnās," thesis (University College London, 1990), discovery.ucl.ac.uk.

'아랍 화학의 아버지'로 불리는 자비르 이븐 하이얀Jābir ibn Ḥayyān은 금속 정제 기술을 발전시킨 연금술사(혹은 연금술사들의 집단)였다. 납을 금으로 바꾸는 주제에 대해 그는 이렇게 썼다. "물질이 한 상태에서 더 높거나 낮은 다른 상태로 변하는 것은, 우리 학설에 따르면 외부와 내부의 상호작용 때문이다. 사실상 외부와 내부란 그런 관계를 뜻한다. 모든 사물의 구성 요소는 이런 순환의 법칙을 따른다. 물질의 외부는 드러나 있지만, 내부는 잠재되어 있으며, 진정한 효용은 그 내부에 있다. 예를 들어

납의 외부는 악취 나는 납으로 누구에게나 명백히 드러나 있지만, 그 내부는 금이며 이는 숨겨져 있다. 하지만 그 내부가 추출된다면, 납의 내부와 외부가 모두 드러나게 될 것이다."

12 나는 위기론자가 되고 싶지 않다

1   Alan P. Loeb, "Birth of the Kettering Doctrine: Fordism, Sloanism and the Discovery of Tetraethyl Lead," Business and Economic History 24, no. 1 (1995): 72–87, jstor.org/stable/23703273.

2   Jamie Lincoln Kitman, "The Secret History of Lead," The Nation, March 2, 2000, thenation.com; HOT ROD Staff, "Living with Unleaded: Here's How Your Classic Musclecar or High-Perf Street Machine Can Safely Kick the Habit," Hot Rod, March 1987, hotrod.com.
    에탄올은 가장 유망한 대체 첨가제 중 하나로 평가되었으나, 무연 연료를 사용하는 엔진에는 강화된 밸브와 밸브 시트가 필요했다.

3   Michael J. McFarland, Matt E. Hauer, and Aaron Reuben, "Half of US Population Exposed to Adverse Lead Levels in Early Childhood," Proceedings of the National Academy of Sciences 119, no. 11 (March 7, 2022), doi.org/10.1073/pnas.2118631119.

4   Anthony Higney, Nick Hanley, and Mirko Moro, "The Lead-Crime Hypothesis: A Meta-analysis," Regional Science and Urban Economics 97 (2022), doi.org/10.1016/j.regsciurbeco.2022.103826.

5   Alan P. Loeb, "Paradigms Lost: A Case Study Analysis of Models of Corporate Responsibility for the Environment," Business and Economic History 28, no. 2, Winter 1999, jstor.org/stable/23703323; William Kovarik, "ETHYL: The 1920s Conflict over Leaded Gasoline and Alternative Fuels" (paper presented at the American Society for Environmental History Annual Conference, Providence, RI, March 26–30, 2003).

6   Bill Kovarik, "Charles F. Kettering and the 1921 Discovery of Tetraethyl

                          AI, 신의 탄생 인간의 종말

Lead," International Fuels & Lubricants Meeting & Exposition, October 1, 1994, revised in 1999, environmentalhistory.org.

7   Frank T. Edelmann, "The Life and Legacy of Thomas Midgley Jr.," Papers and Proceedings of the Royal Society of Tasmania 150, no. 1 (January 2016): 45–49, dx.doi.org/10.26749/rstpp.150.1.45.

8   Edelmann, "The Life and Legacy of Thomas Midgley Jr."

9   Toby Ord, The Precipice (Grand Central Publishing, 2021), 168.《사피엔스의 멸망》, 커넥팅.
사실 이 추정치는 인류가 이러한 위험을 보다 진지하게 다루고 대응 체계를 정비할 가능성을 이미 반영한 것이다. 미래의 위험은 흔히 '현상 유지business as usual', 즉 우리가 위험에 기울이는 관심과 자원이 지금 수준에 머문다는 가정하에 추산된다. 만약 내가 현상 유지를 전제로 계산했다면, 위험 추정치는 훨씬 더 높게 나왔을 것이다.

10   John Thornhill, "How Fatalistic Should We Be on AI?," Financial Times, February 22, 2024, ft.com.

11   METR, "Q&A with Geoffrey Hinton," 38:07.

12   Rishi Sunak, "Prime Minister's Speech on AI: 26 October 2023" (United Kingdom of Great Britain and Northern Ireland, October 26, 2023), gov.uk.

13   Plokhy, Chernobyl: The History of a Nuclear Catastrophe.《체르노빌 히스토리》, 책과함께.

14   Titanic Inquiry Project, "British Wreck Commissioner's Inquiry | Day 6 | Testimony of Charles Joughin (Chief Baker, SS Titanic)," May 10, 1912, titanicinquiry.org.
타이타닉호의 수석 제빵사는 여성과 어린이 중 구명보트에 타려는 이들을 찾기가 어려웠으며, 자신과 다른 남성들이 구명보트를 채우기 위해 일부를 강제로 태웠다고 진술했다.

15   Encyclopedia Titanica, "Elizabeth Weed Shutes: Titanic Survivor," February 1, 2018, encyclopedia-titanica.org.

16   Walter Lord, A Night to Remember (Penguin Books, 1976), 132.

17 Katherine Tangalakis-Lippert, "Elon Musk Says There Could Be a 20% Chance AI Destroys Humanity — but We Should Do It Anyway," Business Insider, March 31, 2024, businessinsider.com; The Logan Bartlett Show, "Anthropic CEO on Leaving OpenAI and Predictions for Future of AI," October 6, 2023, 1:38:35, youtube.com.

18 Plokhy, Chernobyl: The History of a Nuclear Catastrophe. 《체르노빌 히스토리》, 책과함께.

19 제프리 힌튼, "오늘 〈뉴욕타임스〉의 케이드 메츠Cade Mets는 내가 구글을 비판하기 위해 퇴사했다고 썼지만, 사실 나는 구글에 미칠 영향을 고려하지 않고 AI의 위험성에 대해 자유롭게 이야기하기 위해 떠났다. 구글은 책임감 있게 행동해왔다.", X, May 1, 2023, x.com.

20 Caleb Garling, "Andrew Ng: Why 'Deep Learning' Is a Mandate for Humans, Not Just Machines," Wired, May 5, 2015, accessed March 15, 2025, via web.archive.org.

21 Ajeya Cotra, "Draft Report on AI Timelines," Alignment Forum, September 18, 2020, alignmentforum.org.

22 Sam Altman, "The Intelligence Age," September 23, 2024, ia.samaltman.com; Alex Hern, "Elon Musk Predicts Superhuman AI Will Be Smarter Than People Next Year," The Guardian, April 9, 2024, theguardian.com; Amodei, "Machines of Loving Grace."

23 Yann LeCun, "I said that reaching Human-Level AI 'will take several years if not a decade,'" X, October 16, 2024.

24 CNBC Television, "Anthropic CEO: More confident than ever that we're 'very close' to powerful AI capabilities," January 21, 2025, 2:05, youtube.com; Hern, "Elon Musk Predicts Superhuman AI Will Be Smarter Than People Next Year;" Lessley Anderson, "Elon Musk: A Machine Tasked with Getting Rid of Spam Could End Humanity," Vanity Fair, October 8, 2014.
xAI의 CEO는 '한 사람 한 사람보다 더 똑똑한 AI'가 2025년 말까지 등장할 것이라고 예측했다. 앤트로픽의 CEO는 '거의 모든 과제에서 거의 모

                                    AI, 신의 탄생 인간의 종말

든 인간보다 뛰어난 AI’가 2027~2028년쯤 나올 것이라고 내다봤다. 두 CEO 모두 자동화된 연구 능력이 ‘지능 폭발’을 촉발할 가능성이 있다고 인정했다.

25 John Werner, “AI Superpowers & Global Treaties,” Forbes, February 19, 2025, forbes.com.

13 인류가 멈춰야 할 마지막 실험

1 Aaron Scher, “Mechanisms to Verify International Agreements about AI Development,” MIRI Technical Governance Team, December 2, 2024, techgov.intelligence.org.

2 United Nations Office for Disarmament Affairs, “Treaty on the Non-Proliferation of Nuclear Weapons (NPT),” accessed March 15, 2025, disarmament.unoda.org/wmd/nuclear/npt.

3 Ken Burns, “War Production,” The War | PBS, May 21, 2021, pbs.org; “WWII: Mobilization by Country 1937–1945,” Statista, August 9, 2024, statista.com; “WWII: Annual Tank and Self-propelled Gun Production 1939–1945, by Country,” Statista, August 6, 2024, statista.com; “WWII: Annual Production of Major Naval Vessels 1939–1945, by Country,” Statista, August 6, 2024, statista.com.

4 Kenny Chmielewski, “Casualties of World War II | Statistics, by Country, & Total,” Encyclopaedia Britannica, August 31, 2023, britannica.com.

5 Ben Cumming, “US House of Representatives Call for Legal Liability on Deepfakes,” Future of Life Institute, October 16, 2024, futureoflife.org; “Ban Deepfakes,” n.d., bandeepfakes.org.

6 이러한 경향에서 예외로는, AI 개발 일시 중단을 요구하는 단체들이 있다. 대표적으로 ControlAI, PauseAI, StopAI 등이다.

7 “SB-1047 Safe and Secure Innovation for Frontier Artificial Intelligence Models Act,” accessed March 15, 2025, leginfo.legislature.ca.gov.

14 생명이 있는 곳에 희망이 있다

1   ControlAI, "Campaign Statement," February 6, 2025, controlai.com/
    statement.

    AI의 위험성에 주목한 것은 수낙 총리만이 아니다. 2025년 초 기준으로
    수십 명의 영국 국회의원이 "초지능 AI 시스템은 국가 및 세계 안보를 위
    협할 것"이라는 성명에 서명했다.

2   "Global AI Governance Initiative— The Third Belt and Road Forum for
    International Cooperation," People's Daily Online, n.d., beltandroadforum.
    org.

3   "Japan PM Vows to Lead Setting Up Int'l AI Rules through New
    Framework," Kyodo News+, May 3, 2024, english.kyodonews.net;
    Alexandra Alper, "UN Adopts First Global Artificial Intelligence Resolution,"
    Reuters, March 21, 2024, reuters.com; John T. Bennett, "Biden Warns about
    AI's 'Risks,' Forces of 'Retreat' in Final UN Address," Roll Call, September
    24, 2024, rollcall.com; "Chinese Vice Premier Ding Xuexiang at World
    Economic Forum," C-SPAN, January 21, 2025, 38:01, c-span.org.

    2023년, G7 국가들은 세계 최초의 국제적 AI 협력체계인 '히로시마 AI 프
    로세스'를 출범시켰다. 2024년 5월 후속 회의에서 기시다 후미오 일본 총
    리는 "AI가 가져올 보편적 기회와 위험에 공동으로 대응하고, 안전하고
    신뢰할 수 있는 AI를 실현하기 위해 협력하자"고 밝혔다.

    2024년 3월, 첫 번째 비구속적 유엔 결의안이 통과되었다. 미국의 유엔
    대사 린다 토머스-그린필드Linda Thomas-Greenfield는 "오늘 193개 유엔 회원
    국이 한목소리로, 인공지능이 우리를 지배하기 전에 우리가 인공지능을
    통제하기로 선택했다"고 말했다.

    2024년 9월, 조 바이든Joe Biden 미국 대통령은 마지막 유엔 연설에서 "국
    가와 기업이 불확실한 AI 개발 경쟁을 벌이는 지금, 국제사회는 AI의 안
    전성과 신뢰성을 확보하기 위해 긴급히 협력해야 한다"고 강조했다.

    2025년 1월 다보스포럼World Economic Forum에서 중국 부총리 딩쉐샹은 "만
    약 국가 간 무분별한 경쟁을 방치한다면 '회색 코뿔소Gray Rhino'와 같은 위

험이 닥칠 것이다. 우리는 과거의 교훈, 즉 핵·생물·안보 위험 관리의 역사를 되돌아볼 필요가 있다. 유엔 체계 아래에서 모든 국가와 국제기구가 함께 견고한 규칙을 논의해, AI 기술이 '판도라의 상자'가 아니라 '알리바바의 보물창고'가 되도록 해야 한다"고 말했다. '회색 코뿔소'는 '블랙 스완black swan'과 대비되는 개념으로, 일어날 가능성이 매우 높지만 사람들에게 과소평가되거나 무시되는 대형 위험을 뜻한다. '블랙 스완'은 발생 확률은 낮지만 충격이 큰 사건을 가리킨다.

4   "Overwhelming Majority of Voters Believe Tech Companies Should Be Liable for Harm Caused by AI Models, Favor Reducing AI Proliferation and Law Requiring Political Ad Disclose Use of AI," AI Policy Institute (blog), September 23, 2023, theaipi.org.

조사 요약 결과와 교차 분석표는 '조사 개요About the Poll' 섹션에서 확인할 수 있다.

5   Billy Perrigo, "Exclusive: The British Public Wants Stricter AI Rules Than Its Government Does," TIME, February 6, 2025, time.com.

AI, 신의 탄생 인간의 종말

—

초판 1쇄 발행 2026년 4월 8일
초판 4쇄 발행 2026년 5월 6일

—

지은이 엘리에저 유드코스키, 네이트 소아레스
옮긴이 고영훈
펴낸이 고영성

—

책임편집 유형일
저작권 주민숙, 한연

—

펴낸곳 (주)상상스퀘어
출판등록 2021년 4월 29일 제2021-000079호
주소 경기 성남시 분당구 성남대로43번길 10, 하나EZ타워 307호
팩스 02-6499-3031
이메일 publication@sangsangsquare.com
홈페이지 www.sangsangsquare-books.com

ISBN 979-11-24248-25-6 (03500)

—